日本オペレーションズ・リサーチ学会40周年記念
伊理正夫・刀根 薫・西田俊夫・長谷川利治・森村英典 編集
経営科学のニューフロンティア――2

組合せ最適化
―― メタ戦略を中心として ――

柳浦睦憲／茨木俊秀
著

朝倉書店

日本オペレーションズ・リサーチ学会40周年記念
「経営科学のニューフロンティア」
刊行に際して

　日本オペレーションズ・リサーチ学会は1997年に創立40周年を迎え，21世紀に向けての一大飛躍を目指して，多くの有意義な記念事業を行った．その一環として企画したのが，本「経営科学のニューフロンティア」シリーズの刊行である．

　オペレーションズ・リサーチ（OR）の理論・技法もその適用対象・適用形態も，この半世紀近くの間に，少しずつ連続的に，そして時々不連続的に，進歩してきた．そして，今振り返ってみると，ORは誕生の頃と比べてすっかり様変わりしている．

　ORの普及は目覚ましく，科学・技術・社会・経済などおよそ科学的方法に頼る分野では，ORと銘打つかどうかは別としてORの考え方や手法が使われていないところはないといっても過言ではない．そのため，巷間特にORとよばずにORが行われている例が少なくなく，ORの名を昔ほど耳にしなくなったと嘆く人も現れるくらいである．

　そこで，現在の日本のORをいろいろな形で主導している方々の力をお借りして，巷にあるOR関連の書籍ではカバーしきれない応用から理論に至る先端的な主題を纏め，日本オペレーションズ・リサーチ学会創立40周年記念事業に相応しいシリーズとすべく，この分野の出版社として定評のある朝倉書店の御協力を仰いだ次第である．

　本企画の出発に際しては幹事の末吉俊幸氏に一方ならぬお世話になったことを，謝意を込めて記させていただきたい．

　2000年12月

編集者　伊理　正夫
　　　　刀根　　薫
　　　　西田　俊夫
　　　　長谷川利治
　　　　森村　英典

まえがき

コンピュータの急速な進歩に伴い，人々が「十分速い」とか「許容範囲」と思える時間内に計算できる量が飛躍的に大きくなった．本書の主題であるメタ戦略 (メタ解法，メタヒューリスティクスなどとも呼ぶ) は，このような技術革新によって実現可能となった，組合せ最適化問題に対する近似解法の新しいパラダイムである．

種々のスケジューリング問題や配員計画問題など，現実に現れる様々な問題が組合せ最適化問題として定式化できるが，その多くについて，厳密な最適解を求めることがきわめて困難であることが，計算の複雑さの理論により明らかにされてきた．NP 困難性はその代表例であり，多くの組合せ最適化問題が NP 困難であることが知られている．しかし，現実には，最適性の保証はなくとも，十分精度の高い解が求まれば満足のいく場合が多い．近似解法や発見的手法はこのような目的に用いられる．近似解法の基本戦略として，欲張り法や局所探索法などがあるが，最近では，これらを組み合せたり発展させることによって，多少時間はかかっても，より精度の高い解を求めるアルゴリズムの研究が盛んである．そのような枠組をメタ戦略と呼ぶ．代表的なものとして，多スタート局所探索法，遺伝アルゴリズム (進化型計算とも呼ぶ)，アニーリング法，タブー探索法などがある．また，これらを変形した手法も多数提案されている．

本書では，第 1 章で組合せ最適化問題の定義とその具体例を与えたのち，第 2 章で近似解法の基本戦略を説明する．

次に，第 3 章では，メタ戦略を局所探索法の一般化であると捉えることにより，メタ戦略で用いられる様々なアイデアを体系的に整理し，その概要を述べる．様々なアイデアを組み合せることによって，より強力なアルゴリズムを構成することが可能となり，また，柔軟な発想に基づく新たなメタ戦略のアイデ

アの誕生のきっかけになることも期待できる．

　第4章では，現実にメタ戦略として用いられているアルゴリズムが，第3章で紹介した様々なアイデアを具体的に組み合せた結果として形成されるという立場に立って，その内容を説明する．ここでは，本書の説明を読めばある程度のプログラムは書ける程度に，具体例を挙げながら解説する．

　メタ戦略は，非常に柔軟性に富む枠組みであるため，内部に様々な工夫を施すことが可能であり，そのような工夫により，アルゴリズムをより強力にできる可能性を秘めている．また，メタ戦略アルゴリズムには，通常，探索を制御する様々なパラメータが含まれており，高い性能を引き出すには，これらをうまく調整する必要があるが，面倒であることは否めない．そこで，これらのパラメータをアルゴリズム内部で自動的に調整することで，実用性を高めるという試みもある．第5章では，このようなメタ戦略の性能向上に有効と思われる様々なテクニックを紹介する．

　以上とは対照的であるが，メタ戦略のもう一つの魅力として，その簡単さとロバスト性を挙げることができる．これらは，個々の問題の数学的構造などに対するとりわけ深い洞察がなくても，アルゴリズムを簡単に作ることができ，しかも，ある程度よい結果が期待できるという意味である．また，対象とする問題や，アルゴリズム内部のパラメータやオペレータが多少変化しても，性能が大幅に劣化しない場合が多い．第6章では，この点に重点を置き，メタ戦略を「手軽なツール」として用いることを前提に，問題固有の性質に依存しない一般的傾向を観察することを目的に計算実験を行った結果について報告する．具体的な対象としては，1機械スケジューリング問題と最大充足可能性問題の2つを用いた．その後，実験結果をもとに，手軽なツールとしてのメタ戦略の設計指針を与える．

　最後に，第7章では，メタ戦略に関連する理論的解析をいくつか紹介する．具体的には，アニーリング法などの漸近収束性に関する話題と，計算の複雑さの立場から局所探索法の性能を解析しようとするクラスPLSの話題，および局所探索法によって得られる解の近似精度の話題などである．

　現在では，メタ戦略は，大規模な組合せ最適化問題に対処するために必要不可欠なツールとして広く認知されている．しかし，その理論的性質はほとんど

解明されておらず，まだまだ斬新なアイデアが必要である．本書がメタ戦略の今後の発展の一助となれば幸いである．

　最後に，本書の執筆にあたって貴重なコメントをいただいた今堀慎治，梅谷俊治，片山謙吾，久保幹雄，野々部宏司の諸氏に厚くお礼申し上げたい．とくに，野々部宏司博士には，実験データを提供いただき，また，図の作成にも協力いただいた．ここに記して謝意を表したい．また，執筆の機会を与えていただいた日本オペレーションズ・リサーチ学会，ならびに原稿の執筆を辛抱強く待っていただいた朝倉書店編集部にこの場を借りて厚くお礼申し上げる次第である．

　2000年12月　京都にて

柳 浦 睦 憲
茨 木 俊 秀

目　　次

1. 組合せ最適化問題 ··· 1
   1.1 組合せ最適化問題の一般的定義 ································· 1
   1.2 代表的な組合せ最適化問題 ······································ 2
      1.2.1 巡回セールスマン問題 ···································· 2
      1.2.2 1機械スケジューリング問題 ······························ 3
      1.2.3 最大充足可能性問題と充足可能性問題 ···················· 6
      1.2.4 ナップサック問題 ·· 7
      1.2.5 一般化割当問題 ·· 8
      1.2.6 グラフ彩色問題 ·· 9
      1.2.7 整数計画問題 ·· 10
   1.3 アルゴリズムの計算量とその評価 ······························ 11
   1.4 組合せ最適化問題と計算の複雑さ ······························ 14
   1.5 メタ戦略とその役割 ·· 19
   1.6 メタ戦略の現実問題への応用 ··································· 22
   1.7 厳密解法 ·· 26
   欄外ゼミナール：多項式オーダーと指数オーダー ······················ 32

2. 近似解法の基本戦略 ·· 35
   2.1 欲張り法 ·· 35
      2.1.1 0-1ナップサック問題に対する欲張り法 ················· 35
      2.1.2 巡回セールスマン問題に対する最近近傍法 ·············· 37
      2.1.3 巡回セールスマン問題に対する多断片法 ················ 38
      2.1.4 ランダム化欲張り法 ····································· 39

	2.2 局所探索法 ·································	41
	2.3 探索空間とペナルティ関数 ······················	45
	欄外ゼミナール：欲張り法と局所探索法にまつわる歴史 ············	51

3. メタ戦略の基礎 ································· 53
   3.1 メタ戦略の概要 ································· 53
   3.2 メタ戦略の一般的枠組 ···························· 57
   3.3 初期解の生成 — 多スタート法 ··················· 59
   3.4 初期解の生成 — 適応的多スタート法 ·············· 60
   3.5 近　　傍 ······································· 63
   3.6 解 の 評 価 ···································· 65
   3.7 移 動 戦 略 ···································· 69
   3.8 終 了 基 準 ···································· 71
   欄外ゼミナール：探索空間の複雑さ ···················· 71

4. メタ戦略の実現 ································· 73
   4.1 多スタート局所探索法 ···························· 73
   4.2 ＧＲＡＳＰ法 ··································· 74
   4.3 反復局所探索法 ································· 75
   4.4 遺伝アルゴリズム ································ 79
   4.5 アント法 ······································· 85
   4.6 Boeseらによる適応的多スタート法 ················· 89
   4.7 誘導局所探索法 ································· 90
   4.8 評価関数摂動法 ································· 92
   4.9 探索空間平滑化法 ································ 94
   4.10 アニーリング法 ································· 97
   4.11 閾値受理法と大洪水法 ···························· 102
   4.12 タブー探索法 ··································· 105
      4.12.1 タブー探索法の基本構成 ···················· 106
      4.12.2 タブーリストの構成 ························ 106

4.12.3　タブー探索の移動戦略 ……………………………… 109
　　　4.12.4　適応メモリ戦略 ………………………………………… 111
　4.13　ニューラルネットワーク ………………………………………… 117
　4.14　文献ノート ………………………………………………………… 120
　欄外ゼミナール：アルゴリズムのネーミング ……………………… 121

5. 高性能アルゴリズムの設計 ……………………………………… 123
　5.1　メタ戦略におけるPOP概念と局所探索の改善力 …………… 123
　5.2　近傍の構成 ………………………………………………………… 134
　5.3　単純局所探索法の移動戦略 …………………………………… 137
　5.4　近傍探索の効率化 ………………………………………………… 138
　　　5.4.1　評価値計算の効率化 …………………………………… 139
　　　5.4.2　近傍探索の枝刈り ……………………………………… 143
　5.5　多スタート法の効率化 …………………………………………… 150
　5.6　可変深度近傍探索法 ……………………………………………… 151
　5.7　改善解探索グラフに基づく大規模近傍探索法 ……………… 158
　5.8　評価関数 …………………………………………………………… 160
　5.9　WALKSAT法 ……………………………………………………… 163
　5.10　パラメータの自動調整 ………………………………………… 164
　5.11　緩和問題の利用 ………………………………………………… 166
　5.12　メタ戦略に基づく汎用解法 …………………………………… 170
　5.13　メタ戦略の並列・分散化 ……………………………………… 173
　欄外ゼミナール：1000万クイーン ………………………………… 176

6. 手軽なツールとしてのメタ戦略 ………………………………… 178
　6.1　実験環境 …………………………………………………………… 178
　6.2　1機械スケジューリング問題 …………………………………… 179
　　　6.2.1　目的関数の定義と問題例の生成 ……………………… 179
　　　6.2.2　1機械スケジューリング問題に対するメタ戦略の構成 …… 180
　　　6.2.3　1機械スケジューリング問題に対するメタ戦略の比較 …… 183

目次

- 6.3 最大充足可能性問題 ……………………………………… 185
  - 6.3.1 問題例の生成 …………………………………… 185
  - 6.3.2 最大充足可能性問題に対するメタ戦略の概要 ……… 185
  - 6.3.3 最大充足可能性問題に対するメタ戦略の比較 ……… 186
- 6.4 手軽なツールとしてのメタ戦略の利用法 ………………… 186
  - 6.4.1 手軽なツールとしての総合的評価 ………………… 186
  - 6.4.2 代表的アルゴリズムの特性 ………………………… 188
- 欄外ゼミナール：便利なWWWサイト ……………………… 190

7. 近似解法の理論 …………………………………………… 192
- 7.1 アニーリング法の漸近収束性 ……………………………… 192
- 7.2 局所探索法の計算の複雑さ ………………………………… 199
- 7.3 近似解の精度 ………………………………………………… 201
- 7.4 関連の話題 …………………………………………………… 206
- 欄外ゼミナール：直交ラテン方陣 …………………………… 206

A. 付録 …………………………………………………………… 209
- A.1 グラフと木 ………………………………………………… 209

文献 …………………………………………………………… 213
索引 …………………………………………………………… 227

1 組合せ最適化問題

本章では,まず,本書が対象とする組合せ最適化問題の一般的定義を与える.次に,代表的な組合せ最適化問題のうち,今後アルゴリズムの説明などに用いるものをまとめて紹介しておく.組合せ最適化問題の中には,スマートな解法によって高速に解けるものもあれば,そのような解法は存在しないと考えられている難しい問題もある.本章の最後では,与えられた問題が難しいことを証明するために重要な概念である,計算の複雑さの理論についても簡単にふれる.メタ戦略が対象とするのは,このような難しい問題である.

1.1 組合せ最適化問題の一般的定義

最適化問題は一般的に以下のように表される:

$$\begin{aligned} &\text{最小化} \quad f(x) \\ &\text{制約条件} \quad x \in F. \end{aligned} \tag{1.1}$$

f を**目的関数** (objective function),F を**実行可能領域** (feasible region) と呼ぶ.F は制約条件をみたす解の全体を表し,個々の解 $x \in F$ を**実行可能解** (feasible solution),$x \notin F$ を**実行不可能解** (infeasible solution) と呼ぶ.目的関数 $f(x)$ は実数値あるいは整数値をとる関数

$$f : F \to R \,(\text{あるいは}\, Z)$$

である.ただし,R は実数の集合,Z は整数の集合を表す.$f(x)$ を最小にする実行可能解を**最適解** (optimal solution) と呼ぶ.そのような解を見つけることが最適化問題の目標である.

近傍 $N(x) \subset F$ (N は写像 $N: F \to 2^F$) を x に少しの変形を加えることにより得られる解集合としたとき，すべての $x' \in N(x)$ に対して $f(x') \geq f(x)$ をみたす解 x を**局所最適解** (locally optimal solution) と呼ぶ（厳密には，近傍 N に関する局所最適解）．なお，最適解を局所最適解ととくに区別して，実行可能領域 F の全体で最適であることを強調する場合には，**大域最適解** (globally optimal solution) と呼ぶ．

F が組合せ的な構造を持つ場合，(1.1) は**組合せ最適化問題** (combinatorial optimization problem)，あるいは**離散最適化問題** (discrete optimization problem) と呼ばれる．いかなる構造を組合せ的とみなすかは意見の分かれるところであるが，本書では，できるだけ広い範囲の問題を含めるように，"有限個あるいは可算無限個の要素を持つ離散集合" としておく．具体的には，n 次元 0-1 ベクトルの集合，n 次元整数ベクトルの集合，n 要素の順列の集合，n 要素から m 要素への写像の全体などである．

1.2　代表的な組合せ最適化問題

本節では，代表的な組合せ最適化問題のうち，今後アルゴリズムの説明や計算実験の対象として利用するものを，いくつかまとめて紹介する．

1.2.1　巡回セールスマン問題

巡回セールスマン問題 (traveling salesman problem, TSP; 行商人問題とも呼ぶ) は，n 個の街の集合 $V = \{1, \ldots, n\}$ と街 i と j の間の距離 d_{ij} $(i, j \in V)$ が与えられたとき，すべての街をちょうど 1 度ずつ訪問した後元に戻る**巡回路** (tour) のうち，距離最小のものを求める問題である．TSP の解は n 個の街の訪問順序，すなわちそれらの順列[*1] $\sigma: V \to V$ で与えられる．$\sigma(k) = i$ は，k 番目に訪れる街が i であることを意味する．これを用いると，TSP は以下のように書ける．

[*1] すなわち，V から V への全単射のこと．V のすべての要素を 1 列に並べる並べ方のおのおのといってもよい．

巡回セールスマン問題
入力: n 個の街の集合 $V = \{1, \ldots, n\}$ と街 i と j の間の距離 d_{ij} $(i, j \in V)$.
出力: 総距離 $f_{\text{TSP}}(\sigma) = \sum_{k=1}^{n-1} d_{\sigma(k), \sigma(k+1)} + d_{\sigma(n), \sigma(1)}$ を最小にする巡回路 σ.

入力は，距離 d_{ij} の行列がそのまま与えられる場合もあるが，各街を空間上の点としてその座標を入力とし，街の間の距離を適当なノルムで与えることもある．このような問題を**幾何的TSP**(geometric TSP) と呼ぶ．距離にユークリッドノルムを用いた場合はとくに**ユークリッドTSP**(Euclidean TSP) と呼ぶ．また，距離行列 (d_{ij}) が対称，すなわちすべての i と j に対して $d_{ij} = d_{ji}$ であるときは，**対称TSP**(symmetric TSP) と呼び，距離行列が非対称であるときは，**非対称TSP**(asymmetric TSP) と呼ぶ．本書では，簡単のため，以下の議論では対称TSPを用いる．

TSPの解は街の訪問順序 σ で与えられるが，説明の都合上，巡回路において隣り合う街の対を枝と呼び，解が枝の集合

$$E_{\text{tour}}(\sigma) = \{\{\sigma(k), \sigma(k+1)\} \mid k = 1, \ldots, n-1\} \cup \{\{\sigma(n), \sigma(1)\}\} \quad (1.2)$$

として与えられると解釈する場合もある．

図1.1にアメリカ532都市 (att532)[175] の座標を，また，図1.2には，これらの街間の距離をユークリッド距離とした場合の最適巡回路を示す．

TSPは，おそらく，組合せ最適化問題の中で最もよく知られた問題といえよう．また，メタ戦略に限らず，組合せ最適化問題に対する解法の多くの重要なアイデアが，この問題を対象として提案されている．よって，TSPの歴史を勉強すれば，効率よく組合せ最適化の手法を学ぶことができるといわれている．入門書として山本と久保による本[223]，より詳しい資料として，やや古いが，Lawlerら編のハンドブック[128] を挙げておく．

1.2.2　1機械スケジューリング問題

1機械スケジューリング問題 (single machine scheduling problem, SMP) は，代表的なスケジューリング問題の一つである．与えられた n 個の仕事

図 1.1　アメリカ 532 都市の座標 (att532)

図 1.2　アメリカ 532 都市を巡回する最適な巡回路 (att532)

$V = \{1, \ldots, n\}$ を 1 台の機械で処理するが，機械は 1 度に一つの仕事しか処理できず，また，一旦ある仕事の処理にとりかかると，その仕事が完了するまで他の仕事は処理できない．仕事 i の**処理時間**は p_i である．さらに，各仕事 i には**準備時間** r_i および**納期** d_i が与えられており，i の処理を r_i よりも前に始めることはできず，また，d_i よりも前に完了したい (納期に関する条件は絶対的ではない)．本書では，簡単のため，次の仕事の処理が可能であるのにすぐにはとりかからず，しばらく待った後に処理を開始することはないものとす

る．すると，スケジュールは n 個の仕事の順列 σ を与えることで決定される．$\sigma(k) = i$ は，k 番目に処理される仕事が i であることを意味する．このとき仕事 i の完了時刻 c_i は処理順序 σ によって一意に定まる．すなわち，仕事 i が σ において k 番目に処理される仕事である $(\sigma(k) = i)$ とすると，

$$c_i = \max\{c_{k-1}, r_i\} + p_i$$

である（ただし $c_0 = 0$ と仮定する）．図1.3に，順列 $(2,1,3,4)$ に対応するス

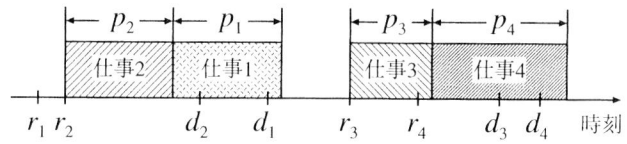

図 1.3　1機械スケジューリング問題のスケジュールの例

ケジュールの例を示す．図では，仕事1と4が納期遅れになっている．解の評価には，目的関数 $f_{\mathrm{SMP}}(\sigma)$ が与えられており，これを最小にすることが求められている．この問題は以下のように定式化される．

1機械スケジューリング問題

入力： n 個の仕事 $V = \{1, \ldots, n\}$ と，各仕事 i に対する処理時間 p_i，準備時間 r_i および納期 d_i．

出力： $f_{\mathrm{SMP}}(\sigma)$ を最小化する仕事の順序 σ．

以下に，評価関数 $f_{\mathrm{SMP}}(\sigma)$ の例をいくつか紹介する．

最終完了時刻　（メイクスパン (makespan) ともいう）：最後の仕事の完了時刻 $\max_{i \in V} c_i$．

総滞留時間　（フロータイム (flow time) ともいう）：各仕事がシステム内に滞留していた時間の和 $\sum_{i \in V}(c_i - r_i)$．

最大遅れ　(maximum lateness)：納期からの最大遅れ $\max_{i \in V}\{c_i - d_i\}$．負の値をとることもある．

遅れ和　(total tardiness)：納期からの遅れ分の和 $\sum_{i \in V} \max\{0, c_i - d_i\}$．必ず非負値をとる．

納期ずれ和: 納期からのずれの和 $\sum_{i \in V} |c_i - d_i|$.

これらの一部に対しては，各仕事に重み w_i を考え，重みつきの和 (例えば $\sum_{i \in V} w_i(c_i - r_i)$) を用いることもある．

1.2.3 最大充足可能性問題と充足可能性問題

n 個の変数 $y_1, \ldots, y_n$ とその否定 $\bar{y}_1, \ldots, \bar{y}_n$ からいくつかを選んで論理和をとったものを**節** (clause) という (例えば $C = y_1 \vee \bar{y}_3 \vee y_4$ など)．変数 $y_1, \ldots, y_n$ とその否定 $\bar{y}_1, \ldots, \bar{y}_n$ を総称して**リテラル** (literal) と呼ぶ．**最大充足可能性問題** (maximum satisfiability, MAXSAT) では，m 個の節 $C_1, \ldots, C_m$ とそれらに対する重み $w_1, \ldots, w_m$ が与えられる．$v = (v_1, \ldots, v_n) \in \{0,1\}^n$ を変数 $y = (y_1, \ldots, y_n)$ への 0-1 割当とする．すなわち，$v_j = 1$ ならば $y_j = 1$ および $\bar{y}_j = 0$ が成立し，$v_j = 0$ ならば $y_j = 0$ および $\bar{y}_j = 1$ が成立する．各節 C_i は，その中に含まれるリテラルの 1 個以上が値 1 をとるならば 1，すべてのリテラルが値 0 をとるならば 0 という値をとる．0-1 割当 v に対応する節 C_i の値を $C_i(v)$ と表す．$C_i(v) = 1$ であるとき，v は節 C_i を充足するという．このとき，問題は以下のように定式化される．

最大充足可能性問題

入力: n 変数より成る m 個の節 $C_1, \ldots, C_m$ と各節の重み $w_1, \ldots, w_m$．
出力: $f_{\mathrm{MAXSAT}}(v) = \sum_{i=1}^{m} w_i C_i(v)$ を最大にする 0-1 割当 $v \in \{0,1\}^n$．

以下に $n = 3, m = 4$ の例を与える．

$$
\begin{aligned}
C_1 &= y_1 \vee y_3, & w_1 &= 2 \\
C_2 &= \bar{y}_2 \vee \bar{y}_3, & w_2 &= 3 \\
C_3 &= y_1 \vee y_2 \vee \bar{y}_3, & w_3 &= 1 \\
C_4 &= \bar{y}_1, & w_4 &= 2
\end{aligned}
\tag{1.3}
$$

この問題例に対し，例えば，$v = (0,0,1)$ とすれば，$C_1(v) = C_2(v) = C_4(v) = 1, C_3(v) = 0$ となるので，$f_{\mathrm{MAXSAT}}(v) = w_1 + w_2 + w_4 = 7$ である．

なお，$\sum_{i=1}^{m} C_i(v) = m$ となる (すなわちすべての節を充足する) v の存在を問う決定問題を，**充足可能性問題** (satisfiability problem, SAT) という．この

問題は以下のように定式化される．

充足可能性問題
入力： n 変数より成る m 個の節 $C_1, \ldots, C_m$．
出力： $\sum_{i=1}^{m} C_i(v) = m$ をみたす 0-1 割当 $v \in \{0,1\}^n$ が存在すればイエス，さもなければノー．

問題例 (1.3) に対しては，答えはノーである．これは，$2^3 = 8$ 通りのすべての 0-1 割当を調べることによっても確認できるが，以下のように考えれば容易に示せる．節 C_4 を充足するには $v_1 = 0$ でなければならない．すると，C_1 においてリテラル y_1 は値 0 をとるので，節 C_1 を充足するには $v_3 = 1$ でなければならない．その結果，節 C_2 を充足するには $v_2 = 0$ でなければならない．ところが，以上の 0-1 割当 $v = (0, 0, 1)$ では，$C_3(v) = 0$ となってしまうからである．

1.2.4　ナップサック問題

ナップサック問題 (knapsack problem, KNAPSACK) は，各要素 j に対するサイズ a_j と利得 c_j，およびナップサックのサイズ b が与えられたとき，与えられた n 個の要素集合 $V = \{1, \ldots, n\}$ からいくつかを選び (一つの要素を重複して何度も選んでもよい)，選ばれた要素のサイズの合計がナップサックのサイズを越えないという条件のもとで，利得の合計を最大化するという問題である．決定変数 $z = (z_1, \ldots, z_n)$ (z_j は非負整数) を用意し，z_j をナップサックに入れる要素 j の個数と解釈すると，問題は以下のように定式化できる．

ナップサック問題
入力： n 個の要素集合 $V = \{1, \ldots, n\}$ の各要素 j に対するサイズ a_j と利得 c_j，およびナップサックのサイズ b．
出力： 条件 $\sum_{j \in V} a_j z_j \leq b$ の下で $f_{\text{KNAPSACK}}(z) = \sum_{j \in V} c_j z_j$ を最大にする n 次元非負整数ベクトル z．

z_j をさらに 0-1 変数に限定する (すなわち各要素をたかだか 1 回しか選べない) 場合は，**0-1 ナップサック問題**と呼ばれる．

以下に $n=4$ の例を示す.

$$
\begin{aligned}
c_1 &= 4, & c_2 &= 5, & c_3 &= 12, & c_4 &= 14 \\
a_1 &= 2, & a_2 &= 3, & a_3 &= 5, & a_4 &= 6 \\
b &= 9
\end{aligned}
\tag{1.4}
$$

例えば,$z=(0,0,1,1)$ は,選んだ要素のサイズの合計が $a_3+a_4=11$ と,ナップサックのサイズ $b=9$ を越えてしまうので,実行不可能である.また,$z=(2,0,1,0)$ は,$2a_1+a_3=9$ なので,実行可能であり,$f_{\text{KNAPSACK}}(z)=2c_1+c_3=20$ である.なお,これは,一般のナップサック問題の実行可能解ではあるが,0-1 ナップサック問題に対しては実行不可能である.0-1 ナップサック問題に対する実行可能解としては,例えば $z=(0,1,0,1)$ などがある.そのサイズの合計は $a_2+a_4=9$ であり,$f_{\text{KNAPSACK}}(z)=c_2+c_4=19$ である.

1.2.5 一般化割当問題

一般化割当問題 (generalized assignment problem, GAP) は,与えられた n 個の仕事 $V=\{1,\ldots,n\}$ を m 個のエージェント $W=\{1,\ldots,m\}$ に割り当てたとき,割当にともなうコストの総和を最小化する問題である.ただし,仕事 $j\in V$ をエージェント $i\in W$ に割り当てたときのコスト c_{ij} と資源の要求量 a_{ij},および各エージェント $i\in W$ の利用可能資源量 b_i が与えられている.各仕事は必ずいずれか一つのエージェントに割り当てなければならず,また,各エージェントに割り当てられた仕事の資源要求量の総和は,そのエージェントの利用可能資源量を越えてはならない.仕事のエージェントへの割当は,写像 $\pi:V\to W$ で与えられる.$\pi(j)=i$ は,仕事 j をエージェント i に割り当てることを意味する.これを用いると,問題は以下のように定義される.

一般化割当問題

入力: n 個の仕事集合 $V=\{1,\ldots,n\}$ と m 個のエージェント集合 $W=\{1,\ldots,m\}$ に対し,仕事 $j\in V$ をエージェント $i\in W$ に割り当てたときのコスト c_{ij} と資源の要求量 a_{ij},および各エージェント $i\in W$ の利用可能資源量 b_i.

出力: 制約 $\sum_{\pi(j)=i, j \in V} a_{ij} \leq b_i \ (\forall i \in W)$ をみたす割当 π の中で，$f_{\text{GAP}}(\pi) = \sum_{j \in V} c_{\pi(j),j}$ を最小にするもの．

図1.4に，一般化割当問題の問題例と実行可能解の一例を示す．図の (a) では，グラフの左の列に仕事を，右の列にエージェントを置き，その間の枝にコストと資源要求量を付している．また，エージェントを長方形で示し，その高

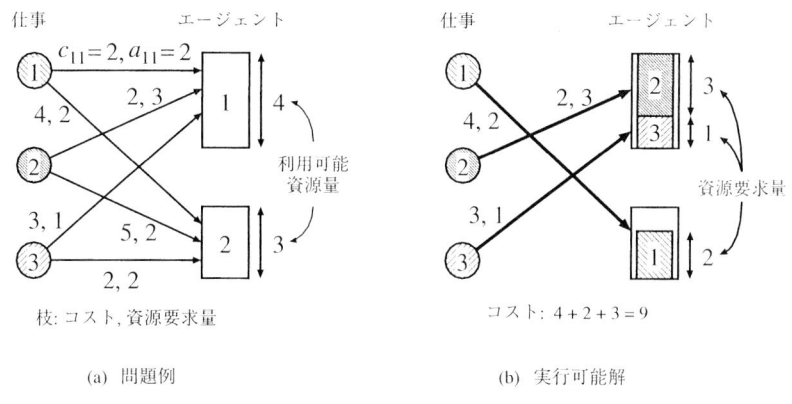

(a) 問題例　　　(b) 実行可能解

図 1.4　一般化割当問題の問題例と実行可能解

さは利用可能資源量を表している．図の (b) は，仕事1をエージェント2に，仕事2と3をエージェント1に割り当てた解を意味する．さらに，割り当てられた仕事の資源要求量を，エージェントを表す長方形内の小さな長方形の高さで示す．図より，この割当は実行可能であること，およびコストは $4+2+3=9$ であることが確認できる．

1.2.6　グラフ彩色問題

グラフ彩色問題 (graph coloring problem, GCP) は，与えられた n 節点より成る無向グラフ $G = (V, E)$ (ただし，節点集合 $V = \{1, \ldots, n\}$ および枝集合 $E \subseteq V \times V$) に対して，枝の両端点には同じ色を塗らないという条件下ですべての節点を彩色するとき，色数最小の彩色を求める問題である (グラフの用語については，巻末の付録A.1を参照のこと)．図1.5に，実行可能な彩色の例

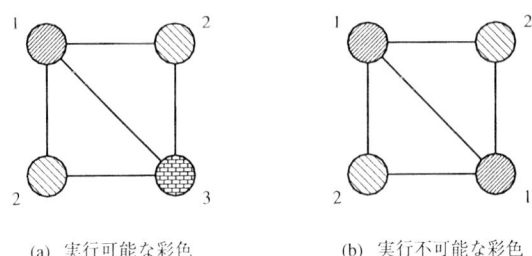

(a) 実行可能な彩色   (b) 実行不可能な彩色

図 1.5 グラフ彩色問題における彩色の例 (節点の番号は色を表す)

(a) と実行不可能な彩色の例 (b) を示す．図中，節点に付した番号は色の番号である．彩色に用いる色の集合を $\{1,\ldots,\chi\}$ (χ は決定変数であって定数ではないことに注意) で表すことにすると，彩色は写像 $\pi: V \to \{1,\ldots,\chi\}$ と表現できる．$\pi(i) = k$ は節点 i を色 k で彩色することを意味する．これを用いると，問題は以下のように定義される．

グラフ彩色問題

入力: n 節点より成る無向グラフ $G = (V, E)$．

出力: 制約 $\pi(i) \neq \pi(j)$ ($\forall \{i, j\} \in E$) の下で，彩色数 $f_{\text{GCP}} = \chi$ を最小にする彩色 π．

図 1.5 の (a) では，彩色数 $\chi = 3$ となっているが，このグラフに対しては，これが最適な彩色である．

1.2.7 整数計画問題

係数 a_{ij}, b_i および c_j ($i = 1, \ldots, m$, $j = 1, \ldots, n$) と集合 $J \subseteq V = \{1, \ldots, n\}$ が与えられたとき，以下の形に書ける問題を**整数計画問題** (integer programming problem, IP 問題) と呼ぶ:

目的関数 $\quad f_{\text{IP}}(z) = \displaystyle\sum_{j=1}^{n} c_j z_j \quad \to \quad$ 最小 (大)

制約条件 $\quad \displaystyle\sum_{j=1}^{n} a_{ij} z_j \geq b_i, \ i = 1, \ldots, m$

$$z_j \geq 0, \ j = 1, \ldots, n$$
$$z_j : \text{整数}, \ j \in J.$$

すべての変数が整数変数,すなわち $J = V$ ならば**全 IP 問題**,整数変数と実数変数が混在している場合 ($J \neq V$) ならば**混合 IP 問題**という.実際の応用では,整数変数が 0-1 変数に限定される場合が多いが,このとき,**全 0-1 計画問題**,**混合 0-1 計画問題**などという.整数変数を含まない,すなわち $J = \emptyset$ のときは,とくに**線形計画問題** (linear programming problem, LP 問題) と呼ばれる.整数計画問題は一般的な形をしているので,ほとんどの組合せ最適化問題は自然な形でこの問題に定式化できる.例えば,ナップサック問題は,整数計画問題において制約条件の式が 1 本に限定された特別な場合である.

1.3 アルゴリズムの計算量とその評価

アルゴリズムを計算機上で実行するときに,必要なメモリの量を示す**領域量** (space complexity) と,計算手間を表す**時間量** (time complexity) を知ることが重要である.両者を合わせて**計算量** (complexity, 計算複雑度) という.領域量とは,計算の各時点で保持しておかねばならないデータの個数の最大値である.一つのデータには,計算機の 1 語に格納される記号,名前,数値などが対応する.時間量は,計算の各基本操作を単位とみなして,それらの実行回数のことである.

通常,一つの**問題** (problem) は,無限個の**問題例** (problem instance) から成っている.問題例は,問題の記述に含まれるパラメータの値を具体的なデータとして与えることで定義される.例えば,1.2.1 項の巡回セールスマン問題の一つの問題例は,街の数 n と,各街の対 (i, j) に対する距離 d_{ij} の具体的な値をすべて与えることにより定まる.

同じアルゴリズムであっても,問題例によって計算量は異なるので,問題例の**規模** (size, 入力サイズ) N を基準にして,計算量が N のどのような関数 (例えば $N \log N$, N^2, 2^N, $N!$ など) であるかが評価される.問題例の規模は,それを定義するために必要な入力データの長さ (語数) とするのが普通である.例え

ば，巡回セールスマン問題では，距離行列を入力とする場合は，街の数 n と一つの距離 d_{ij} は通常それぞれ 1 語に格納できるので，問題例の規模 N は $1+n^2$ となる．また，街を k 次元空間上の座標として与える場合には，座標の値を 1 語に格納できると考えると，問題例の規模 N は $1+kn$ となる．(距離行列を入力する場合，すべての i と j に対して $d_{ii}=0$ と $d_{ij}=d_{ji}$ であることを考慮に入れて，$N=1+\binom{n}{2}=1+n(n-1)/2$ としてもよいが，次に述べるオーダー記法を用いた場合は，定数倍の差は無視されるので，$1+n^2$ と本質的な差はない．また，$1+kn$ の場合，k は定数であるので，街の数 n をそのまま規模 N としてもよい．) なお，アルゴリズムによっては，街間の距離 d_{ij} のような，数値の大きさも考慮に入れて計算量を評価する場合がある．この場合，例えば d_{ij} を整数と仮定すると，入力するのに要するデータの長さは $\lceil \log_2 d_{ij} \rceil$ であって，従って距離行列全体では $\sum_{i,j}\lceil \log_2 d_{ij}\rceil \leq n^2 \lceil \log_2 d_{\max} \rceil$ と評価できる．ただし，$d_{\max}$ は d_{ij} のうちの最大のものの値である．

問題例の規模や計算量を評価するため N の関数形を議論するとき，データの格納法など，アルゴリズムの細部の影響を除外するため，定数倍の違いを無視した**オーダー記法** (order notation) がよく用いられる．計算量の上界値を評価するとき，$T(N) = \mathrm{O}(\varphi(N))$ (大きいオー) という記法を用い，オーダー $\varphi(N)$ と読む．ある正定数 c と N_0 が存在して，$N \geq N_0$ に対し常に

$$T(N) \leq c\varphi(N)$$

が成立するという意味である．例えば，$N^2, 100N^2, 1000N+2N^2$ などはすべて $\mathrm{O}(N^2)$ と書ける．とくに $\mathrm{O}(1)$ は**定数オーダー**と呼ばれ，N に独立なある定数で抑えられることを示す．また，$\mathrm{O}(N)$ は**線形オーダー**と呼ばれる．

計算量の下界値を評価するときには，記法 $\Omega(\cdot)$ (大きいオメガ) を用いる．$T(N)=\Omega(\varphi(N))$ とは，ある正定数 c が存在して，無限個の N に対し，

$$T(N) \geq c\varphi(N)$$

が成立することを意味する．定義が $\mathrm{O}(\varphi(N))$ の場合と対称的でないのは，

$$T(N) = \begin{cases} N^2, & N:\text{奇数} \\ N^3, & N:\text{偶数} \end{cases}$$

のような場合に $T(N) = \Omega(N^3)$ と主張したいからである.

あるアルゴリズムを用いて問題例を解くとき，同じ規模 N を持つ問題例が多数 (場合によっては無限個) 存在することを考えると，それら全体の評価が必要となる．この目的に次の 2 種がよく用いられる．

最悪計算量 (worst-case complexity)： 規模 N のすべての問題例の中で最大の計算量を要するものに基づいて定める．

平均計算量 (average-case complexity)： 規模 N の問題例のそれぞれの生起確率を考慮して計算量の平均を用いる．

前者は後者に比べると解析が容易であることが多い．また，どんな問題例に対してもそれ以下でよいという安心感がある．しかし，ごく少数の特殊例にひきずられて悲観的な評価になりすぎる危険がある．その意味で，実用的には後者が重要であるが，問題例の生起確率を正確に知ることは通常困難である．そこで，普通は人為的に簡単な生起確率で代用するが，現実から離れてしまう恐れがある．本書では，とくに断らない限りは，最悪計算量を用いるものとする．

アルゴリズムの実用性を，その時間量が**多項式オーダー** (polynomial order) であるかどうかで判断することがよくある．多項式オーダーとは，問題例の規模 N に対し，ある定数 k を用いて $O(N^k)$ と書けるという意味である．多項式より大きなオーダー ($O(N^{\log N})$, $O(k^N)$, $O(N^N)$ など) は N にともなって急激に大きくなるので，実用的とはみなさないのである．多項式オーダーの時間量を持つアルゴリズムを**多項式時間アルゴリズム** (polynomial time algorithm) という．

なお，巡回セールスマン問題における街間の距離 d_{ij} などのような，数値が計算量に関わる場合は，以下の注意が必要である．入力される数値の最大値 (または和) を U とすると，U を入力するのに必要なデータの長さは $O(\log U)$ であるから，$O(\log U)$ は多項式オーダーであるが，$O(U)$ は多項式オーダーではない．しかし，U がとくに大きくなければ実用性を失うことはないとも考えられる．これらを区別するため，ある定数 k と l を用いて $O(N^k U^l)$ と書ける場合を，**擬多項式オーダー** (pseudo-polynomial order) という．

1.2 節で紹介した問題は，整数計画問題以外は，いずれも解の候補数が有限なので，すべての可能性を列挙した上で最良のものを出力すれば最適解が求ま

る．このような方法を**列挙法** (enumeration method) と呼ぶ．しかし，例えば，巡回セールスマン問題では，すべての解の個数は，街の数 n に対してその階乗 $n!$ 通り (巡回路なので始点を自由に定めてよいことと，距離行列の対称性を考慮すれば $(n-1)!/2$ 通り) となってしまう．この $n!$ はスターリング (Stirling) の公式を用いて

$$n! \sim \sqrt{2\pi n}\left(\frac{n}{e}\right)^n$$

と近似できる．なお，記号 "$\sim$" は，n を大きくすれば両辺の比が 1 に収束することを意味する．これより，$n!$ が $O(2^n)$ や $O(3^n)$ のような指数関数よりもさらに急激に増加する関数であることが理解できる．他の問題でも，このような列挙法では多項式オーダーにならないことがすぐにわかる．結局，全列挙を行わずにいかに効率よく問題を解くかが組合せ最適化問題の課題といえる．

1.4 組合せ最適化問題と計算の複雑さ

多くの組合せ最適化問題に対し，問題の規模が大きくなると，厳密な最適解を求めることがきわめて困難であることが**計算の複雑さの理論** (complexity theory) により明らかにされてきた．**NP 困難性** (NP-hardness)[65] はその代表例である．ある問題が NP 困難である場合は，少なくとも部分的には解の列挙を必要とし，常に多項式オーダー時間で動作するような解法は存在しないと考えられている．NP 困難性の定義をきちんと述べるには，言語理論などの準備が必要となるので，本書では以下直感的な説明を与える．

まず，準備として，**決定問題** (decision problem) を説明する．これは，個々の問題例に対し，ある性質が成立するかどうかを判定し，イエスかノーの回答を要求する問題である．1.2.3 項で紹介した充足可能性問題は決定問題の一例である．決定問題と最適化問題の間には密接な関係があって，最適化問題 (最小化を仮定する) に対して，通常の入力の他に定数 k を与え，「目的関数値が k 以下となる解は存在するか」を問う決定問題を定義できる．例えば，グラフ彩色問題では，用いる色の数 χ を定数としてあらかじめ与え，制約をみたす彩色が存在するかを問うのである．

グラフ彩色問題に対しては，最適化問題と決定問題の一方に対する多項式時間アルゴリズムが存在すれば他方にも存在することが容易に示せる．まず，最適化問題に対する多項式時間アルゴリズムが存在すると仮定すると，このアルゴリズムを用いて最適な彩色数 χ^* を求め，決定問題に対しては，$\chi^* \leq \chi$ ならばイエス，$\chi^* > \chi$ ならばノーを出力すればよい．逆に，決定問題に対する多項式時間アルゴリズムが存在すると仮定すると，彩色数は 1 から節点数 n までの整数値のいずれかなので，これらのそれぞれに対して決定問題のアルゴリズムを適用し，イエスが出力された最小の彩色数を出力すればよい．なお，すべての χ を試すと，決定問題のアルゴリズムを呼び出す回数は n 回であるが，二分探索 (binary search) の技法[103]を用いると，$O(\log n)$ 回ですますことができる．

同様の議論は，他の最適化問題に対しても適用できる．さらに，決定問題のイエスとノーの出力のみを利用して，最適化問題の最適値だけでなく，最適解自体を求めることもできる場合がある．例えば，巡回セールスマン問題では，上述の方法によりまず最適値 k^* を求める．次に，一つの枝 $\{i,j\}$ の長さを d_{ij} から $d_{ij}+1$ に変更した後，変更した距離行列に対して長さ k^* 以下の巡回路が存在するかどうかを，決定問題を解くアルゴリズムを用いて判定する．出力がイエスならば，枝 $\{i,j\}$ を含まない最適巡回路が存在することが結論できるので，枝 $\{i,j\}$ に「不要」とマークする．この場合は，枝の長さを変更した後の値のままにしておく．逆に，出力がノーならば，枝 $\{i,j\}$ を含まない最適巡回路が存在しないことが結論できるので，枝 $\{i,j\}$ に「要」とマークし，枝の長さをもとの d_{ij} に戻す．以上の操作を各枝について適当な順番で行えば，$O(n^2)$ (n は与えられた街の数) 回の反復の後にはすべての枝に「要」か「不要」のマークがつく．「要」のマークのついた枝集合が最適巡回路の一つになっていることは容易に理解できよう．同様の議論は，問題に応じて多少工夫する必要はあるが，他の最適化問題に対しても適用できる．

このように，多項式時間アルゴリズムの存在を議論する上では，大抵の場合決定問題と最適化問題は等価であると考えてよいので，本書の議論ではとくに両者を区別せず，都合のよいほうを用いることが多い．

次に，計算の複雑さの議論で重要な役割を果たすクラス P と NP の直感的な

定義を与える．これらは，ある条件をみたす決定問題の集合であり，以下のように定義できる．

クラス P： 問題 Π に対して以下の条件をみたす多項式時間アルゴリズム A が存在するとき，問題 Π はクラス P に属すという．問題 Π の任意の問題例 I に対し，

I の答がイエス $\Rightarrow$ A は I に対してイエスを出力，
I の答がノー $\Rightarrow$ A は I に対してノーを出力．

クラス NP： 問題 Π に対して以下の条件が成立するときクラス NP に属すという．(1) 問題 Π の任意の問題例 I と任意の解 s が与えられたとき，s が I の実行可能解であるかどうかを判定する多項式時間アルゴリズム A が存在する．(2) I の答は次のように定義される．

I の答がイエス $\Rightarrow$ I に対し実行可能解 s が存在する．
I の答がノー $\Rightarrow$ どのような解 s も I の実行可能解ではない．

すなわち，クラス P は，多項式時間アルゴリズムが存在する決定問題の集合である．クラス NP の定義は，ややわかりにくいかもしれないが，決定問題の答がイエスであることの証拠である解 s を与えることができれば，それを多項式時間で確認できるという性質を表している．例えば，巡回セールスマン問題では，巡回路 s を与えると，アルゴリズム A は，s から巡回路の長さを計算して，それが入力として与えられた目標の長さ k 以下であればイエス，そうでなければノーを出力すればよい．ところで，クラス NP においては，I に対するイエスあるいはノーの出力を多項式時間で求めることを要求していないことに注意が必要である．すなわち，与えられた解に対し，制約条件のチェック (最適化問題ならばさらに目的関数値の計算) が多項式時間でできることだけが要求されており，解 s の生成は列挙法で行うことも許されているのである．結局，列挙法で解けるほとんどの問題がクラス NP に含まれていることがわかる．

なお，P は polynomial の略，NP は nondeterministic polynomial の略である．polynomial は定義に用いたアルゴリズム A が多項式時間であることに対応する．また，nondeterministic は，**非決定性計算** (nondeterministic computation) を意味する．通常の計算機では，与えられたアルゴリズムと入力に

対して計算過程は一つに定まる．このような計算を**決定性計算** (deterministic computation) というが，非決定性計算では，アルゴリズムの中で複数の場合への分岐を同時に実行できるという仮想的な能力を仮定し，分岐を繰り返すことによって複数 (指数的に多くてもよい) の計算過程を同時に実行できると考えるのである．このような能力があると，クラス NP の定義における解 s のすべてを多項式時間で列挙することが可能となり，イエスの証拠となるものが存在すれば，それを多項式時間で発見できることになる．クラス NP の名前は，このような性質に由来する．

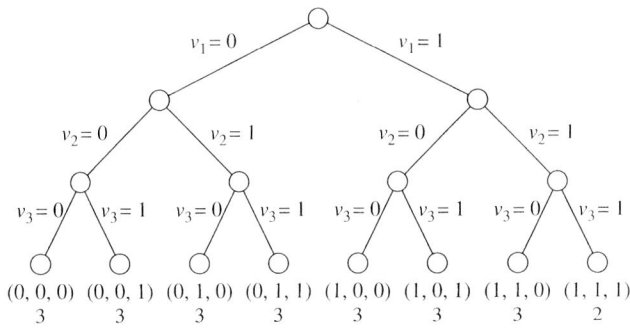

図 1.6　最大充足可能性問題に対する非決定計算による解の列挙

例えば，充足可能性問題 (1.2.3 項) の問題例 (1.3) に対し，解である 0-1 割当 v をすべて非決定計算によって列挙する様子を示す木 (付録 A.1 参照) を図 1.6 に与える．これを**分枝木** (branching tree) という．各葉は一つの解に対応している．内部の節点は v_i の値による分岐を表し，各深さが一つの変数に対応している．よって，このような分枝木の高さは，一般に n (n は変数の数) となる．非決定計算による計算時間は木の高さに等しいので，このような列挙の計算が多項式時間で可能になるのである．図では，各葉に，0-1 割当 v とそれによって充足される節の数 $\sum_{i=1}^{m} C_i(v)$ (m は節の数) の値を付している．どの葉においてもこの値が $m = 4$ よりも小さい，すなわちイエスの証拠が存在しないので，この問題例の答えはノーである．

さて，クラス NP には，列挙法で解けるほとんどの問題が含まれることがわ

かったので，NP の中で最も難しいものを特定できれば，それは列挙法以外のエレガントな方法では解けそうにない困難な問題であると予想できる．これをきちんと議論するため，以下の帰着という概念を用いる．

帰着可能性 決定問題 Π と Π' を考え，Π の任意の問題例 I が，その規模の多項式オーダーの決定性計算で Π' のある問題例 I' に変換でき，

$$(I \text{ の答はイエス}) \Leftrightarrow (I' \text{ の答はイエス})$$

の性質が成立するとき，問題 Π は Π' に**帰着可能** (reducible) といい (厳密には**多項式的に帰着可能** (polynomially reducible))，$\Pi \prec \Pi'$ と記す．

$\Pi \prec \Pi'$ であれば，Π' を解けば Π も解いていることになるので，Π' に対する多項式時間アルゴリズムが存在すれば，Π も多項式時間で解ける (すなわちクラス P に属す) ことがいえる．この意味で，Π' のほうがより難しい問題である．

さて，クラス NP の任意の問題 Π がある一つの問題 Π' に帰着可能であるとき，Π' は **NP 困難** (NP-hard) であるという．NP 困難な問題 Π' がさらにクラス NP に属すなら，Π' は **NP 完全** (NP-complete) であるという．NP 完全である問題は多数存在することがわかっているが，その定義から，その中の一つに対して多項式時間アルゴリズムが存在すれば，クラス NP のすべての問題が多項式時間で解けることが結論される．クラス NP の問題の中には，巡回セールスマン問題やグラフ彩色問題のように，古来難問とされているものが少なくないので，それらがすべて多項式時間で解けるとは考え難い．この意味で，NP 完全問題はクラス NP の中で最も難しい問題であって，多項式時間アルゴリズムは存在しないと予想されている．ただし，この予想は数学的な証明がまだ得られておらず，計算の複雑さの理論における最大の未解決問題である (すなわち P $\neq$ NP 予想)．この予想の下では，P，NP および NP 完全問題の包含関係は図 1.7 のようになる．図は，問題の難易度もあわせて示しており，上にいくほど難しいとしている．

ある問題 Π が NP 困難であることを証明するのに，定義に従って，クラス NP のすべての問題が Π に帰着可能であることを示すのは大変であるが，現在では多くの NP 完全問題が知られているので，そのような一つを Π' とし，

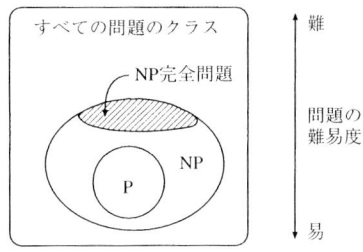

図 1.7 P，NP および NP 完全問題の包含関係

$\Pi' \prec \Pi$ であることを示せばよい．また，Π が NP 完全であることを示すには，さらに Π がクラス NP に属すことを示せばよい．なお，クラス NP は決定問題を前提としているので，最適化問題に対しては NP 困難性のみが意味を持つ．

実務上現れるスケジューリング問題などは，大抵の場合複雑な制約を持っているが，そのような実用的な組合せ最適化問題の多くは NP 困難であると思って差し支えないであろう．実際，1.2 節で紹介した問題はすべて NP 困難である．ただし，例えば，1 機械スケジューリング問題は，目的関数によっては多項式時間アルゴリズムが存在する．このように，問題に制限を加えた場合は，問題がやさしくなる場合もある．また，線形計画問題も多項式時間で解けることが知られている．なお，充足可能性問題 (SAT) は最初に証明が与えられた NP 完全問題としてよく知られている[65]．

1.5 メタ戦略とその役割

組合せ最適化問題は，1.4 節で述べたように，その多くが NP 困難である．しかし，現実には，解きたい問題が難しいからといって，解くことをあきらめるわけにはいかない．幸い，最適性の保証はなくとも，ある程度精度の高い解が求まれば，十分満足のいく場合が多い．そこで，現実的な時間で良質の解を求めるために**近似解法** (approximate algorithm) や**発見的手法** (heuristics) が用いられる．

近似解法の基本戦略として，**欲張り法** (greedy method) や**局所探索法** (local search) が挙げられる．欲張り法は，目的関数への貢献度を示す局所的な評価値

に基づいて実行可能解を直接構成する方法で，**構築法** (constructive algorithm) の一種である．これに対し，局所探索法は，与えられた解を簡単な操作によって改善する手続きを反復する方法で，**改善法** (improvement algorithm; **修繕法** (repair method)) の一種である．これら基本戦略は，第 2 章で詳しく説明する．本書の主題である**メタ戦略** (metaheuristics; **メタ解法，メタヒューリスティクス**とも呼ぶ) は，これら基本戦略よりも多少時間はかかっても，より良質の解を求めるような解法の一般的枠組を与えるものである．代表的なメタ戦略として，**遺伝アルゴリズム** (genetic algorithm)，**アニーリング法** (simulated annealing)，**タブー探索法** (tabu search) などがある．

局所探索法やメタ戦略は，これから説明していくように，解を生成してはその目的関数値や実行可能性を評価するという操作を反復するものである．クラス NP に含まれる問題では，解 s の目的関数値や実行可能性を判定する多項式時間アルゴリズム A の存在が仮定されているので，この評価が自然に多項式時間で実行できる．この意味で，クラス NP とメタ戦略は相性がよい．ただし，メタ戦略は非決定計算による s の列挙を陽には行わず，決定計算である局所探索によって，解の集合の一部のみを生成する点が本質的に異なる．メタ戦略が成功を収めているのは，局所探索によって生成される解の集合が比較的よい目的関数値の実行可能解を多く含んでいるという理由による．この探索領域に最適解が含まれていれば，対象問題例を厳密に解いたことになり，そうでなくても，最適に近い解が含まれていれば，近似的に解いていることになる．メタ戦略では，この探索領域からいかに無駄を除き，かつ最適解 (あるいはそれに近い解) を効率よく含めることができるかがポイントである．図 1.8 に以上の議論を模式的に表し，列挙法とメタ戦略を対比したものを示す．

メタ戦略の多くは，局所探索法に基づいている．局所探索法は，前述のように，解の局所的な修正による改善を繰り返していき，改善ができなくなった時点で探索を終了する．この手続きにより最終的に得られる解を局所最適解と呼ぶが，1 回の局所探索によって得られた局所最適解は，必ずしも質がよいとは限らず，また，局所最適解の付近には，よりよい解が潜んでいる可能性が高いことが経験的に知られている．そこで，局所最適解から脱出して探索をさらに続行し，これまでに得られた局所最適解の付近をより丹念に探索するなどの工

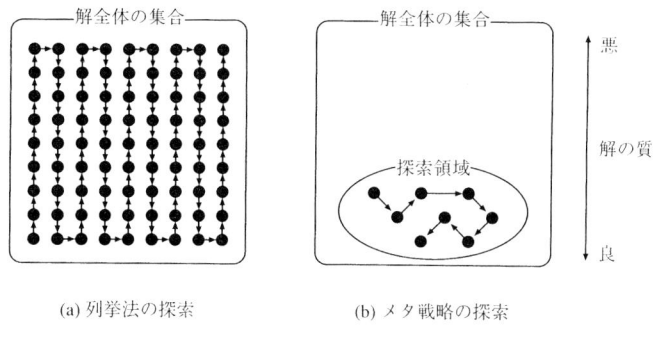

(a) 列挙法の探索　　(b) メタ戦略の探索

図 1.8　列挙法とメタ戦略

夫を行って性能の向上を図るのである．本書では，第3章において，メタ戦略に現れる様々なアイデアを，局所探索法の一般化ととらえることで体系的にまとめ，第4章で，アニーリング法やタブー探索法などの具体的なメタ戦略アルゴリズムが，第3章のアイデアを具体的に組み合せた結果として形成されるという立場に立ってその内容を説明する．また，第5章では，メタ戦略の性能向上に有効と思われるやや高度なテクニックを紹介する．次に，第6章では，メタ戦略の一つの魅力がその手軽さとロバスト性にあるとの観点から，メタ戦略の基本的なアイデアのみで構成したシンプルなアルゴリズムを，計算実験に基づいて比較した結果を述べる．これをもとに，手軽なツールとしてのメタ戦略の設計指針を与える．最後に，第7章では，メタ戦略の理論的解析の話題に言及する．

なお，組合せ最適化問題の中には，最適解が高速に求まることが理論的にきちんと保証されたアルゴリズム，すなわち多項式時間アルゴリズムを持つものも多数ある．定義はとくに述べないが，最小木問題，最短路問題，最大マッチング問題，最大フロー問題，最小費用流問題，最小カット問題などである．また，上で言及したように，一般的にはNP困難であっても，問題の与え方に制限を加えたものは多項式時間で解ける場合がある．このような問題に対しては，もちろん，メタ戦略を使う必要はない．代表的な問題に対する多項式時間アルゴリズムを紹介している日本語の教科書も多数出版されているので[12,15,39,103,186]，メタ戦略の開発に取りかかる前に，これらを調べておくことが大切である．効

率的な解法がすぐには見つからない問題に限って，メタ戦略を開発する意味があるといえるからである．

1.6 メタ戦略の現実問題への応用

メタ戦略は様々な現実問題に適用され，大きな成果を上げている．本節ではそのような例をいくつか紹介する．以下に挙げる問題は，もちろんいずれも一般的には NP 困難である．

まず，**配送計画問題** (vehicle routing problem, 運搬経路問題とも呼ぶ) が挙げられる．これは，複数の顧客に複数の車両を用いて荷物を配送 (または集配) するときの費用最小の経路を求める問題である．各車両は，デポと呼ばれる特定の地点を出発し，いくつかの顧客を訪問した後再びデポに戻る．このとき一つの車両が訪問する客の順序をルートと呼ぶ (図 1.9 参照)．データとして，
- 利用可能な車両台数および各車両の最大積載量，
- デポおよび各顧客の位置と地点間の移動費用 (距離や移動時間などによって定まる)，
- 各顧客の需要量，

が与えられる．さらに，通常は以下の条件を仮定する．
- 各顧客の需要は 1 台の車両の 1 度の訪問によりみたされる．
- 一つのルートに含まれる顧客の需要量の合計は車両の最大積載量を越えない．
- 車両台数は利用可能台数を越えない．

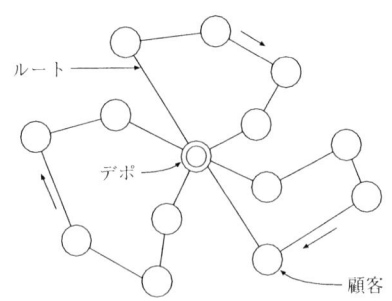

図 1.9　各車両のルート (白丸は顧客，二重丸はデポ)

配送計画問題は，以上の仮定の下で，各車両のルートを定め，移動費用などの最小化を図る．もちろん，上記の基本的な定式化以外にも様々な制約や目的関数があり，具体的な状況に応じて定式化を工夫する必要がある．例えば，各顧客が配送の時刻に対する時間枠制約を持っており，それらをできるだけ満足したいという要求は，多くの応用においてきわめて重要であり，制約として定式化に追加される場合が多い．

具体的な応用としては，コンビニエンスストアなどの小売店への配送，スクールバスの経路，郵便や新聞の配達，ごみ収集などが挙げられる．このような応用において，顧客の数が数千から数万におよぶ大規模な問題例は少なくない．近年，工業の自動化などによる生産コストの低下に伴い，商品における流通コストの占める割合が大きいことが指摘されるようになってきた．そこで，流通コスト削減の一環として配送計画が注目されており，メタ戦略に基づく商用ソフトの開発なども盛んに行われている．配送計画問題の様々な応用事例やアルゴリズムに関しては，久保による詳しい解説[125]がある．

様々な制約の下で，人や機械などの資源をスケジュールする問題も重要である．工場での多数の機械による生産計画や学校の時間割作成がその例である．身近な例として，病院における看護婦のスケジュール表の作成問題を，具体例を用いて紹介する．

この病院の看護婦はチームA (13人) とチームB (12人) から構成されている．勤務は昼，夕，夜シフトの3交代制であり，それぞれの勤務日には三つのシフトのうちの一つが割当てられる．また，他の看護婦を指揮できるリーダー役がチームAには6人，チームBには5人いる．計画の作成にあたって，以下のような様々な制約が与えられる．

- 毎日の各シフトの必要人数 (例えば4月1日の昼シフトにはリーダー4人を含めて8人など).
- 各看護婦の1か月間の勤務シフト数に関する制約 (1か月の夕シフトと夜シフトはそれぞれ最大6回まで，休日数は丁度9日など).
- 各シフトにおけるチームAとBのバランス．
- 勤務の禁止パターン (休日・勤務・休日，3回連続の夜シフト，4回連続の夕シフトなど).

- 夜シフトは2日連続するようにする．その後は必ず休日．また，夜シフトの終了後6日間は夜シフトなし．
- 各週に少なくとも1回は昼シフト勤務，少なくとも1回は休日．
- 事前にスケジュールが決まっている部分がある (各看護婦の個人的都合や会議など)．
- 同時に勤務することが禁止されている看護婦のペアがある (看護婦1と9は昼シフト以外では同時に勤務してはいけないなど)．

これらの制約をできるだけみたすように，各看護婦を何日のどのシフトに割り当てるかを1か月に渡ってスケジュールすることが求められる (より詳しくは文献[106, 159]参照)．これらの制約をすべてみたすことが至難の業であることは容易に想像がつくであろう．もちろん常にすべての制約をみたすことができるとは限らないので，通常は絶対的ではない制約に違反することを許容し，違反制約数の最小化を目的とする．

著者らのグループでは，多数の制約をみたす解を求めるこの種の問題に対する汎用解法として，タブー探索法に基づくアルゴリズムを開発している (5.12節参照)．図1.10は，このアルゴリズムによって得られたスケジュール表の一例である．図には，各看護婦のスケジュールが，$-, =, \equiv$ などの記号で示されており，また，下の5行には毎日の各シフトの合計人数が，さらに，右の5列には，各看護婦の30日間の各シフトの合計数が示されている．なお，看護婦1から13はチームA，14から25はチームB，1から6，および14から18はリーダーである．制約条件のほとんどが満足されている様子を確かめてほしい．実際，このスケジュールでは，11日，12日，および20日の昼シフトにおけるBチームのリーダーが1人足りないこと以外は，すべての制約をみたしている．NP困難問題であっても，メタ戦略によってこの程度まで実用的に解き得るようになっていることを見ていただければ幸いである．

人員のスケジューリング問題としては，この他に鉄道や航空会社での適用例が数多く報告されている．詳しくは述べないが，例えば列車に乗務員 (運転手や車掌) を割り当てる際，

- 各列車のすべての区間における乗務員の必要人数，
- 乗務員の食事時間，

	日																														合計				
看護婦	1	2	3	4	5	6	7	8	9	10	11	12	13	14	15	16	17	18	19	20	21	22	23	24	25	26	27	28	29	30	—	=	≡	+	/
1	/	—	—	/	/	≡	≡	/	—	=	/	—	—	≡	≡	/	=	=	/	—	=	/	—	—	—	≡	≡	/	—	—	11	4	6	0	9
2	[≡]	[/]	—	—	—	—	=	=	[/]	—	—	—	[+]	=	/	—	—	[/]	=	=	/	—	—	≡	≡	/	/	/	/	—	12	5	3	1	9
3	—	[/]	—	=	/	/	/	—	—	—	=	=	=	/	/	—	—	—	/	—	—	≡	≡	/	—	—	=	=	/	≡	12	6	3	0	9
4	=	=	/	—	—	—	—	≡	≡	/	[/]	[/]	/	—	—	≡	≡	/	—	[+]	—	=	=	=	[/]	[/]	—	≡	≡	/	9	5	6	1	9
5	/	—	=	≡	≡	/	—	—	=	/	—	≡	≡	/	=	=	/	—	—	≡	≡	[/]	[/]	[/]	[/]	—	—	—	—	=	10	5	6	0	9
6	—	≡	≡	/	=	=	/	—	—	≡	≡	/	—	—	—	[/]	[/]	≡	≡	/	/	—	—	—	=	=	/	—	=	/	10	5	6	0	9
7	—	=	/	—	—	/	—	—	=	/	—	—	/	—	=	=	/	—	—	=	/	/	—	—	—	—	/	≡	≡	/	14	5	2	0	9
8	≡	≡	/	—	=	/	/	—	—	[+]	—	—	/	—	—	—	—	=	/	/	—	—	≡	≡	[/]	[/]	—	=	=	/	12	4	4	1	9
9	[/]	—	=	/	—	—	/	=	≡	≡	/	[/]	—	=	/	—	—	—	=	/	—	—	[/]	—	—	/	—	—	—	≡	14	4	3	0	9
10	[+]	—	≡	≡	/	/	—	—	—	=	=	=	/	/	—	[+]	—	≡	≡	/	/	—	—	=	=	=	/	/	/	—	9	6	4	2	9
11	=	/	—	—	—	=	=	/	[/]	—	—	≡	≡	/	/	[+]	—	—	—	/	/	—	—	—	≡	≡	/	—	=	/	12	4	4	1	9
12	/	—	—	—	≡	≡	[/]	[/]	[/]	—	—	—	—	/	/	[+]	=	/	/	—	—	/	—	—	—	—	=	/	—	—	15	2	2	1	10
13	—	—	—	=	/	—	[+]	/	[/]	[/]	[/]	—	=	≡	≡	/	/	—	—	—	=	=	=	[/]	[/]	[/]	—	—	—	=	11	6	2	1	10
14	—	/	—	=	≡	≡	/	—	—	[+]	[/]	[/]	—	≡	≡	/	=	=	/	—	—	=	/	—	—	=	[/]	/	=	≡	9	6	5	1	9
15	—	—	/	/	/	≡	≡	/	—	—	=	=	=	/	—	—	/	[/]	=	≡	≡	/	—	—	/	—	—	—	—	=	12	5	4	0	9
16	/	—	—	—	=	/	—	=	/	—	—	—	[+]	=	/	/	—	≡	≡	[/]	[+]	—	=	/	—	—	/	≡	≡	/	11	4	4	2	9
17	≡	≡	/	—	—	=	/	—	=	≡	≡	/	[+]	—	—	=	/	—	—	[/]	[/]	≡	≡	/	/	—	=	=	/	—	9	5	6	1	9
18	[/]	=	=	/	—	—	—	≡	≡	[/]	[/]	/	—	—	=	≡	≡	/	/	[+]	—	—	/	=	=	≡	≡	/	—	—	9	5	6	1	9
19	—	/	=	=	/	—	[+]	=	=	/	—	—	—	/	—	[+]	/	—	—	—	≡	≡	[/]	[/]	[/]	[/]	—	—	—	—	13	4	2	2	9
20	/	—	—	—	=	/	—	—	[/]	/	=	=	/	—	—	≡	≡	[/]	[/]	—	—	=	=	/	—	—	—	/	—	[+]	13	5	2	1	9
21	—	=	/	/	—	—	/	[/]	—	=	/	—	=	=	/	—	—	=	=	/	—	—	—	/	—	—	≡	≡	/	[+]	12	6	2	1	9
22	[+]	—	—	—	/	=	≡	≡	[/]	—	—	/	/	—	—	=	/	/	—	=	/	/	—	—	=	=	/	—	—	[+]	12	5	2	2	9
23	/	/	/	/	—	—	—	—	[/]	[/]	≡	≡	/	—	—	—	=	/	—	—	=	/	—	—	—	—	=	=	/	[+]	13	4	2	1	10
24	=	[/]	[/]	/	—	—	=	/	—	—	—	—	/	—	=	/	—	—	≡	≡	/	—	—	=	[/]	[/]	—	—	=	=	13	6	2	0	9
25	=	/	≡	≡	/	—	=	/	—	=	/	≡	≡	/	/	—	—	—	—	=	=	/	—	≡	≡	/	—	—	/	—	10	5	6	0	9
—	8	10	10	10	10	10	8	10	10	8	10	10	7	10	10	8	10	10	10	8	9	10	13	10	10	10	10	10	10	8	287				
=	4	4	4	4	4	4	4	4	4	4	4	4	4	4	4	4	4	4	4	4	4	4	4	4	4	4	4	4	5	4		121			
≡	3	3	3	3	3	4	3	3	3	3	3	4	3	3	3	3	3	3	4	3	3	3	3	3	3	3	3	4	3	3			94		
+	2	0	0	0	0	0	2	0	0	2	0	0	3	0	0	4	0	0	0	2	1	0	0	0	0	0	0	0	0	4				20	
/	8	8	8	8	8	7	8	8	8	8	8	7	8	8	8	6	8	8	7	8	8	8	5	8	8	8	8	7	7	6					228

— ：昼シフト　＝ ：夕シフト　≡ ：夜シフト

＋ ：会議　/ ：休日　[ ] ：事前計画済

図 1.10　25 人の看護婦の 30 日分のスケジュール表

- 連続して乗務できる時間の上限,
- 乗務員は一定期間の勤務の後，自宅最寄りの駅に戻る,

など，様々な条件が与えられ，それらをできるだけみたすスケジュールの作成が求められる.

イタリアのある鉄道会社は，このような問題を，代表的な組合せ最適化問題である集合被覆問題 (set covering problem) に定式化し，これを解決するソルバを公募してコンペティションを開いた．対象とされた問題例はサイズ (候補となる集合数) が 100 万にもおよぶ大規模なものであったが，これをパソコン程度の計算機を用いて数時間程度で解くことが求められる (もちろん厳密な最適解を求める必要はなく，実用上十分よいと思われる解でよい)．コンペティションで優勝した解法[29]は，5.11 節で紹介するラグランジュ緩和問題を利用した近似解法であった.

最近の技術の進歩に伴って注目されるようになった問題の一つに，**チャネル割当問題** (channel assignment problem) がある[147]．これは，携帯電話や PHS

の基地局に，距離の近い基地局と電波干渉が起きないように周波数帯 (チャネル) を割り当てる問題である．チャネルは通常整数値で表すが，基地局がとくに近い場合は隣り合うチャネル (例えばチャネル 1 と 2) でも電波干渉が起こり得るため，チャネルを 2 以上離さなければならない (例えばチャネル 1 と 3) などの制約がある．このような制約をみたしつつ各基地局にチャネルを割り当てていくが，電波を有効に利用するために，できるだけ少ないチャネル数で実現することが求められる．基地局を節点として，電波干渉が起こり得る基地局の対を枝で結び，このような対に対してチャネルがどれだけ離れていればよいかを枝の重みとすれば，この問題は重みつきの無向グラフで表現できる．このように捉えると，この問題は，枝の重みがすべて 1 の特別な場合として，1.2.6 項のグラフ彩色問題を含んでいることがわかる．なお，チャネル割当問題の定式化は，これだけではなく，現実の要望に応じて他にも様々なものがある．

さて，現実の応用問題 (実際には多少簡略化したモデルである) をいくつか紹介したが，本節の最初に述べたように，これらはいずれも NP 困難であり，しかも解くことが要求される問題例の規模はかなり大きい場合が多い．このような問題の解決手法としてメタ戦略がきわめて有効であることは，上述の看護婦のスケジューリングの例からも理解できよう．メタ戦略の利点として，多様な問題に比較的容易に適用でき，しかもそれぞれに対しかなりの性能が期待できること，および問題の制約条件などが多少変化してもアルゴリズムを大幅に変更することなく適用できる場合が多いこと，などが挙げられる．

現実に解決が求められている問題は，世の中に数多く存在し，本節で紹介したものは，そのほんの一部である．また，最近は，様々なシステムのコンピュータ化・ネットワーク化が進み，さらに計算機の能力が飛躍的に大きくなったこともあって，問題の解決に必要なデータを容易に収集できるようになってきた．すなわち，解く必要のある問題はどんどん増え，しかも大規模化している．これらの解決手法として，メタ戦略が今後さらに進展していくことが期待される．

1.7 厳密解法

組合せ最適化問題に対して厳密な最適解を求めるアルゴリズムを開発する研究

は，メタ戦略よりも歴史が古い．この目的に用いられる代表的な手法として，**分枝限定法** (branch and bound method) と**動的計画法** (dynamic programming) がある[98]．NP 困難問題は，解の列挙によって最適解が求まることを 1.4 節で述べたが，分枝限定法や動的計画法は，問題の構造をうまく利用することによって，解の列挙を効率的に行う手法である．以下，これらの基本的な考え方を紹介する．具体例を用いたほうがわかりやすいので，0-1 ナップサック問題 (1.2.4 項) に対するアルゴリズムの構成例を紹介する．これは最大化問題である．

分枝限定法 分枝限定法は，問題をいくつかの小規模な問題に分割して，そのすべてを解くことで等価的にもとの問題を解くという考え方に基づいている．小規模な問題への分割は，一部の変数の 0-1 割当を個別に考察することによって実現される．このように一部の変数を固定しつつそれぞれの場合を調べ上げていく過程は，1.4 節の図 1.6 のような分枝木を用いて表現できる．ただし，分枝限定法では，図 1.6 のようにすべての場合を列挙するわけではなく，その一部分だけを実際に生成するので，計算の進行は図 1.11 のようになる (図 1.11 の詳細は後述)．これを**探索木** (search tree) という．内部の節点は，根からその節点へのパスに対応して変数の値を一部固定した問題 (**部分問題** (partial problem) と呼ぶ) に対応しているが，部分問題もやはり 0-1 ナップサック問題である．例えば，節点番号 5 は $z_4 = 1$ と $z_3 = 0$ のように固定することによって得られる 0-1 ナップサック問題で，

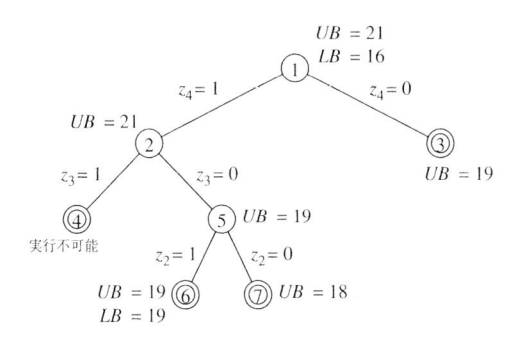

図 1.11 0-1 ナップサック問題に対する分枝限定法の進行

$$\begin{aligned}&\text{目的関数} \quad c_1 z_1 + c_2 z_2 \to \text{最大} \\ &\text{制約条件} \quad a_1 z_1 + a_2 z_2 \leq b - a_4 \\ &\qquad\qquad z_1, z_2 \in \{0, 1\}\end{aligned}$$

と書かれる.

一つの変数を固定して2つの部分問題を生成する操作は, **分枝操作** (branching operation) と呼ばれる. さらに, ある部分問題に対して, (1) その最適値, または (2) その部分問題がもとの問題の最適解を与えないこと, がわかると, その子孫を調べる必要がないと結論できるので, 以下の探索を省略して手間を軽減できる. このような考察に基づいて分枝木の子孫の探索を省略する (**終端** (terminate) するという) ことができるが, これを**限定操作** (bounding operation) と呼ぶ.

限定操作の例として, 上界値テスト (最小化問題の場合は下界値テスト) を紹介しておく. 0-1 ナップサック問題においては, 各変数 z_j が 0 または 1 の値をとることを要求しているが, これを「$0 \leq z_j \leq 1$」に緩和すると, 線形計画 (LP) 問題が得られる. この LP 緩和問題の最適値の小数部を切り捨てた値は, ナップサック問題の最適値の**上界** (upper bound) を与える. すなわち, 任意の実行可能解 z に対し,

$$f_{\text{KNAPSACK}}(z) \leq \lfloor LP\text{緩和問題の最適値} \rfloor$$

である. LP 緩和問題の最適値は, 汎用の LP ソルバを用いて求めることもできるが, この問題の場合は簡単な方法によって $O(n)$ 時間で求まることが知られている (例えば茨木の本[98]などを参照). **下界値** (lower bound) についても, 任意の実行可能解はその目的関数値が最適値の下界となるので, 本書で紹介する様々な近似解法やメタ戦略によって求めることが可能である. また, 探索が分枝木の葉に到達したときにも実行可能解が求まる場合がある. このように上下界値は容易に求まるが, これらを用いると,

> ある部分問題の上界値が暫定値 (すなわちこれまでに得られている最良の下界値) 以下であれば, その子孫を調べる必要はない,

ことが結論できる. その部分問題の子孫をすべて調べても, 暫定値よりもよい

《気象学ライブラリー》

日常生活と深く関わる気象現象や激甚化する気象災害の一歩進んだ理解のために、雲の中のミクロの現象から実生活での防災まで、気象学の魅力的なテーマを第一線の専門家が解説。

シリーズ編集委員
- 新田 尚　元気象庁長官
- 中澤哲夫　前気象庁気象研究所台風研究部長／前世界気象機関(WMO)世界天気研究課長
- 斉藤和雄　前気象庁気象研究所予報研究部長／一般財団法人気象業務支援センター

気象学ライブラリー 4
雷放電の物理
―絶縁破壊から電荷分離，メソ気象まで―

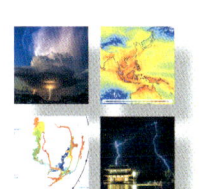

吉田　智 著
（気象庁気象観測研究部・主任研究官）

定価 4,180 円（本体 3,800 円）
A5判／192頁　口絵／4頁
ISBN：978-4-254-16944-7

新刊 第4巻

2024年12月1日刊行予定

CHAPTER 1　雷放電の概要
- 1.1　はじめに
- 1.2　雷放電はプラズマ
- 1.3　雷放電種別
- 1.4　負極性落雷のプロセス
  負極性落雷の全体像／ステップリーダ／upward connecting leader(UCL)／リターンストローク／連続電流／リコイルリーダ
- 1.5　正極性落雷
- 1.6　上向き雷放電
- 1.7　雲放電
  - コラム1　高高度放電発光現象
  - コラム2　避雷針

CHAPTER 2　雷放電とプラズマ
- 2.1　はじめに
- 2.2　プラズマとは
- 2.3　ストリーマ
- 2.4　リーダ
  正リーダ／負リーダ
- 2.5　ストリーマの極性による発生に必要な電界の違い
- 2.6　実際の雷放電の高速ビデオ撮影
- 2.7　なぜ雷放電はジグザグに進むのか？
- 2.8　双方向性リーダ
  双方向性リーダの考え方／双方向性リーダの観測
  - コラム3　雷放電の世界分布
  - コラム4　世界のどこで雷放電が多いのか？

CHAPTER 3　雷放電開始メカニズムの謎
- 3.1　はじめに
- 3.2　大気の絶縁破壊
- 3.3　雷雲中の電界強度の観測値とその解釈
  雷雲中の電界の観測／電界観測結果の解釈1／電界観測結果の解釈2
- 3.4　雲降水粒子仮説
  雲降水粒子仮説の概要／複数の雲降水粒子の存在によるストリーマ発生／雲降水粒子仮説の問題点
- 3.5　逃走絶縁破壊仮説
  逃走絶縁破壊に必要な電界強度／高エネルギー電子はなぜ逃走絶縁破壊を起こせるのか？／逃走絶縁破壊にもとづいた雷放電開始メカニズムと問題点
- 3.6　近年の観測結果
  fast positive breakdownの観測／大気シャワーによる電界の強化？／fast negative breakdownの観測
  - コラム5　雷放電開始メカニズム研究に貢献したVHF帯干渉計

CHAPTER 4　電荷分離機構
- 4.1　はじめに
- 4.2　着氷電荷分離機構
  着氷電荷分離機構の実験による共通点と相違点／気温差や氷膜内の電荷移動を考慮した説明／相対拡散成長速度説
- 4.3　レナード効果を用いた説
- 4.4　イオン対流説
- 4.5　分極誘導説とイオン誘導説
  - コラム6　氷の電気特性

CHAPTER 5　雷雲内電荷構造とその影響
- 5.1　はじめに
- 5.2　三重極構造
- 5.3　対流領域の電荷構造
- 5.4　層状領域の電荷構造
- 5.5　正極性落雷が多く発生する電荷構造
  逆転三重極構造／傾斜二重極構造／層状領域における正極性落雷
- 5.6　様々な電荷構造が発生する原因
- 5.7　冬季雷雲の電荷構造
- 5.8　電荷構造の雷放電形態への影響
  電荷構造と雷放電の水平スケールの関係／電荷構造と雷放電種別の関係
  - コラム7　冬雷の世界分布
  - コラム8　スーパーボルト

CHAPTER 6　雷活動とメソ気象
- 6.1　はじめに
- 6.2　lightning jump
- 6.3　lightning bubble
- 6.4　lightning hole
  - コラム9　気候変動と雷活動－増える北極圏での雷活動

CHAPTER 7　誘雷と火山雷
- 7.1　はじめに
- 7.2　誘雷
  ロケット誘雷／フロリダ大学のロケット誘雷／レーザ誘雷／誘雷のメリット
- 7.3　火山雷
  概要／vent dischargeとnear-vent lightning／Plume lightning／トンガ沖海底火山噴火に伴う火山雷
  - コラム10　幻のY-lightning

CHAPTER 8　雷放電標定技術
- 8.1　はじめに
- 8.2　二次元標定技術
  二次元標定技術の概要／二次元標定装置のメリット、デメリット
- 8.3　三次元標定技術
  TOAを用いた三次元標定／干渉法
  - コラム11　河崎善一郎先生
  - コラム12　落雷被害にあわないために

朝倉書店

気象学ライブラリー 1
気象防災の知識と実践

牧原康隆 著

定価 3,520 円(本体 3,200 円)
A5判／176頁
刊行日：2020年2月1日
ISBN：978-4-254-16941-6

気象予報の専門家に必須の防災知識を解説。

気象学ライブラリー 2
日本の降雪 ―雪雲の内部構造と豪雪のメカニズム―

村上正隆 著

定価 4,400 円(本体 4,000 円)
A5判／212頁　口絵／4頁
刊行日：2021年11月1日
ISBN：978-4-254-16942-3

国土の約半分を豪雪地帯が占める日本列島における
降雪メカニズムを長年の研究成果に基づき解説。

気象学ライブラリー 3
集中豪雨と線状降水帯

加藤輝之 著

定価 3,520 円(本体 3,200 円)
A5判／168頁　口絵／2頁
刊行日：2022年11月1日
ISBN：978-4-254-16943-0

地球温暖化による気候変動にともない頻発する集中豪雨の
メカニズムを大気の運動や線状降水帯などの側面から克明に解説。

CHAPTER 1　気象防災の課題と気象の専門アドバイザーの役割
1.1　気象情報の充実・高度化とその功績
1.2　なぜ多くの気象情報が提供されているのか
1.3　防災対策支援のための気象予報活用モデル事業
1.4　気象の専門アドバイザーに求められる技術
1.5　気象情報のさらなる活用の例
1.6　地方自治体における気象の専門アドバイザーの役割

CHAPTER 2　現象と災害を知る
2.1　現象のスケール
2.2　大雨と災害
2.3　暴　雨
2.4　大　雪
2.5　高　潮

CHAPTER 3　災害をもたらす現象の観測
3.1　気象衛星による台風・集中豪雨・大雪の観測
3.2　気象レーダーによる台風・突風の観測
3.3　アメダスによる台風・大雨の観測
3.4　ウィンドプロファイラによる前線の観測

CHAPTER 4　予報技術の最前線
4.1　はじめに
4.2　台風予報
4.3　ガイダンスと大雨・暴風予報
4.4　高潮予報
4.5　竜巻発生確度ナウキャストと竜巻注意情報
4.6　解析雨量
4.7　降水短時間予報と「今後の雨」
4.8　降水ナウキャスト
4.9　土壌雨量指数
4.10　流域雨量指数
4.11　表面雨量指数

CHAPTER 5　警報・注意報・情報の制度と精度を知る
5.1　警報・注意報・情報とその制度上の位置付け
5.2　市町村警報
5.3　特別警報
5.4　気象業務法と災害対策基本法・地域防災計画
5.5　避難行動と避難情報・防災気象情報を結び付ける「警戒レベル」
5.6　警報を利用する際の留意事項

CHAPTER 6　自治体への気象の専門アドバイザーに期待されること
6.1　事前準備を必要とするアドバイス
6.2　災害のおそれが高い場合の具体的アドバイス

CHAPTER 7
自治体へアドバイスするなかでの緊張感(「おわり」に代えて)

CHAPTER 1　降雪のパターン(降雪分布)
1.1　世界の降雪
1.2　日本の降雪

CHAPTER 2　降雪のメカニズム ―雲物理過程―
2.1　雲と降水の役割
2.2　降雪雲形成の概略
　コラム1　エアロゾルの雲・降水影響
2.3　エアロゾル・雲・降水を構成する粒子
2.4　暖かい雨のメカニズム
　コラム2　雲生成チェンバー
2.5　冷たい雨のメカニズム
　コラム3　雲核計と氷晶核計
　コラム4　雹のできるメカニズム
2.6　対流性降雪雲内の微物理構造と降水機構

CHAPTER 3　降雪をもたらす雲システム
3.1　日本海降雪雲
　コラム5　航空機観測
3.2　山岳性降雪雲
3.3　低気圧に伴う降雪雲
　コラム6　雲粒子ゾンデ

CHAPTER 4　降雪予報
4.1　降雪分布予報の歴史
4.2　新しい雪情報提供の取り組み
4.3　対象地域による大雪警報・注意報基準の違い
4.4　降雪予報の今後

CHAPTER 5　降雪と社会
5.1　豪雪被害
5.2　着雪・塩雪害
5.3　水資源としての雪
　コラム7　人工降雨
5.4　降雪とレジャー産業
5.5　気候変動による降雪の将来予測
　コラム8　ジオエンジニアリング

CHAPTER 1　気温と温位―乾燥大気の運動―
1.1　気温減率
1.2　温位とは
1.3　浮力とブラント・バイサラ振動数
1.4　大気の安定度
1.5　気温と温位の関係

CHAPTER 2　不安定と積乱雲―湿潤大気の運動―
2.1　不安定な大気状態
2.2　相当温位とは
2.3　高層気象観測とエマグラム
2.4　エマグラムの見方と応用

CHAPTER 3　集中豪雨と線状降水帯
3.1　スケールによる気象擾乱の分類
3.2　積乱雲の寿命
3.3　積乱雲の組織化と鉛直シア
3.4　集中豪雨と局地的大雨
3.5　線状降水帯
3.6　大雨の統計的調査

CHAPTER 4　大雨の発生要因
4.1　海上での下層水蒸気場の形成過程
4.2　大雨をもたらす下層水蒸気場を代表する高度
4.3　上空の大気の影響
4.4　線状降水帯発生条件

CHAPTER 5　梅雨期の集中豪雨
5.1　梅雨期の気圧配置
5.2　梅雨期の大気状態
5.3　梅雨前線帯の構造と大雨の発生位置

■ 組見本

2.8 双方向性リーダ

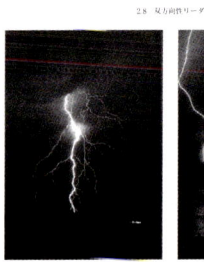

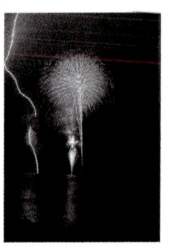

図 2.12 負リーダと正リーダの見え方の違い
放電路の滑らかさの違いから,(a)は負極性落雷,(b)は正極性落雷と考えられる(吉田智撮影,[電気学会社提供])

この伸展様相の違いから,おそらく左側は負極性落雷の負リーダであるのに対して,右側は正極性落雷の正リーダであると考えられる.正リーダと負リーダは単に極性が異なるだけでなく,伸展速度(負リーダの方が正リーダよりも速い),枝分かれの数(負リーダの方がおよそ正リーダよりも枝分かれが多い)などの特徴の違いが知られている.落雷のおよそ9割は比較性落雷でジグザグに進む負極性落雷であるため,滑らかに進む正極性落雷を目にする機会は少ない.そのこともあり,落雷はジグザグに進む,という印象が強いのだろう.

2.8 双方向性リーダ

2.8.1 双方向性リーダの考え方

針電極と平板電極間の放電実験によって雷放電を模擬し,ストリーマやリーダの説明をしてきた.針電極から発生したリーダは,電極から電荷供給を受け

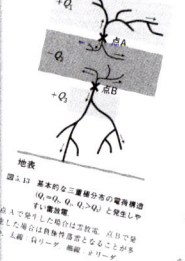

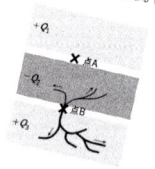

た場合と逆方向である.すなわち,正リーダが頂点上向きに伸展,負リーダ鉛直下向きに伸展する.その後,正リーダは負電荷領域 Q_1 の電荷を中和する.負電荷領域に到達し,正リーダは負電荷領域 Q_1 の電荷を中和する.しかしながら,負電荷領域の電荷量は下部正電荷領域の電荷量よりも大きいため,$(Q_1 > Q_2)$,下部正電荷領域の電荷を全て中和したとしても,この残された負電荷により正リーダの先端からは多くの電荷が導かれることな正リーダは負電荷領域を引き続き伸展する.正リーダの先端が十分弱められた場合,反対側で伸展している負リーダの先端の電界が十分強められる.この作用により,リーダの先端付近の電界が十分弱ければ,正電荷のない雪空外でも負伸展が可能となる.このように1つの双方向のリーダ(この場合は上向きに伸展する正リーダと下向きに伸展する負リーダ)で接続される電荷量に大きな正リーダは近くに電荷のない雪空外でも伸展を続けることが可能となる(2.8

図 2.13 基本的な三重極分布の電荷構造
$(Q_1 > Q_2 > Q_3)$ と発生しやすい雷放電.
点 A で発生した場合は正極性雷,点 B で発生した場合は負極性雷となることが多い.上矢印:負リーダ,下矢印:正リーダ.

図 2.14 下部正電荷領域の電荷量が非常に大きく,$Q_1 < Q_2$ の電荷量が非常弱く設定される場合 $(Q_1 < Q_2 < Q_3)$ の電荷構造と発生しやすい雷放電.
点 B で雪放電が発生すると正極性雪となる場合がある.上矢印:負リーダ,下矢印:正リーダ.

| 読者対象 | 気象学・地球科学専攻の研究者・学生、気象予報士など気象予報や防災に関わる実務家・研究者、気象に興味を抱く一般読者、大学・公共図書館 |

| シリーズ続刊予定 | 『竜巻のメカニズムー発生から構造・被害までー』──新野 宏 著
『気象学におけるデータ同化入門』──三好 建正 著
＊タイトルは変更される可能性がございます。 |

【キリトリ線】

【お申込み書】 このお申込み書にご記入の上,最寄りの書店にご注文ください。

		取扱書店
4. 雷放電の物理 978-4-254-16944-7 定価4,180円(本体3,800円) 冊	■お名前 □公費／□私費	
1. 気象防災の知識と実践 978-4-254-16941-6 定価3,520円(本体3,200円) 冊	■ご住所（〒　　　　）	
2. 日本の降雪 978-4-254-16942-3 定価4,400円(本体4,000円) 冊		
3. 集中豪雨と線状降水帯 978-4-254-16943-0 定価3,520円(本体3,200円) 冊	■TEL.	

朝倉書店 〒162-8707 東京都新宿区新小川町 6-29 ／ 電話 03-3260-7631 ／ FAX 03-3260-0180
https://www.asakura.co.jp ／ E-mail：eigyo@asakura.co.jp ／ 価格は2024年11月現在

解は見つからないからである.これが上界値テストである.これ以外に,部分問題の最適解が求まった場合や,部分問題が実行不可能であることがわかった場合も限定操作を適用できる.

図 1.11 に,1.2.4 項の (1.4) 式の問題例に対して分枝限定法を適用した場合の探索木の例を示す.探索木は,分枝操作に用いる変数や部分問題を調べる順序によって大きく変わり得るが,詳細は略す.図中,UB は上界値,LB は下界値を表す.節点 1 における下界値 $LB = 16$ は,2.1.1 項の欲張り法による.節点 1 では $UB > LB$ であるので,z_4 を用いて分枝操作を行い,節点 2 と 3 を得る.これらのそれぞれに対して UB を計算すると,いずれも LB よりも大きいので,まず節点 2 に対してさらに分枝操作を行う.このとき得られた節点 4 と 5 のうち,節点 4 の部分問題は,$a_3 + a_4 = 11 > 9 = b$ より,実行不可能であるから終端される.次に節点 5 をさらに分枝して節点 6 と 7 が生成される.これらそれぞれに対して UB を計算するが,節点 6 の UB の計算の際,LP 緩和問題を解くことによって整数解が求まったため,この部分問題の最適値が 19 であることがわかる.この時点で暫定値が 19 に更新される.残る節点 3 と 7 の部分問題の上界値はそれぞれ 19 と 18 で,いずれも暫定値以下なので,上界値テストによって終端される.この時点で,すべての節点は分解されるか終端されており,計算を終了することができる.結局,節点 6 において求まった解 $z = (0, 1, 0, 1)$ が最適であり,最適値は 19 である.この例では変数が 4 つあるので,すべての解を列挙した場合の分枝木の葉の数は $2^4 = 16$ であるが,限定操作によって列挙を省略することにより,生成される葉の数は 4 つと,大幅に削減されている.

なお,この例では,最初に欲張り法で求めた下界値 $LB = 16$ は,限定操作には有効に作用しなかったが,もし初めに下界値 19 が得られていれば,節点 5 を分枝することなく終端できるので,生成される葉の数をさらに減らすことができる.このように,分枝限定法の実行の前に,メタ戦略などを用いてできるだけよい近似解を求めておくことは,分枝限定法の計算時間の軽減にも役に立つのである.

一般に,より精度の高い上界値を求めることができれば,限定操作の効果が上がるので,性能の向上が期待できる.しかし,一つの部分問題の上界値の計

算に時間をかけすぎると，かえって全体の性能は下がる可能性もある．上界値を求める方法には，LP 緩和問題以外にも，ラグランジュ緩和問題や代替緩和問題など，いろいろな工夫がある．さらに，もとの問題の実行可能領域を変更することなく LP 緩和問題の実行可能領域を狭くする効果のある制約式 (LP 問題の実行可能領域の一部を切り取る超平面であることからカットと呼ばれる) を追加していくことによって上界値の向上を図る方法も研究されており，**分枝カット法** (branch and cut method) と呼ばれている (例えば茨木と福島の本[104]に解説がある)．

動的計画法　条件をみたす解の列挙にあたって，そのプロセスを状態間の遷移として抽象的に捉えると，多くの場合を一つの状態にまとめることができ，列挙の手間を大幅に削減できることがある．これはいわゆる**最適性の原理** (principle of optimality) と呼ばれるものの中心概念であって，動的計画法はその上に組み立てられた計算法である．

以下，0-1 ナップサック問題に対するアルゴリズムの構成例を紹介する．$f^*(j,k)$ を，要素集合 $\{1,\ldots,j\}$ からいくつかを選んで容量 k のナップサックに詰める場合の最適値とする．すると，$f^*(j,k)$ は漸化式

$$f^*(1,k) = \begin{cases} -\infty, & k < 0 \\ 0, & 0 \le k < a_1 \\ c_1, & a_1 \le k \le b \end{cases}$$

$$f^*(j,k) = \max\{f^*(j-1,k), f^*(j-1,k-a_j) + c_j\},$$
$$j = 2, 3, \ldots, n, k \le b$$

によって与えられる．第 1 式は，$j=1$ に対する初期条件 (境界条件) を示している．3 つの場合は，それぞれ，$k<0$ は実現不可能であることに対応し，$0 \le k < a_1$ は $z_1 = 0$ (要素 1 をナップサックに詰めない) に，さらに $a_1 \le k \le b$ は $z_1 = 1$ (要素 1 をナップサックに詰める) に対応している．第 2 式は，$j \ge 2$ の場合であり，max の中の第 1 項は $z_j = 0$ に，第 2 項は $z_j = 1$ に対応している．前者の場合は，要素集合 $\{1,\ldots,j-1\}$ からいくつかを選んで容量 k のナップサックに詰めたときの最適値がそのまま利用でき，後者の場合は，要素

集合 $\{1,\ldots,j-1\}$ からいくつかを選んで容量 $k-a_j$ のナップサックに詰めたときの最適値に c_j を加えたものが最適になるという意味である．$j=1,\ldots,n$ の順にそれぞれすべての k に対し $f^*(j,k)$ を求め，最終的に $f^*(n,b)$ を計算すればもとの問題の最適値が求まる．最適解を求めるには，各 $f^*(j,k)$ の値が，$z_j=0$ と $z_j=1$ の2つの場合のいずれによって実現できるかを (n,b) から順にたどっていけばよい．

漸化式において，$f^*(j,k)$ は，$\sum_{h=1}^{j} a_h z_h \leq k$ をみたす 0-1 ベクトル $(z_1,\ldots,z_j)$ 全体を表す状態であると理解できる．この問題ではそのようなベクトルによって実現できる総利得の最大値のみが重要であるので，$f^*(j,k)$ の値でその結果を記憶しているわけである．すなわち，一つの状態に対応するたくさんのベクトルを $f^*(j,k)$ というデータに集約することで，列挙の数を減らし，計算効率を高めている．これが動的計画法の考え方である．

漸化式の計算において，$k<0$ の場合は必ず $f^*(j,k)=-\infty$ となるので計算する必要はない．また，一つの j と k のペアに対する $f^*(j,k)$ の計算は，すべての l に対する $f^*(j-1,l)$ の値が既知であれば $\mathrm{O}(1)$ でできる．よって，全体の計算手間は $\mathrm{O}(nb)$ 時間である．これは擬多項式オーダー (1.3節参照) であって多項式オーダーではないが，通常 b の値はそれほど大きくないので，n がある程度大きい場合には，単純にすべての解を列挙した場合の数 $\mathrm{O}(2^n)$ よりも小さくなる．

1.2.4項の (1.4) 式の問題例に対する漸化式の計算の様子を表 1.1 に示す．表の第 j 行 k 列は $f^*(j,k)$ の値を示している．第 4 行 9 列の値より最適値は $f^*(4,9)=19$ である．また，最適解は，$f^*(4,9)=f^*(3,3)+14$ より $z_4=1$, $f^*(3,3)=f^*(2,3)$ より $z_3=0$, $f^*(2,3)=f^*(1,0)+5$ より $z_2=1$, 最後に $f^*(1,0)=0$ は $0 \leq k < a_1$ の場合に対応するから $z_1=0$ と計算でき，分枝限定法による結果 (図1.11の節点6の LB) と一致することがわかる．

表 1.1　ナップサック問題に対する動的計画法の進行

仕事 j \ 容量 k	0	1	2	3	4	5	6	7	8	9
1	0	0	4	4	4	4	4	4	4	4
2	0	0	4	5	5	9	9	9	9	9
3	0	0	4	5	5	12	12	16	17	17
4	0	0	4	5	5	12	14	16	18	19

分枝限定法や動的計画法に基づく厳密解法の研究は，現在でも盛んに行われており，0-1ナップサック問題の場合は要素数1万程度の問題例でも大抵あっという間に解けてしまう．時間は計算機にもよるが，最近のパソコンなら1秒もかからないだろう．例えば文献[139]のアルゴリズムはC言語のソースコードが公開されているので[*1]，試してみるとよい．また，巡回セールスマン問題に対しては，どれだけ大きなサイズの問題例を厳密に解いたかに対する競争が活発に行われており，現在の世界記録は都市数15112である[*2]．ただし，これは複数台の計算機を用いて長い時間をかけて得られた結果であり，実用的に解けたとはいいがたい．(なお，非対称TSPの距離行列をランダムに生成した場合は，50万都市という大規模な問題例を厳密に解いたという報告もある[146]．しかし，ランダムに生成した非対称TSPは，分枝限定法によって比較的容易に解けてしまうことが多い．非対称TSPでも，距離行列がランダムに生成されたものでない場合は，一般には困難である[59]．) いずれにしても，このように，NP困難問題であっても問題によってはかなりのサイズまで厳密に解けることを知っておいてほしい．

欄外ゼミナール

多項式オーダーと指数オーダー

問題例のサイズ n に対して，計算量がある定数 k を用いて $O(n^k)$ と書ける場合を多項式オーダーと呼ぶ．これに対し，$O(k^n)$ (k は定数) のような指数関数や $O(n!)$ のように，多項式よりも大きなオーダーは，n とともに急激に大きくなる．多項式オーダーは実用的であるが，そうでなければ実用的でないとする考え方は，1.3節で紹介した通りである．ここでは，指数関数についてこの点を考えてみよう．

指数関数が急激に増加する例としてねずみ算がある (わが国最初の算術書である吉田光由著の「塵劫記」(1627) にこの記述がある)．これは，1組のねずみの夫婦から出発して，1対の夫婦が毎月1回雌雄6匹ずつのねずみを産み，その子孫もまた同様にねずみを生むとすれば，12か月後には何匹になるかというもので

[*1] http://www.diku.dk/~pisinger/codes.html
[*2] http://www.iwr.uni-heidelberg.de/iwr/comopt/software/TSPLIB95/STSP.html,
http://www.keck.caam.rice.edu/tsp/ などに最新の情報がある．

ある．答えは，毎月1組の夫婦が(自分も含めて)7組に増えるから，2×7^{12} である．これは，約 2.8×10^{10} (すなわち280億)にもなる．「ねずみ算式に増える」という言い回しは，指数関数がこのように急激に増える様子に由来するのである．

曾呂利新左衛門が太閤秀吉から褒美をもらう際，将棋盤の最初の目に米粒を一つ置き，次の目に二つ，その次の目に四つと，順次2倍ずつ置いた分だけほしいといったという逸話がある．秀吉は，はじめは欲のないやつだと安請け合いしたが，途中で音をあげたというのである．秀吉が約束を守ったとすると，曾呂利新左衛門が手にする米粒の数は合計 $2^{81} - 1$ 粒となる．平凡社の世界大百科事典によれば，これは約 4×10^{17} 石になるということであるが，米の量を粒や石でいわれてもどうもピンとこないので，実際に米の重さを量ってみた．米の種類や精米の度合いによって値はまちまちとは思うが，わが家の米は，500粒で約10gであり，1合は約160gであった．これをもとに，将棋盤の各ます目に置くべき米の量を表1.2にまとめてみた．ところで，1合の米は，丼に山盛り1杯分くらいなので，1日10合のペースで100年食べ続けても，せいぜい 3.7×10^5 合しか消費できない．将棋盤の4列目の最後のます目には，すでにこれをはるかに凌ぐ量が置かれることになる(もちろん置けはしないが)．

表1.2 将棋盤の上の米の量

ます目番号	米の量		
	粒	kg	合
1	1	2.0×10^{-5}	1.3×10^{-4}
9	256	5.1×10^{-3}	3.2×10^{-2}
18	131072	2.6×10^{0}	1.6×10^{1}
27	67108864	1.3×10^{3}	8.4×10^{3}
36	34359738368	6.9×10^{5}	4.3×10^{6}
45	17592186044416	3.5×10^{8}	2.2×10^{9}
54	9007199254740992	1.8×10^{11}	1.1×10^{12}
63	4611686018427387904	9.2×10^{13}	5.8×10^{14}
72	2361183241434822606848	4.7×10^{16}	3.0×10^{17}
81	1208925819614629174706176	2.4×10^{19}	1.5×10^{20}

以上の例から，計算量についても，反復回数が指数オーダーならば，1回の反復に要する計算時間がどんなに小さくとも，問題サイズの増加にともないいずれ破綻することが理解できよう．

さて，ここで少し視点を変えて，計算機の性能の向上による恩恵がどのように

表 1.3 計算速度向上の効果

計算速度	1秒で解ける最大の問題サイズ				
	$O(2^n)$	$O(n)$	$O(n^2)$	$O(n^5)$	$O(n^{10})$
1	100	100	100	100	100
2	101	200	141	115	107
10	103	1000	316	158	126
100	107	10000	1000	251	158
1000	110	100000	3162	398	200
10000	113	1000000	10000	631	251
100000	117	10000000	31623	1000	316
1000000	120	100000000	100000	1585	398

問題例のサイズに反映されるかを，アルゴリズムの計算量に応じて評価してみよう．4通りのアルゴリズムを考え，それぞれの計算量は $O(2^n)$, $O(n)$, $O(n^2)$, $O(n^5)$, $O(n^{10})$ であるとする．また，現在の計算機の速度を1とし，この計算機で1秒以内に解ける問題例の最大サイズは，いずれのアルゴリズムでも $n = 100$ であるとする．表1.3に，計算機の速度が2倍，10倍，100倍と増えていったときの，1秒以内に解ける問題例の最大サイズを示す．計算量が $O(2^n)$ のアルゴリズムでは，計算機の速度が2倍になっても，解ける問題のサイズがたった1しか大きくならない．さらに，速度が100万倍という夢のような計算機が実現しても，1秒で解ける問題のサイズは20しか増えない．これに対し，$O(n^{10})$ というオーダーは，多項式オーダーとしては決してよいとはいえないが，計算速度が10倍になるだけで1秒以内に解ける問題サイズを26増やすことができる．また，$O(n)$ や $O(n^2)$ のように，低次の多項式オーダーの場合は，計算速度の増加の恩恵を存分に受けることができる．以上のような性質から，多項式オーダーに比べて指数オーダーの計算量は実用性がないと考えられるのである．

2 近似解法の基本戦略

　近似解法の基本戦略として，欲張り法と局所探索法があり，これらを本章で説明する．欲張り法は，頻繁に利用される代表的な近似解法であるとともに，メタ戦略においても，初期解や探索解の生成に用いられるなど，重要な役割を持っている．局所探索法は，手元にある解 (例えば欲張り法で構成されたもの) の改良を試みる一般的な手順である．さらに，メタ戦略は局所探索法の一般化と捉えることができる．よって，メタ戦略を理解する上で，これらの基本戦略を理解することはきわめて重要である．

2.1 欲張り法

　欲張り法 (greedy method, 貪欲法) は，目的関数への貢献度を示す局所的な評価値に基づいて，実行可能解を直接構成する方法である．通常，試行錯誤を含まない，一本道のアルゴリズムである．具体例を挙げるほうがわかりやすいと思われるので，以下いくつか紹介する．

2.1.1 0-1ナップサック問題に対する欲張り法

　1.2.4項で定義した0-1ナップサック問題を考える．各要素 j のサイズ a_j と利得 c_j に対し，c_j/a_j は単位サイズあたりの利得と解釈できるから，これの大きいものからナップサックに詰めていくという手順が考えられる．アルゴリズムを以下にまとめておく．

> **0-1 ナップサック問題に対する欲張り法**
>
> **ステップ 1** n 個の要素を c_j/a_j の大きい順に並べ替え,
>
> $$c_{j_1}/a_{j_1} \geq c_{j_2}/a_{j_2} \geq \cdots \geq c_{j_n}/a_{j_n}$$
>
> とする. $b^* := b$, および $k := 1$ とする.
>
> **ステップ 2** $a_{j_k} \leq b^*$ ならば $z_{j_k} := 1$, および $b^* := b^* - a_{j_k}$ とする. 一方, $a_{j_k} > b^*$ ならば $z_{j_k} := 0$ とする.
>
> **ステップ 3** $k \leq n-1$ ならば $k := k+1$ としてステップ 2 に戻る. $k = n$ ならば解 z を出力して終了.

欲張り法の手順を逆にして,最初はすべてを選んでおき,不要と考えられるものから順に捨てていくという戦術も考えられる.例えば,0-1 ナップサック問題の場合では,$z = (1,\ldots,1)$ という解から始め,c_j/a_j の小さいものから順に $z_j := 0$ と変更し,$\sum_{j \in V} a_j z_j \leq b$ が成立した時点で停止するのである.このような方法は**けちけち法** (stingy method) と呼ばれている.通常,欲張り法による解とけちけち法による解は一致するとは限らない.

1.2.4 項の例 (1.4) に対する欲張り法とけちけち法の適用例を示しておく.c_j/a_j は,小数点以下 2 桁目で四捨五入すると,

$$c_1/a_1 = 2,\ c_2/a_2 = 1.7,\ c_3/a_3 = 2.4,\ c_4/a_4 = 2.3$$

となるので,この値の大きい順に要素の添字 j を並べると,3, 4, 1, 2 となる.よって,欲張り法とけちけち法の進行の様子は,表 2.1 のようになる.表中,残り容量はその時点の z による $b_i - \sum_{j \in V} a_j z_j$,容量超過は $\max\{\sum_{j \in V} a_j z_j - b_i, 0\}$ である.欲張り法によって得られる解は $z = (1,0,1,0)$ であり,その目的関数値は 16 である.一方,けちけち法によって得られる解は $z = (0,0,1,0)$ であ

表 2.1 欲張り法とけちけち法の進行の様子

	反復	0	1	2	3
欲張り法	解 z	(0,0,0,0)	(0,0,1,0)	(1,0,1,0)	
	残り容量	9	4	2	
けちけち法	解 z	(1,1,1,1)	(1,0,1,1)	(0,0,1,1)	(0,0,1,0)
	容量超過	7	4	2	0

り，その目的関数値は 12 である．

2.1.2 巡回セールスマン問題に対する最近近傍法

巡回セールスマン問題 (1.2.1 項) の問題例が与えられたとき，**最近近傍法** (nearest neighbor method) は，適当な街から始め，まだ訪れていない街の中で現在の街に最も近い街へ移動する操作を，すべての街を訪れるまで反復する．すなわち，各反復において新しい街へ移動するとき，現在の街と未到達の街を結ぶ枝の中で，距離最小のものが解に加えられていくのである．アルゴリズムを以下にまとめておく．この中で，$S \subseteq V$ は街の集合 V の中でまだ訪れていないもの，σ は構成中の巡回路を表す．

最近近傍法

ステップ 1 $k := 1$，および $S := V$ とする．また，街 $i \in V$ を任意に選ぶ．

ステップ 2 $\sigma(k) := i$，および $S := S \setminus \{i\}$ とする．この時点で $S = \emptyset$ ならば，巡回路 σ を出力して終了．

ステップ 3 $i := \arg\min_{j \in S} d_{ij}$，および $k := k+1$ とした後，ステップ 2 に戻る．

図 2.1 に，最近近傍法の進行の様子を示す．距離は平面上のユークリッド距離とする．図中，街に付した番号は，訪問順序を表す．最近近傍法では，図のように，探索の最後の部分に遠い街が残されてしまう傾向があって，これが欠点とされている．

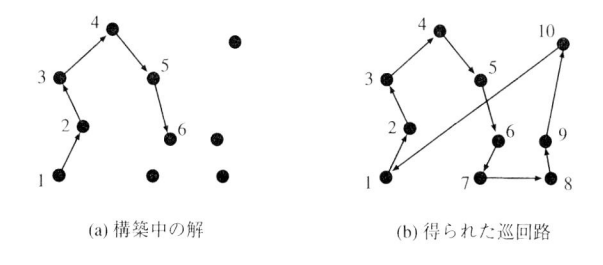

(a) 構築中の解　　　　　　(b) 得られた巡回路

図 2.1　最近近傍法の実行例

2.1.3 巡回セールスマン問題に対する多断片法

巡回セールスマン問題において，与えられたすべての都市を回らず，一部の都市のみを訪れるような巡回路を**部分巡回路** (subtour) という (図 2.2 参照). **多断片法** (multiple fragment method) は，

条件 1 各街に接続する枝の本数が 2 を越えない，

条件 2 部分巡回路がない，

という 2 つの条件を保ちながら，d_{ij} の小さい順に枝 $\{i,j\}$ を次々と加えていく操作を，巡回路が完成するまで反復する方法である．なお，巡回セールスマン問題に対しては，欲張り法という用語を，構築型の近似解法の総称ではなく，この方法を指すのに用いる場合もある．

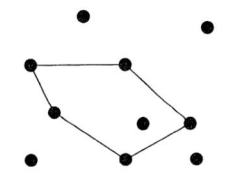

図 2.2 部分巡回路の例

アルゴリズムを以下にまとめる．アルゴリズム中，E_{rest} は街の対でまだ調べていないものの集合，E_{sol} は巡回路に取り込まれた枝の集合，$\delta(i)$ は街 i に接続する E_{sol} の枝の本数を表す．また，上記の 2 つの条件がみたされていると，アルゴリズムの途中の段階では，E_{sol} はパス (付録 A.1 参照) の集合になるので，ある枝を加えたとき部分巡回路ができるかどうかの判定は，各パスの端の街 i に対してもう一方の端の街の番号を記憶しておけば，O(1) 時間で可能である．以下のアルゴリズムではこれを $\theta(i)$ としている．

多断片法

ステップ 1 $E_{\text{rest}} := \{\{i,j\} \mid 1 \le i \le n-1, i < j \le n\}$, $E_{\text{sol}} := \emptyset$, すべての $i \in V$ に対して $\delta(i) := 0, \theta(i) := i$ とする．

ステップ 2 $\{i,j\}$ を E_{rest} の中で d_{ij} を最小にする枝とし，$E_{\text{rest}} := E_{\text{rest}} \setminus \{\{i,j\}\}$ とする．

ステップ 3 $\delta(i) = 2$ または $\delta(j) = 2$ ならばステップ 2 に戻る (E_{sol} に枝 $\{i,j\}$ を加えると条件 1 をみたさなくなる).

ステップ 4 $\delta(i) = 1$ かつ $\theta(i) = j$ ならばステップ 2 に戻る (E_{sol} に枝 $\{i,j\}$ を加えると条件 2 をみたさなくなる).

ステップ 5 $E_{\text{sol}} := E_{\text{sol}} \cup \{\{i,j\}\}$, $\delta(i) := \delta(i) + 1$, および $\delta(j) := \delta(j) + 1$ とする. また, $i' := \theta(i), j' := \theta(j)$ とした後, $\theta(i') := j'$, $\theta(j') := i'$ とする.

ステップ 6 $|E_{\text{sol}}| = n - 1$ ならば, $\delta(i) = 1$ となる街が丁度 2 つあるので, それらを結ぶ枝を E_{sol} に加えた後, E_{sol} を出力して終了. そうでなければステップ 2 に戻る.

図 2.3 に, 多断片法の実行例を示す. 街の座標は図 2.1 と同じである. また, 距離はユークリッド距離とする. 図中, 枝に付した番号は, アルゴリズムによって E_{sol} に枝が追加された順序を表す. 解の構築中には, E_{sol} が複数のパスより成っている様子がわかる. 各パスの両端点になっている街 i には, $\theta(i)$ の値もあわせて示した. ただし, 街番号を数字で記すと混乱するので, ここでは $a \sim j$ のアルファベットとした.

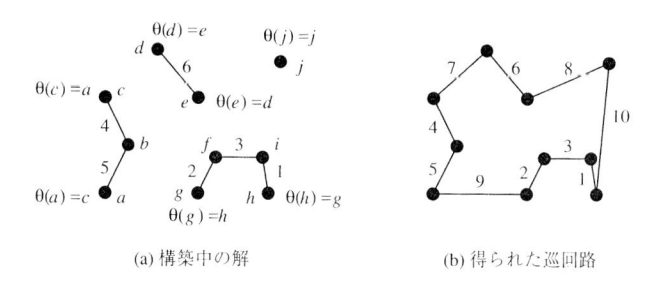

(a) 構築中の解 (b) 得られた巡回路

図 2.3 多断片法の実行例

2.1.4 ランダム化欲張り法

欲張り法の各ステップでは, 通常, 目的関数への貢献度を示す局所的な評価値の最も高い要素を選択しつつ解を構成していくが, ランダム化欲張り法では, 評価値の高いものから順にいくつかを候補として持ち, それらの中からランダ

ムに一つ選択を行うことにより，解の生成にランダム性を加える．欲張り法が多数の解を生成するのに適さないのに対し，ランダム化欲張り法では，生成される解に多様性を持たせることができる．

これを，2.1.2項の最近近傍法を例にとり説明する．以下のアルゴリズムにおいて，ステップ1と2はもとの最近近傍法と同じであるが，ステップ3で次に訪れる街の候補のリスト L を作っているところに，ランダム化欲張り法の特徴がある．なお，l は1以上の整数値をとるアルゴリズムのパラメータである．

ランダム化最近近傍法

ステップ1 $k := 1$, および $S := V$ とする．また，街 $i \in V$ を任意に選ぶ．

ステップ2 $\sigma(k) := i$, および $S := S \setminus \{i\}$ とする．この時点で $S = \emptyset$ ならば，巡回路 σ を出力して終了．

ステップ3 現在の i に対し，集合 S から d_{ij} の小さいものから順に l 個の街 j を選び，それらの集合を L とする．

ステップ4 集合 L より要素をランダムに一つ選び，i とする．$k := k+1$ とした後，ステップ2に戻る．

図2.4に，パラメータを $l = 3$ としたときのランダム化最近近傍法の動作の様子を示す．図は，2番目に訪れる街を定めた後，この街に近いものから a, b および c の3つを L として選んだ段階を表している．3番目に訪れる街は，通常の最近近傍法では最も近い街 a が選ばれるのに対し，ランダム化最近近傍法ではこの3つの中からランダムに選ばれる．

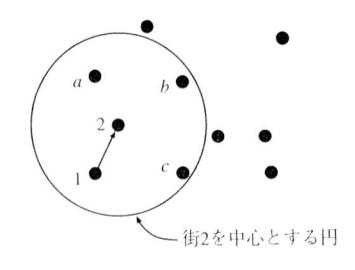

図2.4 ランダム化最近近傍法の進行の様子

上の方法では，L は街 i に近いものから定数である l 個を集めた集合であったが，この L を距離に応じて定める方法もある．その場合，上記のステップ 3 を以下のように置き換える．なお，α は 1 以上の実数値をとるアルゴリズムのパラメータである．

ステップ 3′ $L := \{j \in S \mid d_{ij} \leq \alpha \min_{h \in S} d_{ih}\}$ とする．

これらにおいて，$l = 1$ や $\alpha = 1$ とした場合は，もとの最近近傍法と同じものとなる．

2.2 局所探索法

1.1 節の最適化問題 (1.1) において，実行可能解 $x \in F$ に対し，x に少しの変形を加えることによって得られる解集合 $N(x) \subset F$ を x の**近傍** (neighborhood) と呼ぶ．また，解 x から近傍 $N(x)$ 内の解を一つ生成するために x に加える変形操作を**近傍操作** (neighborhood operation) と呼ぶ．**局所探索法** (local search, LS 法) は，適当な解 $x \in F$ から始め，x の近傍 $N(x)$ 内に x の改善解 x' (すなわち $f(x') < f(x)$) があれば，$x := x'$ と移動する操作を，近傍内に改善解が存在しなくなるまで反復する方法である．$N(x)$ 内に改善解が存在しない x を，近傍 N に関する**局所最適解** (locally optimal solution)，または，文脈より近傍 N が明らかな場合は単に局所最適解と呼ぶ．局所最適解は，通常，多数存在する．これに対し，最適解を局所最適解ととくに区別したいときは，**大域最適解** (globally optimal solution) と呼ぶ．局所探索法は，**反復改善法** (iterative improvement method)，**山登り法** (hill climbing method)，**近傍探索法** (neighborhood search algorithm) などとも呼ばれる．

局所探索法を以下に手続きとしてまとめておく．なお，3.2 節で後述するように，最近では局所探索法をもう少し広い枠組として捉えることが一般的になってきている．そこで，本節の基本的な局所探索法をそのような一般的な枠組ととくに区別する場合には，**単純局所探索法** (simple local search) と呼ぶ．

単純局所探索法 (実行可能領域のみを対象とする場合; 入力: 初期解 x)
　ステップ 1 $k := 1, x^{(1)} := x$ とする．

ステップ 2 $\{x \in N(x^{(k)}) \mid f(x) < f(x^{(k)})\} = \emptyset$ ならば，$x^{(k)}$ を出力して終了．そうでなければ，改善解 $x' \in \{x \in N(x^{(k)}) \mid f(x) < f(x^{(k)})\}$ を一つ選んで $x^{(k+1)} := x'$ としたのち，$k := k+1$ としてステップ 2 に戻る．

なお，本節では，簡単のため，局所探索法が探索の対象とする解を実行可能解に限定し，解は目的関数のみによって評価されるものとして説明を行う．しかし，一般にはこれに従う必要はなく，実行不可能解を含むほうが都合のよい場合もある．ただし，これらを変更する場合には，局所最適解の定義も多少変更する必要がある．この点については，2.3 節で述べる．図 2.5 に，局所探索法の進行の様子を示す．図中，$x^{(k)}$ は k 番目の解である．

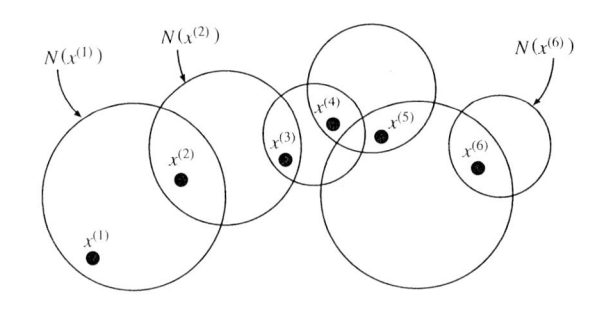

図 2.5 局所探索法の進行

近傍 $N(x)$ 内の改善解は，一般には複数個存在するので，近傍をどのような順序で調べ，どの解を次の解として採用するかについては，様々な戦略が可能である．このルールを**移動戦略** (move strategy) という．代表的なものとして，

a) 近傍 $N(x)$ 内をランダムな順序で調べて最初に見つかった改善解に移動する**即時移動戦略** (first admissible move strategy)，

b) $N(x)$ 内の解をすべて調べて最良解に移動する**最良移動戦略** (best admissible move strategy)，

の 2 つがある．

近傍 $N(x)$ は，数学的には写像 $N : F \to 2^F$ であれば何でもよいが，性能の高い局所探索法を得るには，$N(x)$ 内に改善解が存在する傾向が高くなるよ

2.2 局所探索法

うに定めることが重要である．これには，問題の性質をいかに取り込むかがポイントであって，以下にいくつか例を挙げる．

巡回セールスマン問題や1機械スケジューリング問題のように，解が要素集合 $V = \{1,\ldots,n\}$ の順列 σ で表される場合は，

$$N_{\text{ins}}(\sigma) = \{\sigma \text{ の一つの要素を他の位置に挿入することにより得られる解}\}$$

$$N_{\text{swap}}(\sigma) = \{\sigma \text{ の2つの要素の位置を交換することにより得られる解}\}$$

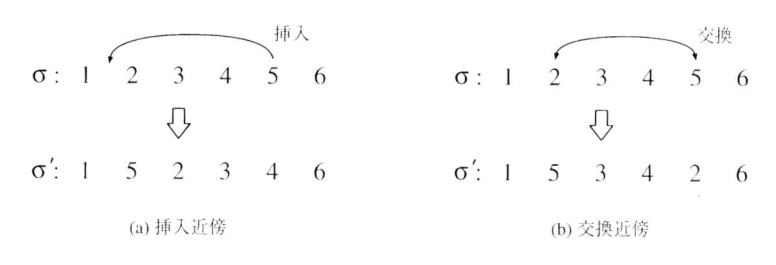

```
                挿入                                      交換
σ :  1   2   3   4   5   6            σ :  1   2   3   4   5   6
         ⇓                                      ⇓
σ':  1   5   2   3   4   6            σ':  1   5   3   4   2   6
          (a) 挿入近傍                          (b) 交換近傍
```

図 2.6 挿入近傍と交換近傍の近傍操作の例

などがよく利用される．N_{ins} を**挿入近傍** (insertion neighborhood)，N_{swap} を**交換近傍** (swap neighborhood) と呼ぶ（図 2.6）．また，定数 $\lambda\,(\geq 2)$ に対して，

$$N_{\lambda\text{-change}}(\sigma) = \{\sigma' \mid |\{k \in V \mid \sigma'(k) \neq \sigma(k)\}| \leq \lambda\}$$

は，σ のたかだか λ 個の要素の位置を入れ換えることにより得られる解集合を表し，$\lambda = 2$ の場合は交換近傍に一致する．挿入近傍を少し拡張し，定数 λ (≥ 1) に対して

$$N_{\lambda\text{-ins}}(\sigma) = \{\sigma \text{ において連続する } \lambda \text{ 個以下の要素を他の位置に}$$
$$\text{挿入することにより得られる解}\}$$

も考えられる．この近傍で $\lambda = 3$ としたものは，巡回セールスマン問題における **Or-opt 近傍** (Or-opt neighborhood) と呼ばれている（図 2.7 参照）．

巡回セールスマン問題の場合は，解に含まれる枝の距離が直接目的関数値に関わっているので，枝に注目した近傍もしばしば用いられる．式 (1.2) で定義

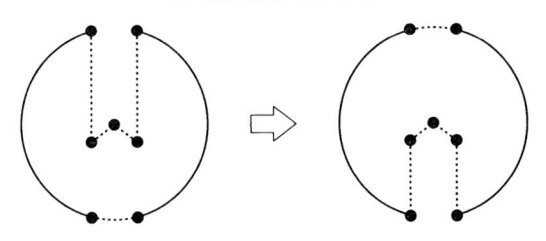

図 2.7 巡回セールスマン問題における Or-opt 近傍の近傍操作の例 (破線は枝, 実線はパスを表す)

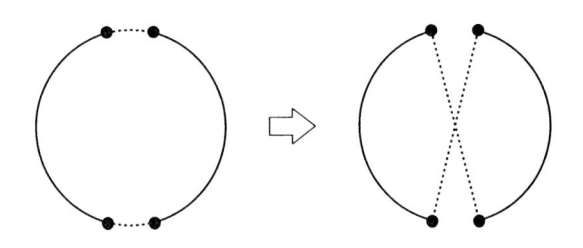

図 2.8 2-opt 近傍の近傍操作の例 (破線は枝, 実線はパスを表す)

した，巡回路 σ の枝集合を表す $E_{\text{tour}}(\sigma)$ を用いると，定数 $\lambda\ (\geq 2)$ に対して

$$N_{\lambda\text{-opt}}(\sigma) = \{\sigma' \mid |E_{\text{tour}}(\sigma') \setminus E_{\text{tour}}(\sigma)| \leq \lambda\}$$

は，たかだか λ 本の枝を入れ換えることにより得られる巡回路の集合であり，**λ-opt 近傍** (λ-opt neighborhood) と呼ばれている．2-opt 近傍の近傍操作の例を図 2.8 に示しておく．なお，任意の $\lambda \geq 1$ に対して $N_{\lambda\text{-ins}}(\sigma) \subseteq N_{3\text{-opt}}(\sigma)$ が成り立つ．とくに，Or-opt 近傍は 3-opt 近傍の部分集合になっている．

最大充足可能性問題のように，解が n 次元 0-1 ベクトル $v = (v_1, \ldots, v_n)$ で表される場合には，定数 $\lambda\ (\geq 1)$ に対して

$$N_{\lambda\text{-flip}}(v) = \{v' \mid v \text{ と } v' \text{ のハミング距離はたかだか } \lambda\}$$

がよく用いられる．ハミング距離は，0-1 割当の異なる要素の数

$$\sum_{j=1}^{n} |v_j - v'_j|$$

である．これは，たかだか λ 個の v_j の 0-1 割当を反転する，すなわち $v_j := 1-v_j$ とすることにより得られる解集合であり，**λ 反転近傍** (λ-flip neighborhood) と呼ばれる．

近傍 $N(x)$ が，
$$x' \in N(x) \Leftrightarrow x \in N(x')$$
をみたすとき，N は**対称** (symmetric) であるという．本節で紹介した近傍はいずれも対称である．

本節では移動戦略と近傍について簡単に説明したが，局所探索法のプログラムを実際に組む際には，もう少し工夫が必要となる．そのような工夫のいくつかを 5.2 節，5.3 節および 5.4 節で紹介する．

2.3　探索空間とペナルティ関数

局所探索法は，保持している解を次々と更新していく試行錯誤的な方法である．多くのメタ戦略も同様である．このような探索法が生成し得るすべての解の集合，すなわち探索の対象となる解集合 $\tilde{F}$ を**探索空間** (search space) と呼ぶ．

2.2 節では，簡単のため，探索空間を実行可能領域，つまり $\tilde{F} = F$ として説明を行った．実行可能解を生成することが簡単である場合には，このように実行可能領域をそのまま探索空間としてもよいが，そうでない場合には，問題に応じた工夫が必要となる．ところで，問題 (1.1) の目的関数 f は，実行可能領域 F に含まれないような解 x に対しては一般的には未定義である．よって，もとの実行可能領域 F と異なる探索空間 $\tilde{F}$ を採用した場合には，実行可能性を考慮しつつ探索解を評価するための評価関数 $\tilde{f} : \tilde{F} \to R$ を新たに定義する必要がある．新たな評価関数は，その評価の下で最適な探索解を求めることができれば，それがもとの問題の実行可能な最適解となるように定義しておくことが望ましい．

評価関数 $\tilde{f}$ の定め方　上の目的に利用される代表的な手法に，**ペナルティ関数法** (penalty function method) がある．これは，解が実行可能でないときの制約違反の程度をペナルティ関数として表し，目的関数に加えたものを評価

関数 $\tilde{f}$ とする方法である．このような方法は，組合せ最適化に限らず，様々な最適化問題に対して古くから利用されてきた手法である．以下，適用例をいくつか挙げておく[67, 111, 218, 220, 221]．

例えば，巡回セールスマン問題や 1 機械スケジューリング問題では，実行可能領域はすべての順列の集合，最大充足可能性問題ではすべての n 次元 0-1 ベクトルの集合となるので，これらをそのまま探索空間とするのが普通である．一方，一般化割当問題では，実行可能解が存在するかどうかの判定自体が難しい (この判定問題は NP 完全)．また，グラフ彩色問題では，定めた色数 χ で実行可能な彩色を求めることは一般的には困難である (そのような彩色の存在の判定は NP 完全)．このように実行可能解に探索を限定することが困難な問題に対する工夫の例を以下に示しておく．

まず，一般化割当問題 (1.2.5項) では，以下の方法が自然と思われる．

探索基準 GAP-1 仕事集合 V とエージェント集合 W に対し，探索空間を任意の割当 $\pi: V \to W$ の集合とし，評価関数を

$$\tilde{f}(\pi) = \sum_{j \in V} c_{\pi(j),j} + \sum_{i \in W} \alpha_i \max\left\{\left(\sum_{\substack{j \in V \\ \pi(j) = i}} a_{ij}\right) - b_i, 0\right\}$$

とする．ただし，$\alpha_i (> 0)$ はパラメータである．

評価関数の第 2 項目は，各エージェント i での資源制約 $\sum_{j \in V, \pi(j)=i} a_{ij} \leq b_i$ の違反の程度に対するペナルティ関数である．図 2.9 に，図 1.4 の問題例に対する割当の例を示す．なお，ここでは，図 1.4 における右列の長方形 (エージェント) のみを示している．この例では，$\pi(1) = 2, \pi(2) = 1, \pi(3) = 2$, すなわち，仕事 2 をエージェント 1 に，仕事 1 と 3 をエージェント 2 に割り当てい

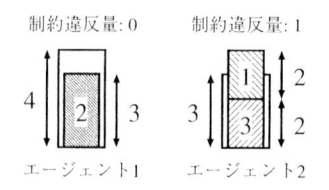

図 2.9 一般化割当問題に対する割当の例

る．エージェント1では，利用可能資源量4に対して仕事2の資源要求量は3なので制約違反量は0であるが，エージェント2では，利用可能資源量3に対して仕事1と3の資源要求量は $2+2=4$ と超過しているので制約違反量は1である．また，コストは $c_{12}+c_{21}+c_{23}=2+4+2=8$ である．よって，例えば $\alpha_1=\alpha_2=10$ とすれば，コストにペナルティを加えて，評価関数値は $\tilde{f}(\pi)=8+10\times0+10\times1=18$ となる．

次に，グラフ彩色問題に対しては，以下のような方法が考えられる．なお，以下では，与えられるグラフを $G=(V,E)$ としている．

探索基準 GCP-1 利用する色数 χ を固定した上で，任意の彩色 $\pi:V\to\{1,\ldots,\chi\}$ の集合を探索空間とし，両端上に同じ色が塗られている枝の本数

$$\tilde{f}_\chi(\pi)=|\{\{i,j\}\in E\mid \pi(i)=\pi(j)\}|$$

を評価関数とする．もちろん，π が正しい彩色であるための必要十分条件は $\tilde{f}_\chi(\pi)=0$ である．この場合，固定する色の数 χ の値はいろいろ試す．

探索基準 GCP-2 探索基準 GCP-1 とほぼ同様であるが，色数 χ をとくに定めず，χ の値も探索の対象とした上で，任意の彩色の集合を探索空間とする．両端が同色で塗られている枝数の合計，および用いた色数の2つの重みつき和

$$\tilde{f}(\pi,\chi)=\chi+\beta|\{\{i,j\}\in E\mid \pi(i)=\pi(j)\}|$$

を評価関数とする．ただし，$\beta\,(>0)$ はパラメータである．

探索基準 GCP-3 節点 V のすべての順列 σ の集合を探索空間とし，順列 σ が一つ与えられたとき，σ の前の節点から順に，利用可能な色のうち番号最小のものを割り当てていくことで実行可能な彩色 π を求める．すなわち，まず $\pi(\sigma(1)):=1$ とし，次に $i=2,\ldots,|V|$ の順に，

$$\pi(\sigma(i)):=\min\{h\in Z_+\mid \text{すべての } j<i \text{ に対して,}$$
$$\{\sigma(i),\sigma(j)\}\in E \text{ ならば } h\neq\pi(\sigma(j))\}$$

とする(Z_+ は自然数の集合). そして, 用いられた色の数 $\max_{i \in V} \pi(\sigma(i))$ を順列 σ の評価値とする.

これらの探索基準に対する例として, 図 2.10 の実行可能な彩色の例 (a) と実行不可能な彩色の例 (b) を考える. なお, 混乱を避けるため, 節点名をアルファベット, 色を整数で表す. これらの彩色において, 両端が同色で塗られている枝の本数は, (a) では 0 本, (b) では 1 本である. よって, 探索基準 GCP-1 においては, (a) では $\tilde{f}_\chi(\pi) = 0$, (b) では $\tilde{f}_\chi(\pi) = 1$ となる. また, 探索基準 GCP-2 では, 例えば $\beta = 10$ とすれば, $\tilde{f}(\pi, \chi)$ の値は, (a) では $3 + 10 \times 0 = 3$, (b) では $2 + 10 \times 1 = 12$ となる. さらに, 探索基準 GCP-3 において, 順列 σ を例えば $\sigma(1) = a, \sigma(2) = b, \sigma(3) = c, \sigma(4) = d$ とすると, 図 2.10 の (a) の彩色が生成され, その評価値は 3 である.

(a) 実行可能な彩色   (b) 実行不可能な彩色

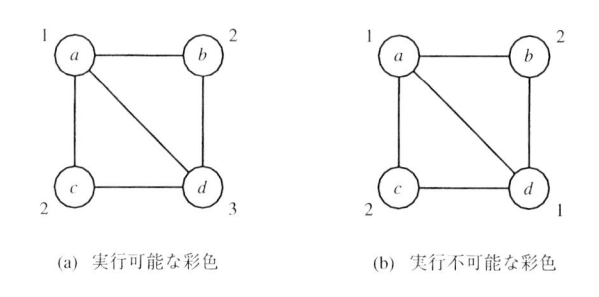

図 2.10 グラフ彩色問題における彩色の例 (アルファベットは節点名, 番号は色を表す)

探索基準 GAP-1 や GCP-2 において, ペナルティ項にかかる重み α_i や β をペナルティ係数と呼ぶ. これらを十分大きく設定すれば, 探索空間における評価値最良の解は, もとの問題の実行可能な最適解となる. この性質は, ペナルティ項ともとの目的関数値を, この順に並べたベクトルに対する辞書式順序[*1] (小さいほどよい) を評価基準とした場合でも成り立つが, これは, ペナルティ係数を無限大にした場合の重みつき和と等価である. なお, ペナルティ項ともとの目的関数値をこれとは逆の順に並べた辞書式順序は, 不適切な評価基準と

[*1] 異なる 2 つのベクトルの大小関係を, 1 番目の要素から順に調べていって初めて異なる要素の大小関係と定めた順序のこと. 全順序となる.

なってしまうので注意を要する．これは，ペナルティ係数を無限に小さくした場合の重みつき和と等価であって，実行可能解が得られなくなってしまうからである．

実行不可能解を含む探索空間 $\tilde{F}\,(\supset F)$ を採用した場合には，探索をスムーズに行うために，通常，評価関数や探索のルールにさらに工夫が加えられる．このような工夫の例として，タブー探索法における戦略的振動と呼ばれる探索法を 4.12.4 項で，また，問題の性質を利用した評価関数の一例としてグラフ彩色問題に対する評価関数を 5.8 節で紹介する．

探索空間 $\tilde{F}$ の作り方　　以上，探索空間 $\tilde{F}$ の例をいくつか挙げたが，これらを大別すると，図 2.11 に示すような，以下の 3 通りが考えられる．

a) 実行可能領域をそのまま探索空間とする．すなわち $\tilde{F} = F$．
b) 制約条件の一部を緩和し，実行不可能領域も含めて探索空間とする．すなわち $\tilde{F} \supseteq F$．

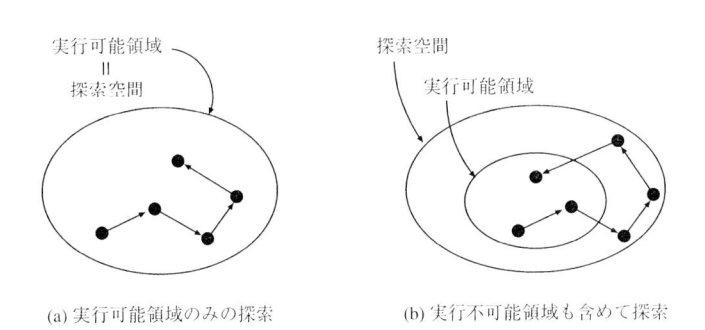

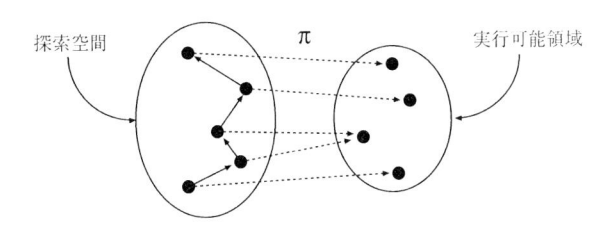

(a) 実行可能領域のみの探索

(b) 実行不可能領域も含めて探索

(c) 解空間とは異なる探索空間を用意

図 2.11　様々な探索空間

c）解空間 F とは異なる探索空間 $\tilde{F}$ を用意し，探索空間から実行可能領域への写像 $\pi: \tilde{F} \to F$ を用いることにより探索を行う (実行可能領域への写像を設計することが困難な場合は，実行不可能領域も含めた解空間への写像を考えることもある).

2.2 節で示した基本的な方法は (a)，探索基準 GAP-1，探索基準 GCP-1 および探索基準 GCP-2 は (b)，探索基準 GCP-3 は (c) に対応する．(探索基準 GCP-3 では，節点 V のすべての順列 σ の集合が探索空間 $\tilde{F}$，実行可能なすべての彩色の集合が F である.)

なお，グラフ彩色問題で探索基準 GCP-1 や GCP-2 を用いた場合，一つの節点の色を変更して得られる解を評価する操作がよく用いられるが，このような解の小さな変形に対する評価値は，色の変化した節点に接続する枝のみを走査すれば計算できるので，比較的高速にできる．一方，探索基準 GCP-3 では，順列に対する変形が小さい場合でも，得られる彩色は大きく異なる可能性があるため，1 回の評価に時間がかかる．よって，グラフ彩色問題に対しては，探索基準 GCP-3 は効率の観点から他の 2 つの探索基準にやや劣ると思われる．しかし，スケジューリング問題では，このような考え方はリストスケジューリング法 (list scheduling) と呼ばれ，制約条件が複雑な場合など，問題によっては非常に有効であることが知られている[158].

$\tilde{F}$ と $\tilde{f}$ に関するまとめ　このように，問題の定式化が定まっても，探索空間と解の評価法には様々な工夫が可能であり，問題の性質に応じて，これらをうまく定めるか否かで，アルゴリズムの性能は大きく異なる．この点はきわめて重要であるが，問題の構造に大きく依存する．よって，以下では探索空間と解の評価は，とくに断らない限りあらかじめ与えられるものとし，

- 探索空間を $\tilde{F}$,
- 探索解の評価基準を $\tilde{f}$ (とくに断らない限り，その最小化),

と記すが，実際には，これらは，アルゴリズムの設計者が定めるべきものであることに注意して読み進んでいただきたい．また，記号の統一のため，実行可能領域 F をそのまま探索空間とし，目的関数 f をそのまま評価関数とする場合でも，探索空間を $\tilde{F}$，評価関数を $\tilde{f}$ と書くことにする．なお，$\tilde{f}$ がベクトル

である場合には，$\tilde{f}$ の大小関係は辞書式順序で定めるものとする．また，解の評価 $\tilde{f}$ に f 以外の関数を利用した場合，$\tilde{f}$ を最小化した解が必ずしも f を最小にする実行可能解になるとは限らないので，探索の途中で訪れた実行可能解の中で f を最小にする解を，探索解とは別に保持しておく必要がある．探索中に得られた最良の実行可能解を**暫定解** (incumbent solution)，暫定解の目的関数値を**暫定値** (incumbent value) と呼ぶ．

局所探索法の一般的記述　　記号 $\tilde{F}$ と $\tilde{f}$ を用いると，近傍は写像 $N : \tilde{F} \to 2^{\tilde{F}}$ と定義される．局所探索法は，適当な探索解 $x \in \tilde{F}$ から始め，x の近傍 $N(x)$ 内に $\tilde{f}(x') < \tilde{f}(x)$ をみたす解 x' があれば，$x := x'$ と移動する操作を，近傍内に改善解が存在しなくなるまで反復する方法である．近傍 N と評価関数 $\tilde{f}$ に関する局所最適解は，すべての $x' \in N(x)$ に対して $\tilde{f}(x') \geq \tilde{f}(x)$ をみたす解 $x \in \tilde{F}$ と再定義される．この一般化された局所探索法を，以下に手続きとしてまとめておく．

単純局所探索法　　(入力: 初期解 x)

ステップ 1　　$k := 1, x^{(1)} := x$ とする．

ステップ 2　　$\{x \in N(x^{(k)}) \mid \tilde{f}(x) < \tilde{f}(x^{(k)})\} = \emptyset$ ならば，$x^{(k)}$ を出力して終了．そうでなければ，改善解 $x' \in \{x \in N(x^{(k)}) \mid \tilde{f}(x) < \tilde{f}(x^{(k)})\}$ を一つ選んで $x^{(k+1)} := x'$ としたのち，$k := k + 1$ としてステップ 2 に戻る．

欄外ゼミナール

欲張り法と局所探索法にまつわる歴史

欲張り法と局所探索法は非常に自然な考え方であるので，ともに古くから用いられてきたが，早期の研究としては，例えば，G.A. Croes による 1958 年の文献[42]がある．この中では，巡回セールスマン問題に対し，欲張り法で生成した解を局所探索法で改良し，それをさらに複雑なアルゴリズムで修正するという，3 段階の手法が提案されている．第 1 段階の欲張り法は，本節で紹介した多断片法に似ているが，多少異なり，アルゴリズムの途中の段階では部分巡回路も許し，最後に部分巡回路を一つの巡回路につなぎ直すというものである．第 2 段階の局

所探索法で利用されている近傍は，本節で紹介した 2-opt 近傍である．第 3 段階の修正アルゴリズムは，現在の解よりもよいものがあれば漏れなく見つけることを保証しているが，大変複雑なものであって，著者の Croes 自身，プログラムにむかないと指摘している．この方法により，街数 42 の問題例に対する解を**手計算**で約 70 時間かけて求めたことが報告されている．なお，第 2 段階が終了した時点でこの解はすでに求まっており，そこまでに費やした時間は約 10 時間であったそうである．

局所探索法の初期の文献としては，この他に F. Bock の 1958 年の文献[23]がある．また，巡回セールスマン問題に対する様々な近傍を調べた S. Reiter と G. Sherman の 1965 年の文献[177]や，3-opt 近傍の効果を調べるための詳細な実験結果が報告された S. Lin の 1965 年の文献[131]は，初期の研究として大変重要な役割を果たした．

ところで，「λ-opt 近傍の "opt" って何を意味するのだろう？」と不思議に思われる方も多いのではないだろうか．上述の Croes は，2-opt 近傍を利用していたが，inversion と呼んでおり，2-opt という表現は用いていなかった．S. Lin の 1965 年の文献では，λ-opt は λ-optimal の略で，解が λ 本の枝を入れ換えても改善しないこと，すなわち局所最適性を意味する用語であり，とくに近傍自体を指す意味はなかった．C.H. Papadimitriou と K. Steiglitz の 1982 年の本[166]でも，λ-opt は局所最適性を意味する用語であり，近傍は λ-change 近傍と呼ばれていた．しかし，B.L. Golden と W.R. Stewart の 1985 年の文献[83]では，λ-optimal は Lin と同様，局所最適性を意味する用語として使われているが，λ-opt は，"λ-opt procedure" のように，近傍操作を指す用語として利用されている．最近では「λ-opt 近傍」のように，近傍そのものを指すのに使うことが定着しているようである (例えば D.S. Johnson と L.A. McGeoch の文献[112])．

Or-opt 近傍の Or は，and/or の or ではなく，人名である．上述の B.L. Golden と W.R. Stewart の 1985 年の文献で Or の 1976 年の文献[161]が引用され，"Or-opt procedure" と呼ばれていたため，この呼び方が定着している．しかし，このアイデアは，実は S. Reiter と G. Sherman が 1965 年にすでに提案している[177]．

局所探索法はだれでも思いつく単純な方法なので，起源はもっと古いところにあるのかもしれない．昔の論文を読んでみるのも意外と楽しいものである．

3
メタ戦略の基礎

　第2章では，近似解法の基本戦略として，欲張り法と局所探索法を紹介した．これらは高速であるが，得られる解の精度は必ずしも満足のいくものでないかもしれない．メタ戦略は，これらよりも多少時間はかかっても，より精度の高い解を求めることを目的としており，アニーリング法，タブー探索法，遺伝アルゴリズムなど，具体的には様々な形をとって現れる．本章では，メタ戦略の基本的な考え方を，局所探索法を一般化した一つの枠組の下で系統的にまとめて紹介する．なお，本章では，この枠組の中で，メタ戦略に含まれる基本的なアイデアのみを簡単に紹介する．それらの具体的な実現方法は，第4章で説明する．また，問題の性質に依存した工夫や，アルゴリズム的にやや複雑なものは，第5章で説明する．

3.1 メタ戦略の概要

　近年，計算機性能が急速に向上したおかげで，第2章で紹介した欲張り法や局所探索法などの基本戦略は，高速に実現できるようになった．そのため，多少時間はかかっても，より精度の高い解を求める解法に対する要求が高まってきた．この目的を実現するための一般的枠組を提供しようとするのが，**メタ戦略** (metaheuristics; **メタ解法**，**メタヒューリスティクス**などとも呼ぶ) である．
　メタ戦略は，特定のアルゴリズムを指すのではなく，様々なアルゴリズムを含めた総称である．メタ戦略に含まれる代表的なものとして，**ランダム多スタート局所探索法** (random multi-start local search, MLS 法)，**遺伝アルゴリズム** (genetic algorithm, GA 法; **進化型計算** (evolutionary computation) とも

呼ぶ), アニーリング法 (simulated annealing, SA 法), タブー探索法 (tabu search, TS 法) などがある. また, これらの変形として, 遺伝アルゴリズムに局所探索法を組み込んだ**遺伝的局所探索法** (genetic local search, GLS 法), 多スタート局所探索法の初期解生成ルーチンとして, 欲張り法にランダム性を組み合せた **GRASP 法** (greedy randomized adaptive search procedure), 多スタート局所探索法の初期解生成に過去の探索で得られた解を利用する**反復局所探索法** (iterated local search, ILS 法), **可変近傍探索法** (variable neighborhood search, VNS 法) や**アント法** (ant system), アニーリング法を多少単純化した**閾値受理法** (threshold accepting) や**大洪水法** (great deluge algorithm), タブー探索法を単純化した**誘導局所探索法** (guided local search) など, 様々な戦略が提案されている.

メタ戦略は,
1) 過去の探索の履歴を利用して新たな解を生成する,
2) 生成した解を評価し次の解の探索に必要な情報を取り出す,

という操作の反復より成る. すなわち, 生成された解のどのような情報を探索履歴として記憶するか, 探索の履歴をどのように利用して新たな解を生成するか, に対する様々なアイデアの集合がメタ戦略であるといえる.

なお, メタ戦略においては, このように生成した解の評価を頻繁に行うが, 1.5 節で述べたように, クラス NP に含まれる問題では, このような評価が高速に (多項式時間で) できるので, メタ戦略と相性がよい. 一方, 一つの解を評価すること自体が困難な問題は, メタ戦略には適さない.

本章では, これらメタ戦略全体を局所探索法の一般化であると捉えることによって, 用いられているアイデアを体系的に整理する. メタ戦略のいろいろなアイデアをうまく組み合せると, より強力なアルゴリズムを構成できる場合が多いので, メタ戦略のアイデアを系統的に整理しておくことは重要である. また, メタ戦略のこのような捉え方が, 柔軟な発想に基づく新たなアイデアの誕生のきっかけになることも期待できる.

局所探索法は, 優良な解を見つける高い能力を有している. 本書では, これを局所探索法の**改善力**と呼ぶことにする. ほとんどのメタ戦略は, 局所探索法の強い改善力を原動力にしている. また, メタ戦略の多くは,「よい解どうし

は似通った構造を持っている」という概念に基づいて設計されている．この概念は，**proximate optimality principle** (POP と記す) と呼ばれる．すなわち，POP が成立していれば，よい解に似通った解の中によりよい解が見つかる可能性が高いと考えられる．そこで，まず局所探索によってよい解をいくつか求めておき，次にこれまでに得られたよい解と似通った構造を持つ解を集中的に探索することによって，局所最適解の周辺に潜んでいるよりよい解を発見しようとするのである．このように，局所探索法の改善力と POP に基づいてよい解の近くを集中的に探索しようとする考え方は，探索の**集中化** (intensification) と呼ばれ，メタ戦略の基本原理の一つである．この意味では，局所探索法も，現在の解の近くに改善解が存在すればそれに移動するという操作を反復するので，集中化の一つと捉えることができる．すなわち，局所探索法の改善力自体も POP が原動力になっているといえる．局所探索法の改善力と POP については，実験結果も含めて，5.1 節でより詳しく説明する．

一方，似通った構造の解を探索することに力を入れすぎると，同じ解を何度も探索してしまって，無駄が多くなる恐れもある．よって，ときどきは，これまで生成してきた解とは構造の異なる解を生成することも必要である．この考え方は探索の**多様化** (diversification) と呼ばれ，メタ戦略のもう一つの基本原理である．

これらの用語は通常はタブー探索法の基本概念として用いられるが，この考え方はすべてのメタ戦略に共通している．これらの互いに相反する動作をいかにバランスよく組み込むかがメタ戦略の成功の秘訣といえる．以下に紹介するアイデアがこれらのいずれを目的としたものであるかを考えながら読み進んでほしい．

さて，ここで，探索のイメージを分かりやすく説明するため，x を 1 次元の整数値をとる変数とし，解の評価値が図 3.1 や図 3.2 のような関数で与えられる場合を考える．このような探索空間において，近傍を $N_1(x) = \{x' \mid |x'-x| \leq 1\}$，すなわち図中 x に隣り合う 2 点とすると，局所探索法の探索の様子は，図 3.1 と図 3.2 の矢印のようになる．評価関数が凸ならば，図 3.1 のように，局所探索法により大域最適解が求まる．しかし，一般には，このようにはうまくいかず，図 3.2 のように局所最適解が多数存在する問題では，局所最適解の一つで停止

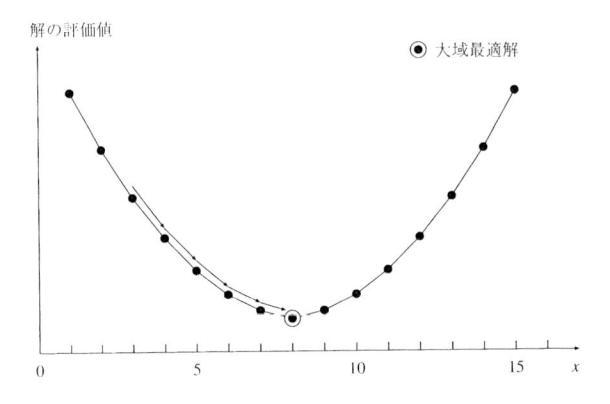

図3.1 探索空間と局所探索法 (評価関数が凸の場合)

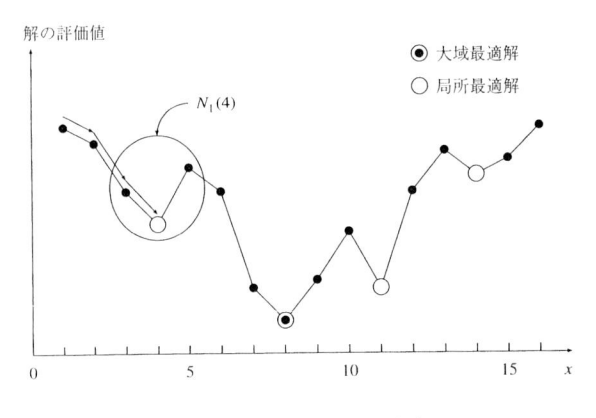

図3.2 探索空間と局所探索法

する．図3.2の解 $x=4$ は，近傍 $N_1(4)=\{3,4,5\}$ の中で評価値が最小となるので，局所最適解である．従って，これら多くの局所最適解の中から，できるだけよいものを見つけるために，様々な工夫が必要となるのである．

次に，POPの概念を同様の探索空間で考えてみよう．図3.3はPOPが成立しない場合，図3.4はPOPが成立する場合を表している．POPが成立する場合，過去の探索により得られたよい解の情報を積極的に利用する集中化のアイデアにより，よりよい解を発見できる可能性が高くなるであろうことが直感的に理解できよう．

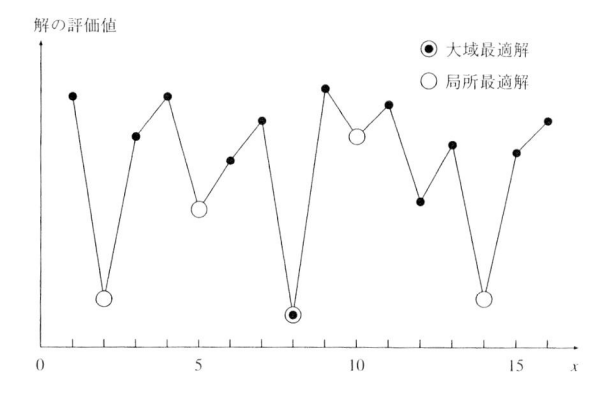

図 3.3 探索空間と POP (POP が成立しない場合)

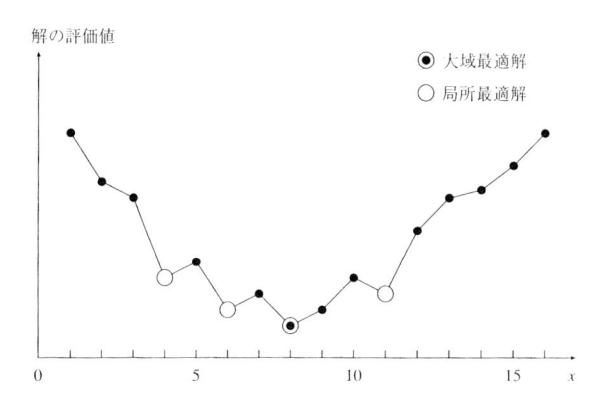

図 3.4 探索空間と POP (POP が成立する場合)

3.2 メタ戦略の一般的枠組

本節では，メタ戦略を局所探索法の一般化と捉え，様々なアイデアを体系的にまとめる．本書では，メタ戦略の一般的枠組として，以下を考える．

メタ戦略の枠組

I (初期解生成): 初期解 x を生成する．

II (局所探索): x を (一般化された) 局所探索法により改善する．

> III (反復): メタ戦略の終了条件がみたされれば暫定解を出力して探索を終了する．さもなければ I に戻る．

暫定解は，2.3 節でも述べたように，探索中に得られた最良の実行可能解のことをいう．II の局所探索法の基本的な枠組は 2.2 節ですでに述べたが，ここではこれをもう少し一般化し，以下のように定義する．

> **局所探索法：** 与えられた初期解 $x \in \tilde{F}$ から始め，近傍 $N(x) \subset \tilde{F}$ 内の解に一定のルールで移動する操作を，局所探索の終了条件がみたされるまで反復する．

局所探索法という用語をこのような広い枠組を指すのに利用することは，最近では一般的になっている[2]．なお，2.2 節で述べた基本的な局所探索法をこのような一般的な枠組ととくに区別する場合には，**単純局所探索法** (simple local search) と呼ぶ．

局所探索法の動作を定めるには，II において，

A. 近傍 $N(x)$ の定義，
B. 解の評価関数 $\tilde{f}$，
C. 移動戦略，
D. 終了基準，

を決める必要がある．A は，現在の解から新たな解をどのように生成するかを定める．B は，生成した解 x' のよさを判定する基準を定める．C は，近傍 $N(x)$ 内の解をどのような順序で調べ，どの解に移動するかを定める．最後に，D は，探索をいつ終了するかを定める．

いずれも，単純局所探索法においても定める必要のある項目だが，単純局所探索法は，C の移動戦略として $\tilde{f}(x') < \tilde{f}(x)$ ならば $x := x'$ とする (すなわち，必ず改善解に移動する) 方法を，D の終了基準として x が局所最適解 (すなわち，すべての $x' \in N(x)$ に対して $\tilde{f}(x') \geq \tilde{f}(x)$) ならば終了するというルールを採用したものと解釈できる．

このように考えると，メタ戦略とは，上述の I, II-A, II-B, II-C, II-D, および III のいずれかに対する工夫であると捉えることが可能である．以下の節で

は，これらのそれぞれについて説明する．まず，3.3節と3.4節では，Iの初期解生成法について述べる．メタ戦略のステップIからIIIは，通常，何度も反復されるので，初期解には多様性が不可欠である．一方，POPの観点からは，これまでに得られたよい解に似通った解を集中的に生成することが望ましい．よって，集中化と多様化のバランスをいかにとるかがステップIの重要なポイントとなる．次に，3.5節ではII-Aの近傍の構成法，3.6節ではII-Bの解の評価，3.7節ではII-Cの移動戦略に対する様々なアイデアを説明する．II-A，II-BおよびII-Cにおける工夫の中心テーマは「局所最適解からの脱出」である．すなわち，局所最適解で探索を終了せずに，局所最適解から脱出してその周辺をさらに探索することにより，探索の集中化を図るのである．最後に，3.8節では，II-DおよびIIIの探索の終了条件について述べる．

なお，これらのステップに対する様々なアイデアを具体的に実現するためには，各ステップを独立に設計するのではなく，他のステップの特徴を考慮しながら，総合的に設計することが必要となる．このような総合的な考察の下で設計された具体的なアルゴリズムが，遺伝アルゴリズム，アニーリング法，タブー探索法などのメタ戦略アルゴリズムとなる．これらの具体的なアルゴリズムについては，第4章で説明する．また，すべての問題をこのような汎用的な枠組のみで解決しようとしても，得られる性能には限界があり，より高い性能を望む場合には，問題構造に応じた工夫を加える必要がある．このような話題については，第5章で説明する．

3.3 初期解の生成 — 多スタート法

3.2節のメタ戦略のステップIの初期解生成法として，まず，反復ごとに，簡単なアルゴリズムで，以前の探索の履歴とはとくに関係のない解を生成する方法が挙げられる．このような手法を**多スタート法** (multi-start method) と呼ぶ．異なる初期解に局所探索法を適用して得られる複数の局所最適解の中から最良のものを選ぶことによって，1回の局所探索による危険性 (例えば図3.2の $x = 14$ のような悪い局所最適解で終了する) を避けようとするものである．

初期解の生成法として，最も簡単な方法は，反復ごとにランダムな解を利用

することである.通常は,ランダムな解を生成することは容易なので,アルゴリズムの作成に手間がかからず,また,多数の異なる解を高速に生成できるという利点がある.

初期解として,ランダムな解ではなく,何らかの方法で質のよい解を求めると,性能の向上が期待できる.例えば,初期解の生成に欲張り法を利用する方法[42]が考えられる[*1].ただし,この方法では,異なる初期解を多数生成する目的には適していない場合がある.例えば,2.1.2項で紹介した巡回セールスマン問題に対する最近近傍法では,街の間の距離 d_{ij} がすべての街の対に対して異なる場合には,最初に訪れる街を決めると構成される巡回路が一意に定まってしまうため,たかだか n 通りの出力しか可能でない.さらに,2.1.1項で紹介した0-1ナップサック問題に対する欲張り法では,c_j/a_j の値がすべての要素に対して異なる場合,何度実行しても同じ解しか出力されない.

これを克服するため,2.1.4項で紹介したランダム化欲張り法を利用する方法が考えられる.ランダム性を加えた欲張り法によって初期解を生成するので,生成される解には多様性があり,また,全くランダムな解に比べると初期解の平均的な精度が向上することが期待できる.

3.4 初期解の生成 — 適応的多スタート法

前節の多スタート法は,簡単ではあるが,自ずと限界がある.これは,各反復(一つの初期解から始めて局所探索法が終了するまで,すなわち3.2節のメタ戦略のステップIから始めてステップIIが終了するまでを1反復とする)が独立な試行であるためである.多スタート法において,最初の反復と2回目の反復を考えると,両者は互いに独立だから,後者のほうがよりよい解が求まる確率は1/2である.従って,1回目よりよい解を得るまでの反復回数の期待値は2になる.この議論は次々と繰り返すことができるから,直感的には,その時点の最良解が更新されるまでに必要な反復回数が指数的に増加していくことが理解できる.すなわち,反復回数を増やすことによる効果は急速に小さくなっ

[*1] 注意: Croesの文献[42]では多スタートは行っていない.

ていくことになる.

これを克服するため,初期解を生成する際に,これまでの探索の履歴を積極的に利用する手法がいくつか提案されている.このような手法を総称して,**適応的多スタート法** (adaptive multi-start method) と呼ぶ.適応的多スタート法は,主に探索の集中化の考え方に基づいている.

まず,最も簡単なものとして,過去の探索で得られたよい解にランダムな変形を少し加えたものを初期解とする方法が考えられる.こうすることにより,過去に得られたよい解の周辺をより丹念に探索するとともに,ランダムな変形によって,これまでの探索とは多少異なる領域を調べることができる.初期解生成に利用する「よい解」としては,暫定解,あるいは過去の探索で得られた局所最適解のうちのよいものを何らかの基準で適当な個数だけ保持しておくことが考えられる.ランダムな変形には,通常,近傍操作 (2.2節) を用いるが,その際,メタ戦略のステップ II の局所探索法に用いる近傍とはタイプの異なる近傍を利用する場合もある.

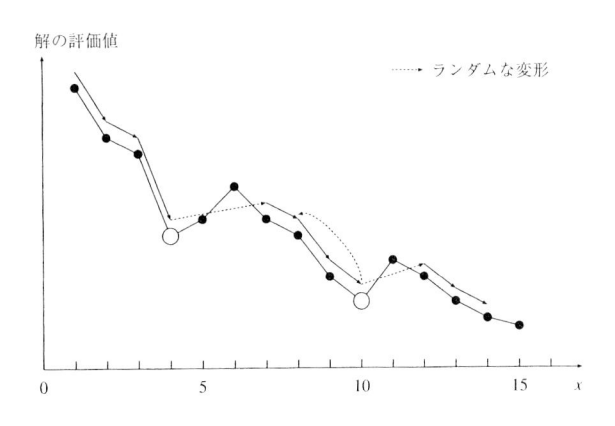

図 3.5 に,暫定解にランダムな変形を加えて初期解を生成した場合の探索の進行の様子を示す.図のように,ランダムな変形により,探索空間の小さな山を乗り越え,よりよい解を求めることをねらうものである.

初期解生成のもう少し複雑な方法として,過去の探索で得られた 2 つ以上の解を組み合せることが考えられる.この場合は,近傍操作とは別に,解を組み

図 3.5 暫定解にランダムな変形を加えて初期解を生成した場合の探索の進行の様子

合せるための新たなオペレータを設計する必要がある．例えば，解が 0-1 ベクトルで表される問題において，2 つの解 $(0, 1, 0, 1, 0, 1)$ と $(0, 0, 1, 1, 0, 0)$ から，前半の 3 要素は 1 番目の解から，後半の 3 要素は 2 番目の解から選ぶことによって，解 $(0, 1, 0, 1, 0, 0)$ を生成するなどである．このようなオペレータを用いると，通常，一つの解にランダムな近傍操作を加えるよりも大きな変形が加えられる．また，このオペレータでは，上記の例の 2 つの 0-1 ベクトルの第 1 要素と第 5 要素のように，生成に用いられる複数の解で一致している構造は新たな解でも保存される．こうすることにより，これまでの探索で得られたよい解に共通する構造は保存しつつ，新しい解を生成できることになる．

図 3.6 に，このようなアイデアによる初期解生成の様子を示す．2 つの解 A と B を組み合せて新たな解 C を生成することにより，多少大きな山も乗り越える効果をねらっているわけである．

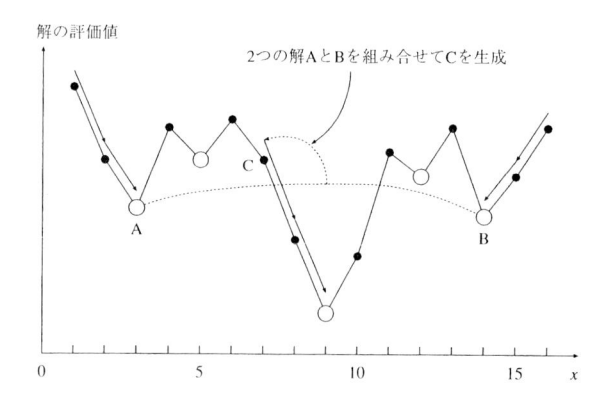

図 3.6 2 つの解から新たな解を生成する様子

以上は，これまでに得られたよい解のいくつかを保持しておき，それらを変形することによって次の初期解を生成する方法であったが，保持しておく情報として，解の部分構造や統計量を用いる方法も考えられる．例えば，多くのよい解に共通して含まれている解の構成要素 (例えば巡回セールスマン問題における巡回路の枝など) に対して，その構成要素を含む解の質と構成要素の出現頻度に応じた得点をつけておく．そして，得点が高い構成要素ほど選ばれやす

くなるように傾斜をかけてランダムに初期解を生成するとか，得点に基づいた欲張り法によって初期解を生成することで，よい解に共通する構成要素を初期解に多く含め，探索の集中化を実現するのである．

解の構成要素よりもやや大きな単位で解の部分的な構造を記憶しておき，それらを組み合せることによって初期解を生成する方法もある．部分的な解構造としては，例えば，巡回セールスマン問題では，パス (街と枝を交互にたどる道で，始点と終点が異なるもの) などが考えられる．Taillard らは，このような考え方を配送計画問題 (vehicle routing problem) に適用し，一定の成果を上げている[195]．

3.5 近傍

3.2 節のメタ戦略ステップ II-A の近傍の定義は，局所探索法の設計において最も重要なものの一つである．近傍は，すでに 2.2 節でやや詳しく紹介したように，問題タイプに応じて様々な定義が可能であって，このとき，問題の構造をうまく取り込むことが重要である．近傍の定義により，POP が成立しないか (図 3.3)，POP が成立するか (図 3.4) が変り得るからである．メタ戦略は，POP が成立する場合に大きな効果を発揮することができる．また，複数個の近傍を用意し，探索の状況に応じてどの近傍を使うかを適応的に変化させる方法も考えられる．

近傍の設計の際には，そのサイズも重要である．一般に，近傍を大きくすれば，得られる局所最適解の精度は上がる．例えば，1 次元の探索空間に対して，近傍に $N_1 = \{x' \mid |x' - x| \leq 1\}$ と $N_2 = \{x' \mid |x' - x| \leq 2\}$ を用いると，図 3.7 と図 3.8 に示すように，N_1 に関する局所最適解の多くが N_2 では局所最適解でなくなる．このような効果により，得られる解の精度が平均的に向上するのである．大きな近傍の利用は，小さな近傍に関する局所最適解からの脱出を図る手法の一つと捉えることもできる．

一方，近傍 $N(x)$ の中に改善解が存在するかどうかの判定は，近傍の探索にとくに工夫をしない限り，通常 $O(|N(x)|)$ 程度の時間が必要となる．従って，近傍を大きくとると計算効率は下がる．すなわち，局所最適解の質と近傍探索

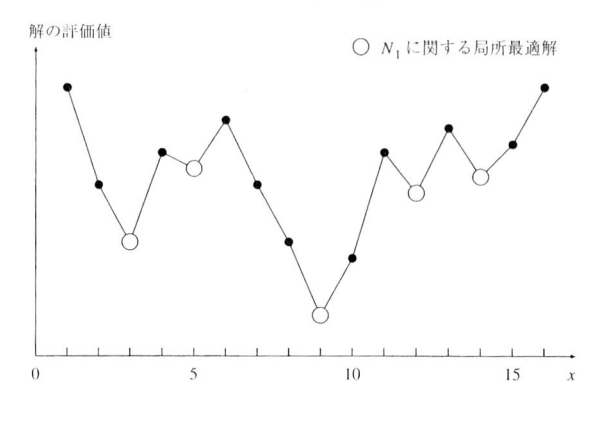

図 3.7　N_1 に関する局所最適解

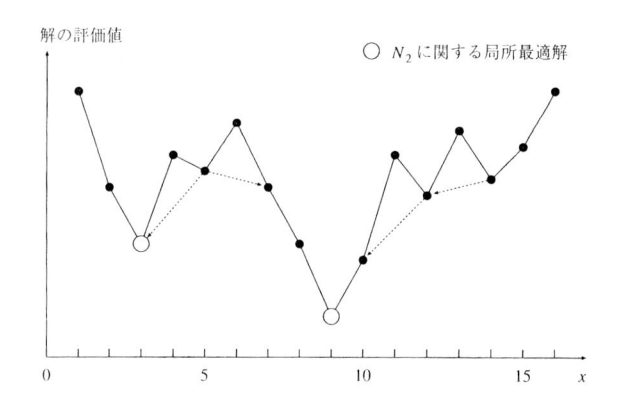

図 3.8　N_2 に関する局所最適解 (破線の矢印は N_2 における改善解への移動を表す)

の時間のトレードオフが重要となる．例えば，2.2節で紹介した巡回セールスマン問題に対する λ-opt 近傍 $N_{\lambda\text{-opt}}$ では，近傍のサイズは街の数 n に対して $|N_{\lambda\text{-opt}}(\sigma)| = O(n^\lambda)$ と，パラメータ λ に対して指数的に増大する．よって，近傍探索時間の関係から，通常は $\lambda = 2$ または 3 程度の小さな定数が用いられる．他の近傍でも，大抵は同様の傾向がある．これを克服するため，近傍の探索において，改善の可能性のない解の探索を省略するなどの工夫を施すことによって，近傍探索の効率を上げる試みもある．これらの話題は，大抵の場合問題の性質に強く依存するが，きわめて重要であるので，5.2節と5.4節でいく

つか例を説明する．

　近傍探索をより強力にする比較的汎用的な手法として，小さな近傍操作を連鎖的に複数回反復することで生成され得る解集合を，改めて近傍と定義する方法がある．このルールによる近傍は，複雑な近傍操作によって到達できるような解の集合となるので，そのサイズは大きくなり，精度の向上が期待できる．しかし，このルールを単純に実行したのでは，生成され得る解の数が指数的に増大してしまうので，問題構造を利用して，連鎖的な近傍操作の限定や反復の打ち切りを行う．すなわち，仮想的に大きな近傍を用意するものの，実際にはその中の有望な解のみを探索しようとするアイデアである．具体的な実現方法については，5.6 節と 5.7 節で説明する．

3.6 解 の 評 価

　3.2 節のメタ戦略ステップ II-B の解の評価法について述べる．同じ近傍に対しても，評価関数の選び方によっては，探索空間が図 3.3 のように局所探索に適さないものになる場合もあれば，図 3.4 のように局所探索に都合のよいものになる場合もある．よって，探索がスムーズに進むような評価関数を設計することが重要である．

　最も基本的なものは，目的関数 f をそのまま評価関数 $\tilde{f}$ として用いる方法であろう．しかし，探索空間に実行不可能解が含まれる場合，この方法は使えず，実行不可能解にはペナルティを与えるなどの工夫が必要となる (2.3 節のペナルティ関数法)．また，問題によっては，目的関数をそのまま評価関数に用いたのでは効率的な探索が期待できない場合がある．例えば，グラフ彩色問題 (1.2.6 節) のように，同じ目的関数値を持つ解が多数存在し，解構造に大きな変更を加えなければ，目的関数値が変化しない場合などである．このような問題に対しては，問題に応じて探索に適した評価関数を用意し，目的関数を間接的に最適化する必要がある (5.8 節参照)．

　以上は問題構造に応じた工夫であるが，より汎用的な手法として，評価関数 $\tilde{f}$ を適応的に変形することによって局所最適解からの脱出や，探索の多様化を実現する方法がある．例えば，局所最適解に到達した時点で，評価関数 $\tilde{f}$ に何

らかの摂動を加えることが考えられる．十分な摂動を加えると，新しい評価のもとでは現在の解が局所最適でなくなり，局所探索が継続できるので，局所最適解からの脱出が可能となるのである．摂動の加え方として最も簡単なのは，ランダムな摂動を加えるというものである．また，前回の探索で得られた局所最適解の構成要素(例えば巡回セールスマン問題の枝など)にペナルティを付加する方法も考えられる．このようなペナルティを与えることにより，現在の局所最適解の評価値が他の解に比べて相対的に悪くなるので，局所最適解からの脱出が図れるだけでなく，過去に探索した解を再び探索する可能性が低くなるので，多様化の効果も期待できる．図3.9に，評価関数に摂動を与えることで局所最適解から脱出する様子を示す．図は，前回の探索で得られた局所最適解 x_A の評価値を大きくすることで，新しい評価の下では x_A が局所最適解でなくなり，x_A からの探索がさらに続行して x_A よりもよい解を発見する様子を表している．なお，評価関数に変形を加えると，一つの解だけでなく，その周囲の解の評価値も連動して変化する．よって，現在の局所最適解をなくすことはできても，通常は他の解が新たに局所最適解になってしまうので，このような変形を繰り返すことによって図3.1のように凸関数に変形することは困難である．

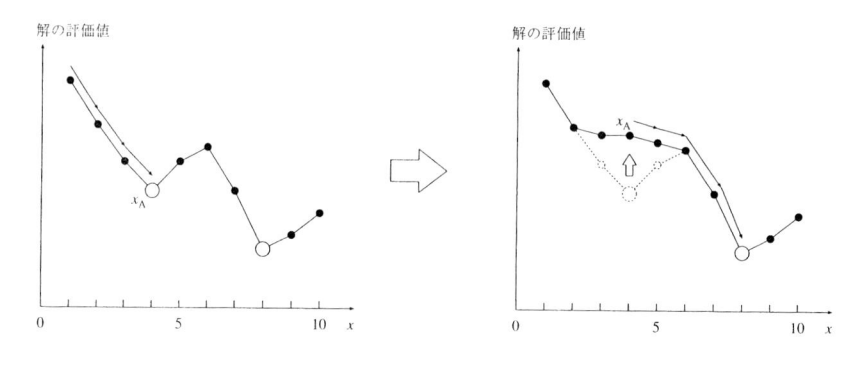

図3.9　評価関数の摂動による局所最適解からの脱出の様子

探索空間に実行不可能解が含まれる場合のペナルティ関数法に対しては，以下の工夫が可能である．2.3節で述べたように，ペナルティ関数法では，評価関

数 $\tilde{f}$ は，通常，制約違反に対するペナルティともとの目的関数 f の重みつき和

$$\tilde{f}(x) = f(x) + \alpha \cdot (解\ x\ の制約違反のペナルティ)$$

で与えられる．$\alpha\ (>0)$ はペナルティ項の重みである．探索空間 $\tilde{F}$ において $\tilde{f}$ に関する最良の解が f の意味で最適な実行可能解であることを保証しようと思えば，α を十分大きく設定すればよい．しかし，制約が厳しい問題では，ある実行可能解から他の実行可能解に移動するには，実行不可能領域を経由しなければならない場合が多く，ペナルティを大きくしてしまうと，このような解の間での移動が困難になってしまって，効率的な探索ができなくなる．例えば，図 3.10 では，実行不可能解に対するペナルティの値を一律に非常に大きな値としているため，探索空間が 2 つに分かれてしまっている．

また，制約のある問題では，実行可能領域と実行不可能領域の境界付近によい解が存在する場合が多い．例えば，1.2.4 項のナップサック問題では，あと一つ要素を加えると実行不可能になってしまう解，すなわち極大な解の中に最適解が存在する．

以上のような問題に対しては，$\tilde{f}$ において制約違反のペナルティの重みを軽くすることで，実行不可能領域も頻繁に訪れるように探索を制御することによって，性能を向上できる場合がある．ただし，重みを軽くしすぎると実行可能解が得られなくなる可能性があるので，注意を要する．制約が複数存在する場合は，制約ごとに異なるペナルティ重みを与えることも有効である．また，長期にわたりみたされていない制約の重みを徐々に大きくするなど，適応的に調整する方法もある[67, 218]（5.10 節参照）．なお，ペナルティ重みの適応的な制御は，評価関数の摂動と捉えることもできるので，図 3.9 に示した局所最適解からの脱出の効果も期待できる．

図 3.11 は，図 3.10 の実行不可能領域のペナルティを軽くすることにより，探索空間が平滑化される様子を表している．図 3.11 の探索空間では，中央の実行不可能領域でのペナルティが小さいため，左右の実行可能領域の間が図 3.10 に比べると行き来しやすくなっている．ただし，ペナルティ重みを軽くしすぎると，図 3.12 のように，最適解よりも実行不可能解のほうが評価値がよくなり，

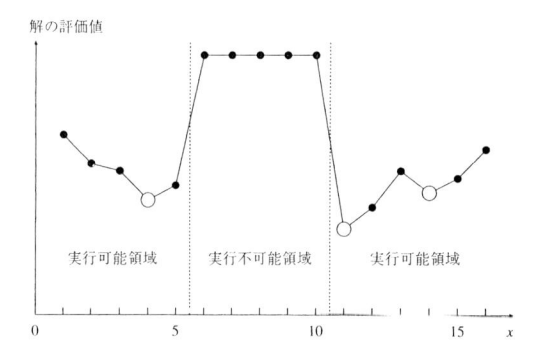

図 3.10　実行不可能解に大きなペナルティを与えた場合

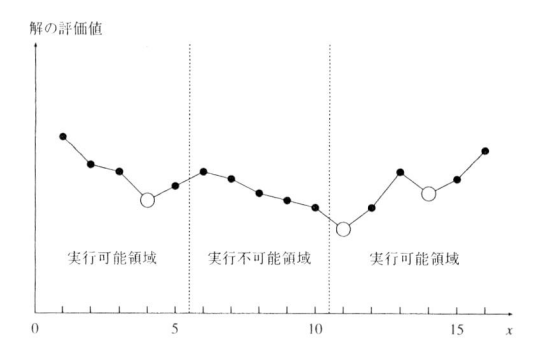

図 3.11　実行不可能解に適度なペナルティを与えた場合

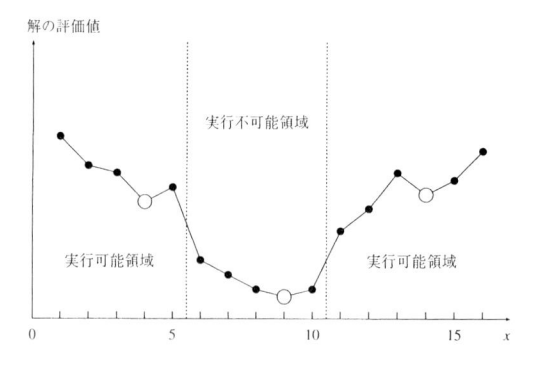

図 3.12　実行不可能解のペナルティが小さすぎる場合

実行可能解が求まりにくくなってしまう．これは避けなければならない．

3.7 移動戦略

3.2節のメタ戦略ステップ II-C の移動戦略について述べる．最も基本的なものは常に改善解に移動するというものである．この場合，2.2節ですでに述べたように，即時移動戦略と最良移動戦略の2つが代表的である．このどちらの戦略でも，局所最適解に到達すると探索は止まってしまう．しかし，局所最適解の周辺にはよりよい解が潜んでいる可能性が高いので，改善解以外への移動も許すことによって，局所最適解に到達しても，さらに探索が継続するような戦略が有効と考えられる．

図3.13は，改悪解への移動により，探索が局所最適解から脱出し，さらによい解を発見する様子を示したものである．しかし，むやみに改悪解に移動したのでは意味がなく，図のような理想的な動作を実現するのは容易ではない．例えば，近傍 N は対称である場合が多いが，その場合，局所最適解 x から他の解 $x' \in N(x)$ に移った後，x' の近傍 $N(x')$ 内には x が改善解として含まれるので，再びもとの x に戻る可能性が高い．一般に，探索がいくつかの解を経由して，もとに戻ることを**サイクリング** (cycling) と呼ぶが (図3.14)，サイクリングが頻繁に起こると，効果的な探索ができなくなってしまう．単純局所探索

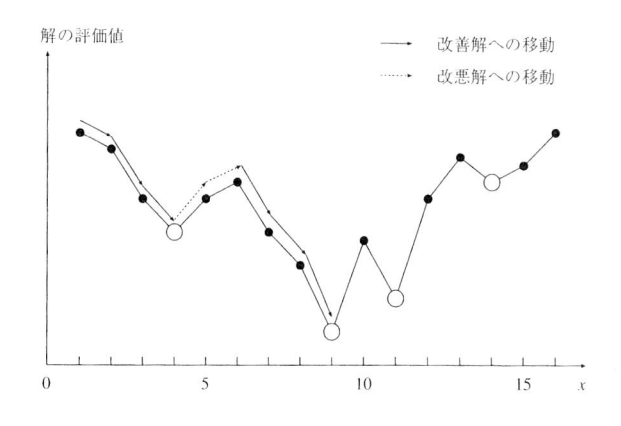

図 3.13　改悪解への移動による局所最適解からの脱出

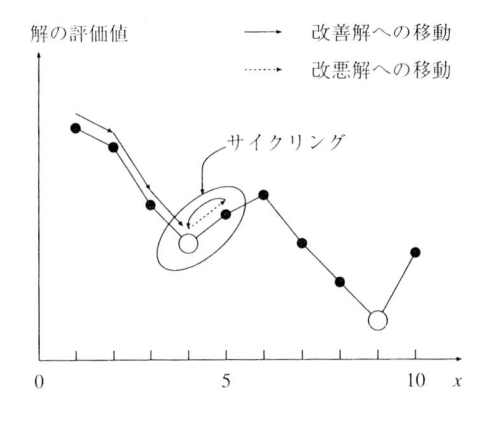

図 3.14 探索のサイクリング

法においては，評価関数の値が真に減少するように移動を行うので，1回の局所探索において同じ解を2度以上訪れることはないが，改善解以外への移動を許す場合には，このような点にも注意を払う必要がある．このような現象を避けつつ効果的な探索が行えるよう，様々な工夫が行われているのである．

単純な方法として，近傍内に改善解があればそのどれかに移動し，改善解がないときには近傍内からランダムに一つ解を選んでそちらに移動するという方法が考えられる．また，改善解以外への移動を行う場合でも，評価値のよい解に移動するほうが望ましいと考えられるので，評価値のよいものほど選ばれる確率が高くなるように確率に傾斜をかけるとか，改悪の程度が小さいもののみを候補とするなどの工夫も有効である．ただし，このような方法ではサイクリングが起こりやすいので，近傍内に改善解が存在するときでも改悪解への移動を許すことでランダム性を高め，直前の解に戻りにくくする戦略を併用することが多い．

一方，ランダム性を利用してサイクリングを防ぐのではなく，サイクリングの原因となる探索済の解などを記憶しておき，そのような解への移動を禁止した上で，近傍内の禁止されていない解の中で評価値が最良の解へ移動するという戦略もよく用いられる．ランダム性を用いないので，ルールをうまく選べば綿密な探索が期待できる．例えば，図3.2のように，探索空間が1次元であるとき，近傍 $N_1(x)$ を用いて，さらに直前に訪れた解への移動を禁止するとい

うルールを用いると，常に1方向への移動が強制されるので，図3.13のような動作が実現できる．ただし，一般の問題はこれほど単純ではなく，より複雑なルールを用意する必要がある．

3.8 終了基準

一般化された局所探索法の終了基準(3.2節のステップII-D)は，ステップII-Cの移動戦略をにらみつつ定める必要がある．例えば，II-Cにおいて常に改善解へ移動する戦略を用いた場合は，近傍内に改善解がなくなった時点で探索を終了することになる．これに対し，改善解以外への移動も行う場合には，探索をいくらでも長く続けられるので，

- あらかじめ定められた移動回数や計算時間が来ると終了する，
- あらかじめ定められた移動回数の間に暫定値が改善されなければ終了する，

というようなルールが用いられる．また，アルゴリズムによっては，探索を制御する特定のパラメータに基づいて終了条件を設定することも可能である．

メタ戦略全体の反復の終了条件(3.2節のステップIII)も，同様に，

- あらかじめ定められた反復回数や計算時間が来ると終了する，
- あらかじめ定められた反復回数の間に暫定値が改善されなければ終了する，

というようなルールが用いられる．

――――◆ 欄外ゼミナール ◆――――

探索空間の複雑さ

第3章では，メタ戦略の様々なアイデアを分かりやすく説明するために，1次元の単純な探索空間を例として取り上げたが，実際の探索空間はもっと複雑である．これを見るため，充足可能性問題(1.2.3項)に対して，すべてのn次元0-1ベクトルvの集合を探索空間とし，1反転近傍(2.2節)を用い，充足されていない節の数$m - \sum_{i=1}^{m} C_i(v)$を解の評価値(小さいほどよい)とした場合の探索空間を実際に図示してみよう．

探索空間に含まれるすべての解を節点集合とし，近傍Nに対して枝の集合Eを

$$v' \in N(v) \Leftrightarrow \{v, v'\} \in E$$

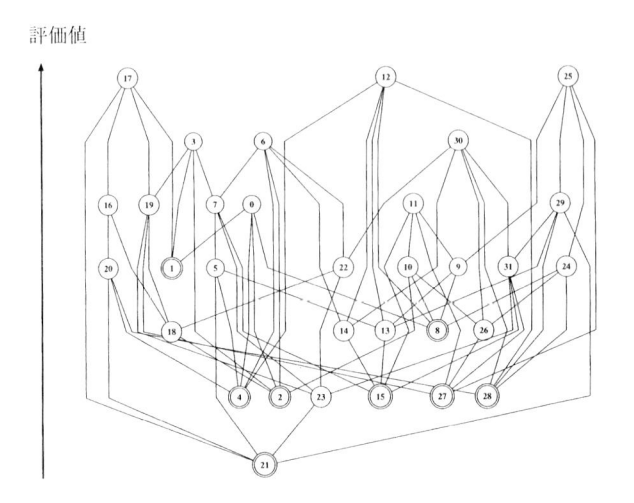

図 3.15 充足可能性問題の探索空間の様子 (二重丸は局所最適解)

とすることにより得られる無向グラフ[*1]を近傍グラフ (neighborhood graph) と呼ぶ．すなわち，近傍グラフでは，2つの解の一方が他方の近傍に含まれるときに枝が存在する．図 3.15 に，ランダムに生成した $n=5$ の問題例に対する近傍グラフを示す．ただし，縦軸を解の評価値とし (上に行くほど評価値は大)，各節点を対応する解の評価値に従って配置している (横軸方向の配置には意味はない)．なお，本来は水平方向の枝も多少存在するが，作図の都合上省略している．この図において，上から下へのパスは，局所探索法の動作に対応しており，また，二重丸で示した節点は局所最適解である．それらのうち，大域最適解 (この場合は充足解) は一番下の節点ただ一つである．

この例では，変数の数 $n=5$ であるので，近傍グラフの節点数は $2^5 = 32$ ときわめて小規模であるが，それでも枝の数は結構多く，探索空間が複雑である様子が観察できる．なお，$n=6$ とすると，節点数は 64 と依然小規模であるが，枝の数が多すぎてグラフが真っ黒になってしまう．現実の応用では，n が数百や数千，あるいはそれ以上という大規模な問題例が扱われるが，それらの探索空間がいかに複雑であるかが想像できるであろう．

[*1] 近傍は対称とは限らないので一般には有向グラフとなる (7.1 節参照)．

4
メタ戦略の実現

第3章で与えたメタ戦略の枠組を再掲する.

> **メタ戦略の枠組**
> I (初期解生成): 初期解 x を生成する.
> II (局所探索): x を (一般化された) 局所探索法により改善する.
> III (反復): メタ戦略の終了条件がみたされれば暫定解を出力して探索を終了する. さもなければIに戻る.

第3章では,この枠組のステップI, II, IIIに用いられる基本的な考え方をできるだけ一般的な形で紹介したが,それらを組み合せることによって,具体的にどのようなアルゴリズムが産み出されるかについてはふれなかった.本章では,メタ戦略に含まれる代表的なアルゴリズムが,個々の要素を組み合せることによって実現される様子を具体例を挙げながら詳しく解説する.多スタート局所探索法, GRASP法,反復局所探索法,遺伝アルゴリズム,アント法, Boeseらによる適応的多スタート法,誘導局所探索法,評価関数摂動法,探索空間平滑化法,アニーリング法,閾値受理法,大洪水法,タブー探索法などがそのようなアルゴリズムである.もちろん,役割の異なる2つ以上のメタ戦略アルゴリズムを組み合せた混成アプローチを作ることは容易であるので,本章で紹介するアルゴリズム以外にも,様々なバリエーションが可能である.

4.1 多スタート局所探索法

多スタート局所探索法 (multi-start local search, MLS法) は,メタ戦略の枠

組において，ステップ I の初期解生成に 3.3 節の多スタート法を用い，ステップ II の局所探索には単純局所探索法を用いた，最も単純な方法の総称で，メタ戦略の中では古くから広く用いられてきた[115,131,132,176,177]．すなわち，

1) ランダムに，または欲張り法を用いて初期解 x を生成する，
2) 解 x を単純局所探索法により改善する，

という 2 つのステップを反復し，この過程で得られた最良の実行可能解を出力するという方法である．初期解をランダムに生成する場合をとくに**ランダム多スタート局所探索法** (random multi-start local search) と呼ぶ．

なお，過去の探索で得られた局所最適解の情報を，その後の探索の，初期解生成に利用する[176]，計算の効率化に利用する[131,132]，などの重要なアイデアが，早期の研究ですでに提案されている．このようなアイデアの一部は，5.5 節で紹介する．

4.2 GRASP 法

GRASP 法 (greedy randomized adaptive search procedure) は，多スタート局所探索法の一種であり，メタ戦略の枠組のステップ I の初期解生成に，ランダム化欲張り法を利用するところに特徴がある．具体的には，

1) ランダム化欲張り法 (2.1.4 項参照) により初期解 x を生成する，
2) 解 x を単純局所探索法により改善する，

という 2 つのステップを反復し，この過程で得られた最良の実行可能解を出力するという方法である．

この方法は，Feo らのグループにより提案された[55,58]．なお，局所探索法との組合せは行われていないが，GRASP 法の初期解生成のメカニズムのアイデアは，GRASP 法よりも前にすでに紹介されている[91]．GRASP 法は単純であるが，様々な組合せ最適化問題に適用され，一定の成果を収めている[54,57,126,129,178]．より詳しくは，Feo と Resende による解説[56]を参照いただきたい．

4.3 反復局所探索法

反復局所探索法 (iterated local search, ILS 法) は，過去の探索で得られたよい解にランダムな変形を加えたものを初期解として，単純局所探索法を反復する方法である．すなわち，メタ戦略のステップ I の初期解生成に工夫を加えた適応的多スタート法であると捉えることができる．あるいは，メタ戦略のステップ II-C の移動戦略に工夫を加え，探索が局所最適解に到達したときに，(1) メモリに蓄えられた他の解に移動する，(2) 近傍内のランダムな解に移動する，などの特別ルールを採用した方法と捉えることも可能である．このように，メタ戦略の捉え方には柔軟性がある．

初期解生成に利用する解として，常に暫定解を利用するという，最も単純な方法は，Johnson[110] により提案された．iterated local search という用語も，この論文の中で用いられたものである．初期解生成に利用する解の選択方法に，アニーリング法 (4.10 節に後述) に類似のアイデアを用いてランダム性を導入した方法もある．反復局所探索法のこのような変形は**連鎖局所探索法** (chained local optimization, CLO 法; large-step Markov chain 法とも呼ぶ) と呼ばれる[134, 140–142]．なお，歴史的には，これらを提案した Martin らの論文[141]の草稿版が Johnson の反復局所探索法の提案のきっかけとなった (Johnson と McGeoch の文献[112]の p. 292 参照)．

初期解生成を上記の (2) の方法によるとき，使用する近傍のサイズを適応的に変化させる方法も提案されている．近傍サイズを，初めは小さく設定するが，初期解の生成に用いる局所最適解と局所探索法によって新たに得られた解を比べて改善が見られない場合には徐々に大きくしていき，改善解が得られた場合は初めの近傍に戻すのである (ただし，局所探索法の近傍は常に同じものを用いる)．このような方法は**可変近傍探索法** (variable neighborhood search, VNS 法) と呼ばれる[26, 27, 90, 148]．なお，名前は似ているが，5.6 節で紹介する可変深度近傍探索法 (variable depth search) は，これとは全く異なる方法なので，注意を要する．

反復局所探索法の手続きを，関連する探索法も含む広い枠組で以下にまとめ

る．アルゴリズム中，x_{seed} は，次の局所探索の初期解を生成するために利用される解を表す．また，t は非負の実数値をとるパラメータである ($t=0$ の場合は以下のステップ 4 の確率を 0 と解釈する)．解に加えるランダムな変形は，近傍の中から解をランダムに一つ選ぶ操作と解釈できる．この目的の近傍を $l_{\max}$ 個 ($l_{\max}$ は自然数の値をとるパラメータ) 用意し，$N^{(1)}, \ldots, N^{(l_{\max})}$ とする．これらの選び方にはとくに制限はないが，通常は，$N^{(l)}$ よりも $N^{(l+1)}$ のほうがより大きな変形になるように設計するので，$|N^{(1)}| \leq |N^{(2)}| \leq \cdots \leq |N^{(l_{\max})}|$ が成り立つ．

反復局所探索法

ステップ 1 適当な解を初期解として単純局所探索を行い，局所最適解 x を得る．$x_{\text{seed}} := x, l := 1$ とする．

ステップ 2 $N^{(l)}(x_{\text{seed}})$ よりランダムに一つ解を選び，x' とする．

ステップ 3 x' を初期解として単純局所探索を行い，局所最適解 x を得る．

ステップ 4 $\tilde{f}(x) \leq \tilde{f}(x_{\text{seed}})$ ならば確率 1 で，$\tilde{f}(x) > \tilde{f}(x_{\text{seed}})$ ならば確率 $\mathrm{e}^{-(\tilde{f}(x)-\tilde{f}(x_{\text{seed}}))/t}$ で以下の手続き (a) を行う．(a) を行わないときは (b) を行う．

   (a) $x_{\text{seed}} := x, l := 1$ とする．

   (b) $l := \min\{l+1, l_{\max}\}$ とする．

ステップ 5 終了条件をみたせば，暫定解を出力して探索を終了する．そうでなければ，ステップ 2 に戻る．

この枠組は，Johnson による単純な反復局所探索法だけでなく，より一般的な CLO 法と VNS 法をも含んでいる．すなわち，パラメータ $l_{\max}$ と t を $l_{\max} = 1$，$t = 0$ とした場合が Johnson によって提案された最も単純な反復局所探索法であり，$t > 0$ とした場合が CLO 法，さらに $l_{\max} \geq 2$ とした場合が VNS 法である．このように様々な名前がついているが，基本的なアイデアはほぼ同様なので，本書ではこれらを一つにまとめ，反復局所探索法と呼ぶことにした．

上述の枠組において $t = 0, l_{\max} = 1$ とした場合は，常に最新の暫定解を x_{seed} として，それに小さな変形を加えた解を次の局所探索の初期解に用いるので，集中化の能力が高い．しかし，通常，よい解は 1 か所に集中しているのでは

なく,探索空間に複数のクラスタとして局在していると考えられるので,それらを万遍なく探索するよう,多様化の能力も加味する必要がある.実際,StützleとHoosは,精度の高い解を発見するまでの計算時間の分布を調べることによって,$t=0, l_{\max}=1$ とする方法は,探索の初期段階では高い性能を示すものの,計算時間が長くなってくると解の改善の能力が急速に低下することを報告している[193].以上の考察より,与えられる計算時間が長くなると,$t>0$ や $l_{\max} \geq 2$ などによって探索の多様化を実現することは重要であると考えられる.

パラメータ t は,アニーリング法 (4.10節) のように,探索の過程で動的に制御する方法も考えられるが,通常は定数として扱う.t を大きくすると多様化の効果は高まるが,常に大きい値にしておくと,集中化の効果が低下して,かえって性能が悪くなってしまう.また,t の適正値は,問題例ごとに大きく変わり得るため,調整がやや面倒である.そこで,t の調整をきちんと行わない場合には,$t=0$ (すなわち,暫定解を x_{seed}) としておくのが安全である (この場合多様化は他のメカニズムで行う).$t=\infty$ (すなわち,前回の局所探索で得られた局所最適解を x_{seed}) とすると,($l_{\max}=1$ であっても) 性能が落ちる場合が多いからである.また,ある程度の期間暫定解が更新されないときなど,多様化が必要と思われるときにのみ一時的に t を大きくするとか,暫定解が更新されない反復が連続するときには t を徐々に大きくしていき,暫定解が更新されたら 0 に戻すなどの方法も考えられる.

$l_{\max}=1$ とする場合,ランダムな変形に用いる近傍 $N^{(1)}$ には,局所探索法に用いる近傍 N と同じものを用いてもよいが,その場合,ステップ 3 の直前において $x_{\mathrm{seed}} \in N(x')$ が成り立つ場合が多いので,局所探索の結果すぐに x_{seed} に戻ってしまう可能性がある.これを避けるため,$N^{(1)}$ には N と異なる近傍を用意する場合が多い.例えば,巡回セールスマン問題で,局所探索法の近傍に 2-opt 近傍 $N_{\text{2-opt}}$ を用いたときには,図 4.1 に示すような double bridge 近傍をランダムな変形に利用するのが効果的であるといわれている (図 4.1 の 4 本の破線の枝は巡回路からランダムに選ぶ).double bridge 近傍は,4-opt 近傍の特別な場合であるが,2-opt 近傍の操作を 2 回繰り返しても到達できないような解の集合になっており,x_{seed} にすぐに逆戻りする現象を防ぐ効果があるのである.

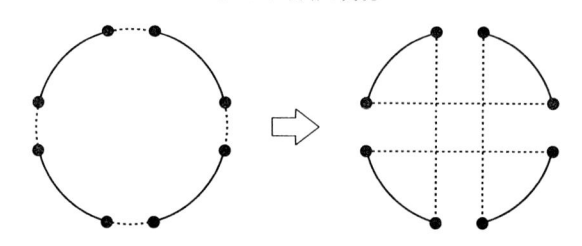

図 4.1 double bridge 近傍の近傍操作の例 (破線は枝,実線はパスを表す)

$l_{\max} \geq 2$ とする場合には,通常,$N^{(1)}$ を小さな近傍とし,徐々に大きくしていくという方法がとられる.初めに小さな近傍を用いることで,x_{seed} の付近を集中的に探索しておき,しばらく改善解が見つからないときには大きな近傍を用いて x_{seed} から離れた解を生成し,多様化を図るというアイデアである.例えば,巡回セールスマン問題で局所探索法の近傍に 2-opt 近傍 $N_{\text{2-opt}}$ を用いた場合は,$N^{(l)}(x) = N_{(l+2)\text{-opt}}(x) \setminus N_{(l+1)\text{-opt}}(x)$ とする (すなわち,丁度 $l+2$ 本の枝を交換する操作を用いる) などである.$N^{(l)}(x)$ のサイズを大きくする速度をもっと遅くしたければ,パラメータ α $(0 < \alpha \leq 1)$ を用意し,$N^{(l)}(x) = N_{(\lceil \alpha l \rceil + 2)\text{-opt}}(x) \setminus N_{(\lceil \alpha l \rceil + 1)\text{-opt}}(x)$ のようにする方法も可能である.また,ステップ 4 における l の更新ルールを適宜変更して,$N^{(l)}(x)$ のサイズを変更する速度を,探索の状況に応じて適応的に変化させることも考えられる.

ステップ 4 では,x_{seed} の選び方として比較的簡単なルールを紹介したが,これまでの探索で得られたよい解のうちの一つを選ぶのであれば他のルールでもよい.また,異なるルールを組み合せることも可能である.例えば,ある程度の期間暫定解が更新されず,多様化が必要とされる場合に以下のようなルールを用いるなどである[193].

- ランダムな解を x_{seed} とする.
- 上述の枠組のステップ 2 と 3 を反復していくつかの局所最適解を生成した後,それらの中で評価値の高いものから順にいくつかを選び,さらにその中で現在の x_{seed} との距離が最大となるものを次の x_{seed} とする.(距離は,例えば,巡回セールスマン問題では 2 つの解で異なる枝の本数,最大充足可能性問題では 2 つの解のハミング距離などが考えられる.)

2 番目のルールは,解の質はできるだけよいのが望ましいが,多様化を行うた

めには次の x_{seed} を現在の x_{seed} からできるだけ離すべきであるという考え方に基づいている．

4.4 遺伝アルゴリズム

遺伝アルゴリズム (genetic algorithm, GA 法; **進化型計算** (evolutionary computation) とも呼ぶ[*1])は，生物の染色体の交叉や突然変異によって新しい世代が形成され，弱いものが淘汰されて強いものが生き残っていくという，生物の進化のメカニズムを最適化に応用したものである．複数の解を同時に保持し，それらを集団として改善していくところに特徴を持つ．アルゴリズムが保持している解集合を**集団** (population) と呼ぶ．集団には，探索中に見つかったよい解の中から**淘汰** (selection) と呼ばれる規則に従って一定数を保持しておく．2つまたはそれ以上の解を組み合せることによって新たな解を生成する操作を**交叉** (crossover)，一つの解に少しの変形を加えることで新たな解を生成する操作を**突然変異** (mutation) という．集団に対し，交叉および突然変異の操作を加えて新たな解を生成し，局所探索法の初期解とするのが遺伝アルゴリズムの基本的な考え方であり，メタ戦略のステップ I の初期解生成に工夫を加えた適応的多スタート法の一種であると捉えることができる．

なお，本書では，遺伝アルゴリズムをこのように局所探索法の初期解生成のメカニズムとして捉えたが，もともと遺伝アルゴリズムは生物の進化の様子のシミュレーションに端を発しており，最適化だけでなく，様々な角度からの研究が行われている．本書のこのような捉え方は，最適化の立場からの一視点であると理解してほしい．

遺伝アルゴリズムを最適化のツールとして利用する試みは，もともとは局所探索法を含まない枠組で始まったが，最近では局所探索法を内部に組み合せることが多い．局所探索法を組合せることを明示する場合は，**遺伝的局所探索法** (genetic local search, GLS 法) と呼ばれる．これを memetic algorithm と呼ぶ場合もある．逆に，局所探索法を組み合せないことを明示する場合は，**単純**

[*1] 正確には進化型計算のほうがやや広い意味である[16, 183]．

遺伝アルゴリズム (simple GA) と呼ぶ．(なお，通常は，局所探索法を含まない場合でも，問題に応じた工夫を施したものは単純遺伝アルゴリズムとは呼ばないが，本書では，簡単のため，このような分類を採用した．)

遺伝的局所探索法の枠組　遺伝的局所探索法は以下のようにまとめられる．単純遺伝アルゴリズムは，ここからステップ 2-c (改善) を取り除いたものである．P はアルゴリズムが保持している解集合，すなわち集団であり，その大きさ $|P|$ はアルゴリズムのパラメータである．また，ステップ 2 において新たに生成される解の集合を Q とする．解の数 $|Q|$ もアルゴリズムのパラメータである．

遺伝的局所探索法

ステップ 1　(初期設定): 初期解集合 P を生成する．

ステップ 2　(進化): $Q := \emptyset$ とした後，以下のステップ a, b および c を反復し，新たな解集合 Q を生成する．

　　a　(交叉): P の中から 2 つまたはそれ以上の解を選び，それらを組み合せることによって新たな解を作る．

　　b　(突然変異): P から選んだ解，あるいは a で生成された解にランダムな変形を加える．

　　c　(改善): a あるいは b で得られた新しい解を初期解とし，単純局所探索によって局所最適解を得る．得られた解を Q に加える．

ステップ 3　(淘汰): 新しく生成された解と，もとからあった解を併せた $P \cup Q$ より，$|P|$ 個の解を残し，それをあらためて P とする．

ステップ 4　(反復): 終了条件がみたされれば暫定解を出力して探索を終了する．そうでなければ，ステップ 2 に戻る．

この枠組は大変柔軟性の高いものであり，交叉，突然変異，淘汰などの定め方により，様々なバリエーションが可能である．実際，4.3 節の反復局所探索法は，$|P| = 1$ とし，ステップ 2-a (交叉) を取り除き，突然変異と淘汰の規則を適当に定めることによって，遺伝的局所探索法の特殊ケースとして理解できる．

4.4 遺伝アルゴリズム

反復局所探索法では保持している解が一つであるのに対し，遺伝アルゴリズムでは，複数個の解を保持しておき，それらを自由に組合せて初期解を生成するところに大きな違いがある．なお，遺伝アルゴリズムよりもさらに自由な発想で複数個の解から新たな解を生成するメカニズムが散布探索法 (scatter search) として研究されている[71,72] (4.12.4項参照)．以下では，遺伝アルゴリズムの基本操作について説明する．

交叉，淘汰，突然変異の実現法 交叉は，2つ以上の解を組み合せることにより新たな解を生成する操作であるが，そのもととなる解を親 (parent)，交叉によって生成される解を子 (offspring, child) と呼ぶ．いくつの親からいくつ子を生成するかについては，いろいろな可能性が考えられるが，ここでは簡単のため，2つの親から一つの子が生成される場合を考える．また，便宜上，交叉の後，突然変異や局所探索法を適用して得られた解に対しても，その生成のもととなった解を親と呼ぶことにする．

まず，ステップ2において，交叉のもととなる親をどのように選ぶかであるが，以下のように，様々な方法が可能である．ただし，解の評価には評価関数 $\tilde{f}$ の値を用いる．

- 一様にランダムに選ぶ．
- よい解のほうが悪い解よりも交叉に参加しやすくなるような傾斜をかけた確率に従ってランダムに選ぶ．
- 親の一方は P の中の最良解，他方はランダムに選ぶ．
- 集団をあらかじめ $\lfloor |P|/2 \rfloor$ 個のペアに分割しておき，各ペアに対して交叉を適用する (この場合は $|Q| = \lfloor |P|/2 \rfloor$ となる)．

淘汰は，集団 P の中にできるだけよい解が残るように解を選択する規則を定める．ただし，P のすべてが同じ解になってしまっては，複数の解を保持する意味がなくなるので，集団の中に多様性を維持する工夫も必要である．淘汰の規則は，P と Q のすべてを対象とするのではなく，新しく生成された解とその親のみを対象とする場合もある．また，親の選び方と組み合せて，より複雑なルールが用いられる場合もある．ここでは，簡単な例のみを挙げておく．

1) P と Q から重複する解を取り除き，残ったものの中から，$\tilde{f}$ のよいもの

から順に $|P|$ 個を選ぶ.

2) $|Q|=1$ とする. 新しい解がすでに P の中に存在する場合は何もしない. そうでない場合は, 新しい解とその親を併せた3つのうちの最も悪い解を捨て, 残りの2つを選ぶ.

3) 解の評価値 $\tilde{f}$ のよいものほど選ばれやすくなるような, 傾斜のかかった確率を定め, $P \cup Q$ からランダムに $|P|$ 個を選ぶ.

4) まず, $P \cup Q$ の中の最良解を選ぶ. 残りの $|P|-1$ 個は, 3) と同様にランダムに選ぶ.

2) のルールに, 3) のような, 解の評価値に応じたランダム性を加えるという変形も可能である. なお, 解の重複の確認は, $|P|$ が大きいときには, ハッシュ表[103]を用いるなどの計算上の工夫をしないと時間がかかる場合があるので, 注意が必要である. 3) や 4) のように評価値に応じてランダムに選ぶ方法は**ルーレット選択** (roulette wheel selection), 4) のように最良解を常に集団中に残す戦略は**エリート戦略** (elitism) と呼ばれる. これらは簡単ではあるが, 確率をうまく定めないと, 探索の早期の段階で P のすべてが同じ解になってしまう可能性がある. より詳しくは, 遺伝アルゴリズムの解説などを参照いただきたい[16,44,82,119,183,197].

交叉については, 局所探索法の近傍と同様, 問題に応じた工夫が必要であり, これまで様々な交叉法が提案されている. 以下では, その一部を紹介する. まず, 探索解が n 次元 0-1 ベクトル $z=(z_1,\ldots,z_n) \in \{0,1\}^n$ である場合を考え, 交叉のもととなる2つの親を z^{A} と z^{B}, 子を z^{C} とする. この場合, 以下のような手続きがしばしば用いられる.

ステップ1 マスク $\nu=(\nu_1,\ldots,\nu_n) \in \{0,1\}^n$ をランダムに生成する.

ステップ2 各 j に対し, $\nu_j=0$ ならば $z_j^{\mathrm{C}}:=z_j^{\mathrm{A}}$, $\nu_j=1$ ならば $z_j^{\mathrm{C}}:=z_j^{\mathrm{B}}$ とする.

すなわち, マスクの値が 0 ならば親 z^{A} の値を, 1 ならば親 z^{B} の値を子に引き継ぐのである. マスク ν を, たかだか $k\,(<n)$ か所で0と1が入れ替わるものに限定する場合, 上記の手続きを ***k* 点交叉** (*k*-point crossover) と呼ぶ. 例えば, $\nu=(1,1,1,0,0)$ は 1 点交叉, $\nu=(1,0,0,1,1)$ は 2 点交叉用のマスク

である．また，マスクにそのような制限がなく，$\nu \in \{0,1\}^n$ が一様にランダムに生成される場合は，**一様交叉** (uniform crossover) と呼ばれる．

なお，k 点交叉を用いた場合，生成され得る子の分布には，変数の添字の順序に依存した偏りが生じる．例として，1 点交叉において変数 $z_i^{\rm C}$ と $z_j^{\rm C}$ がともに同じ親の値を引き継ぐ (すなわち，$z_i^{\rm C} = z_i^{\rm A}$ かつ $z_j^{\rm C} = z_j^{\rm A}$，または $z_i^{\rm C} = z_i^{\rm B}$ かつ $z_j^{\rm C} = z_j^{\rm B}$ となる) 確率を考える．1 点交叉のマスクが $(0,\ldots,0)$ と $(1,\ldots,1)$ 以外の中から等確率で選ばれるとすれば，$z_i^{\rm C}$ と $z_j^{\rm C}$ がともに同じ親の値を引き継ぐ確率は $1 - |i-j|/(n-1)$ である．この確率は，$|i-j| = 1$ の場合はほぼ 1 であるが，$|i-j| = n-1$ の場合は 0 となり，大きな違いが生じる．変数の順序に意味のない問題の場合，このような問題の本質とは関係のない偏りを避けるような配慮が必要である．

次に，探索解が n 要素の順列である場合を考え，親を $\sigma^{\rm A}$ と $\sigma^{\rm B}$，子を $\sigma^{\rm C}$ とする．この場合は，上記の手続きをそのまま実行したのでは，子の要素に同じものが 2 回用いられて順列でなくなってしまう可能性が高い．そこで，様々な工夫が提案されている．例えば，$\sigma^{\rm A}$ の区間 $[i^{\rm A}, j^{\rm A}]$ (区間 $[i,j]$ は集合 $\{i, i+1, \ldots, j\}$ を意味する) と $\sigma^{\rm B}$ の区間 $[i^{\rm B}, j^{\rm B}]$ に対し，$\{\sigma^{\rm A}(k) \mid k \in [i^{\rm A}, j^{\rm A}]\} = \{\sigma^{\rm B}(k) \mid k \in [i^{\rm B}, j^{\rm B}]\}$ をみたす，すなわち 2 つの親において含まれている要素集合が同じ区間対を見つけておき，交換の対象をこのような区間対に限定する方法がある[25, 120, 224]．ただし，これを高速に実行するためには，アルゴリズムに工夫が必要となる[203, 219]．もう少し単純な方法として，以下のようなものがある．

ステップ 1 マスク $\nu = (\nu_1, \ldots, \nu_n) \in \{0,1\}^n$ をランダムに生成する．

ステップ 2 各 j に対し，$\nu_j = 0$ ならば $\sigma^{\rm C}(j) := \sigma^{\rm A}(j)$ とする．

ステップ 3 $\nu_j = 1$ である位置に，残った $\{\sigma^{\rm A}(j) \mid \nu_j = 1\}$ の要素を $\sigma^{\rm B}$ の順序に従って並べる．

これは**順序交叉** (order crossover) と呼ばれる[43]．図 4.2 に例を挙げておく．この方法でも，マスクの種類に応じて，k 点交叉，一様交叉などのバリエーションが可能である．順序づけ問題に対しては，この他にも多数の交叉法が提案されている[197, 209]．

交叉に関連して生じる部分問題に専用の厳密解法や近似解法が利用できる場

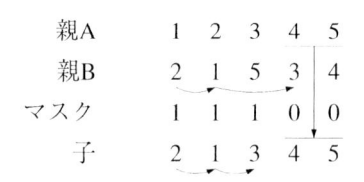

```
親A    1  2  3  4  5
親B    2  1  5  3  4
マスク  1  1  1  0  0
子     2  1  3  4  5
```

図 4.2 順序交叉の例 (マスクは 1 点交叉)

合は，これらを交叉のオペレータとして利用することも可能である．例えば，順序づけ問題に対し，保持している候補解の 2 つに共通する半順序関係に矛盾しない解の中で最適なものを動的計画法 (dynamic programming, DP) を用いて求めるという操作を交叉オペレータとして利用することが提案されている[212]．同様のアイデアが，独立節点集合問題 (independent set problem) に対して提案されており，**最適化交叉** (optimized crossover) と呼ばれている[5]．

突然変異は，一つの解にランダムな変形を加える操作である．よって，4.3 節で紹介したランダムな変形と同様の操作を利用すればよい．ただし，交叉を組合せて利用する場合は，突然変異に局所探索法と同じ近傍を用いても，反復局所探索法のように探索がランダムな変形を加える前の解に逆戻りしてしまう心配はあまりない．

用語のまとめと歴史　　遺伝アルゴリズムは，生物の進化にアイデアを得たため，アルゴリズムの説明に，生物の用語が多数用いられている．すでに紹介した，交叉，突然変異，淘汰などである．参考のため，よく利用される他の用語についても簡単に紹介しておく．

染色体 (chromosome): 探索解 (変数ベクトル)．

遺伝子 (gene): 変数 (変数ベクトルの 1 要素)．

対立遺伝子 (allele): 変数の取り得る値の集合．

遺伝子座 (locus): 染色体上で一つの遺伝子が占める位置．

適応度 (fitness): 評価値 $\tilde{f}$．ただし大きいものほどよい．

遺伝子型と表現型 (genotype and phenotype): 2.3 節における探索基準 GCP-3 のように，探索解に変換を施してもとの問題の解を生成する場合，探索解を遺伝子型，問題の解を表現型と呼んで区別する．

世代 (generation): 本節で紹介した遺伝的局所探索法のステップ 2 (進化) と ステップ 3 (淘汰) の 1 反復を 1 世代という.

遺伝アルゴリズムは Holland[94] により提案された. 遺伝的局所探索法については, 基本的なアイデアは Brady の 1985 年の文献[25]で提案されているが, 比較的初期の段階で, 同様のアイデアに基づく研究が多数発表されている[44,63,82,107,108,121,144,152,154,194,202]. genetic local search という用語を用いたのは, Ulder らの 1990 年の文献[202]が最初と思われる. なお, 遺伝アルゴリズムについては, 本や解説記事が多数出ているので[16,44,82,101,119,145,153,173,183,197], より詳しくはこれらを参照されたい.

関連の話題として, **免疫システム** (immune system) による最適化の試みが挙げられる[22,61,200]. これは, 生物の免疫機構の仕組みが, 遺伝アルゴリズムの構造に似ているとの考えに基づいているが, 例えば, 免疫機構ができるだけ多様な抗原に対処できるように多様な抗体を保持しておくメカニズムにアイデアを得て, 解集合 P の多様性を維持する (すなわち多様化を行う) などの特徴がある.

4.5 アント法

アント法 (ant system, ant colony system ともいう) は, 蟻の巣から餌までの行列のルートがフェロモン (pheromone) の情報によって定まるメカニズムにアイデアを得た方法である. まず, アルゴリズムの発想のもととなったメカニズムを簡単に説明する. 図 4.3 のように, 蟻の巣から餌までの間に障害物があ

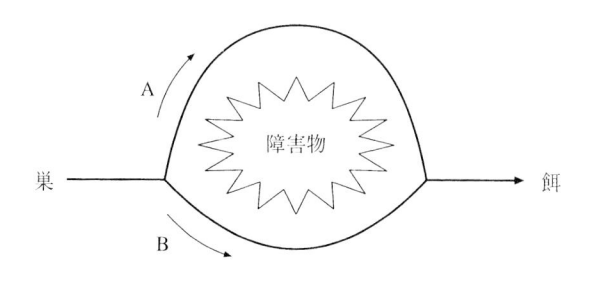

図 4.3 巣から餌までのルート

り，AとBの2つのルートがある．Bのほうが短いとする．2つのルートの分岐点では，どちらのルートが短いかはわからないので，初期の段階では蟻たちはランダムにルートを選ぶ．各蟻は自分が通ったあとにフェロモンを残しつつ餌を取りに行き，もとのルートをたどって再び巣まで戻るという行動を繰り返す．フェロモンは，量が多ければ多いほどより多くの蟻を引き付けるが，時間とともに徐々に消えていくという性質もある．蟻の歩く速度がすべての蟻でほぼ同じであるとすると，短いルートを選んだほうがより速く往復できるので，結果的に短いルートのほうが早くフェロモンが蓄積されていく．フェロモンの情報が蓄積されると，蟻たちはフェロモンのより強いルートを選びやすくなるので，最終的にはすべての蟻が短いルートを選ぶようになるのである．

さて，2.1節で解説したように，欲張り法は，解の構成要素 (巡回セールスマン問題の枝やナップサック問題の要素など) に対する局所的な評価に基づき，構成要素を逐次的に追加していくことで実行可能解を直接構成する方法であった．アント法では，探索中に得られた解の構成要素に得点 (これをフェロモンと呼ぶ) を追加していく．そして，このフェロモンの情報によって修正された局所的評価を用いて，ランダム化欲張り法に従って，よい解に共通する構成要素を多く含むような初期解を生成するのである．すなわち，メタ戦略のステップ I の初期解生成に工夫を加えた適応的多スタート法の一種と捉えることができる．なお，この方法はGRASP法に適応的なメカニズムが加わった方法と捉えることもできる．

アント法の枠組 アルゴリズムの概要を以下にまとめ，そのあと各ステップの実現法を考察する．

アント法

ステップ 1 解の構成要素すべてに対し，フェロモンの値を初期化する．

ステップ 2 $Q := \emptyset$ とした後，以下のステップ a と b を反復して，新たな解集合 Q を得る．

　　a フェロモンの値により修正された局所的評価に基づいたランダム化欲張り法を用いて解を生成する．

> **b** aで得られた解を初期解とし，単純局所探索法を適用して局所最適解を得る．得られた解を Q に加える．
>
> **ステップ 3** Q の解に含まれる構成要素に対し，フェロモンの情報を更新する．
>
> **ステップ 4** 終了条件がみたされれば暫定解を出力して探索を終了する．そうでなければ，ステップ 2 に戻る．

なお，ステップ 2-a の欲張り法による解の構成の途中の段階でもフェロモンの修正を行う方法[47]もあるが，わかりやすさを優先して，ここではステップ 3 でのみフェロモンの修正を行っている．

ステップ 2-a でフェロモンの情報をどのように利用して欲張り法の局所的評価を行うか，また，ステップ 3 でどのようにフェロモンの情報を修正するかについて，様々な方法が可能である．以下では，これらについて，巡回セールスマン問題に対する例を用いて説明する．巡回セールスマン問題では，各枝にフェロモンが蓄積される．枝 $\{i,j\}$ に蓄積されたフェロモン量を $\tau_{ij}\,(>0)$ と記す．なお，ステップ 1 では，適当な定数 $c\,(>0)$ を用いて，すべての i と j に対してフェロモンの値を $\tau_{ij} := c$ と初期化する．

まず，ステップ 2-a であるが，ここでは，2.1.2 項の最近近傍法に対する変形の方法を説明する．なお，アルゴリズムにおいて，蟻が街を次々とたどって解を生成すると考えると，名前の由来となったアイデアを理解しやすい．さて，最近近傍法は，適当な街から始め，現在の街 i とまだ訪れていない街の集合 S に対し，次に訪れる街を，距離 d_{ij} が最小となる $j \in S$ とする操作を反復する方法であった．これに対して，例えば，以下のような 2 通りの修正法が考えられる．なお，以下のルールの中で，$\beta\,(>0)$ と $\gamma\,(0 \leq \gamma \leq 1)$ はアルゴリズムのパラメータである．

a) 各ステップにおいて，現在の街が i であるとき，次の街に $j \in S$ を選ぶ確率を $(\tau_{ij}/d_{ij}^{\beta})/\sum_{h \in S}(\tau_{ih}/d_{ih}^{\beta})$ とする．これに従って次の街をランダムに選ぶ．

b) 各ステップにおいて，値 r を 0 以上 1 未満の実数値からランダムに選び，$r < \gamma$ ならば，現在の街 i の次の街を $\arg\max_{j \in S} \tau_{ij}/d_{ij}^{\beta}$ とする．$r \geq \gamma$

ならば，ルール a) を用いてランダムに選ぶ．

いずれのルールも，長さ d_{ij} が短く，かつフェロモン τ_{ij} が大きい枝を優先するものとなっている．パラメータ β は，枝の長さとフェロモンの影響のバランスを定める．パラメータ γ は，欲張り法に加えるランダム性の程度を定める．なお，ルール a) はルール b) において $\gamma = 0$ と置いた場合となっている．

次に，ステップ 3 であるが，以下のような方法が考えられる．まず，生成された解集合 Q に含まれる解 σ と，σ の各枝 $\{i,j\}$ に対して，フェロモンの更新の基準量 $\Delta\tau_{ij}^{(\sigma)}$ を定める．このルールとしては，以下の 2 つのようなルールが考えられる．

1) 枝 $\{i,j\}$ が $E_{\text{tour}}(\sigma)$ に含まれるときは $\Delta\tau_{ij}^{(\sigma)} := 1/f_{\text{TSP}}(\sigma)$, そうでないときは $\Delta\tau_{ij}^{(\sigma)} := 0$.

2) 解 σ が Q の中の最良解であるときにはルール 1) の通り．そうでないときは $\Delta\tau_{ij}^{(\sigma)} := 0$.

$E_{\text{tour}}(\sigma)$ は (1.2) 式で定義した巡回路 σ に含まれる枝集合，$f_{\text{TSP}}(\sigma)$ は 1.2.1 項で定義した巡回路の長さである．$\Delta\tau_{ij}^{(\sigma)}$ の定義に，ルール 1) を用いた場合は Q のすべての解がフェロモンを残すことができるが，ルール 2) では最良解のみがその権利を持つ．このようにして定義した $\Delta\tau_{ij}^{(\sigma)}$ を用いて，各枝 $\{i,j\}$ のフェロモンの値を

$$\tau_{ij} := (1-\alpha)\tau_{ij} + \alpha \sum_{\sigma \in Q} \Delta\tau_{ij}^{(\sigma)}$$

と変更するのである．なお，α $(0 < \alpha < 1)$ はアルゴリズムのパラメータである．$1 - \alpha < 1$ であるので，古い情報は徐々に消えていく．

この方法は Dorigo らにより提案された[38,46,48]．初期のアント法には局所探索法は組み合されていなかったが，それでは十分な性能が得られないため，最近では，局所探索法を組み合せることで，一定の成果をおさめている[47,64,135,191,192]．なお，Dorigo と Gambardella は，フェロモンの更新ルールの違いに基づいて，ant system と ant colony system という 2 つの用語を区別して使っている[47]．また，フェロモンの値の範囲をあらかじめ与えておくなどのルールを加えたものは，MAX-MIN ant system と呼ばれる[191,192]．このように，多少のルールの違いでいくつか呼び名があるが，本書では詳細は省略する．

4.6 Boeseらによる適応的多スタート法

Boeseらは，メタ戦略のステップIの初期解生成に，解の構成要素に対する統計量を利用する単純な方法を提案している[24]．これは，過去の探索で得られたよい解に共通して含まれている構成要素に得点を与え，そのような構造がより多く含まれるように，得点に基づいて解をランダムに生成するものである．アント法とは独立に提案されたが，基本的な考え方はアント法と類似している．

以下，この方法の具体的な実現方法を説明する．この方法では，過去の探索で得られたよい解の集合を P として記憶しておくが，P の選び方のメカニズムは，遺伝的局所探索法における淘汰の規則とほぼ同様であるので，ここでは説明を省略する．遺伝的局所探索法では，4.4節の枠組のステップ 2-a (交叉) と 2-b (突然変異) の操作を用いて解集合 P から新たな解を生成するが，これらの代わりに，以下の方法を用いるところに特徴がある．この生成法を交叉の一種と捉えてもよいが，よい解に共通して含まれている解の構成要素に対して得点を与える点が，アント法におけるフェロモンの考え方と類似している．

以下では，巡回セールスマン問題に対する構成例を紹介する．現在保持している解集合 P に対し，

$$\tau_{ij} = \sum_{\substack{\{i,j\} \in E_{\text{tour}}(\sigma) \\ \sigma \in P}} \frac{1}{f_{\text{TSP}}(\sigma)}$$

$$q_{ij} = \exp\left(\frac{\tau_{ij}}{\sum_{\sigma \in P}(1/f_{\text{TSP}}(\sigma))} - 1\right)$$

と定義する．なお，$E_{\text{tour}}(\sigma)$ は (1.2) 式で定義した巡回路 σ に含まれる枝集合，$f_{\text{TSP}}(\sigma)$ は 1.2.1項で定義した巡回路の長さである．枝 $\{i,j\}$ が P の中のよい解に多く含まれていればいるほど τ_{ij} と q_{ij} の値は大きくなる．これらを用いて，多断片法 (2.1.3項) と類似の方法にランダム性を加えた以下の方法で初期解を生成する．ただし，多断片法では，枝を距離 d_{ij} の短い順に追加していったが，ここでは，d_{ij} の代わりに τ_{ij} を用い，大きい値を優先する点が異なる．アルゴリズム中，n は街の数，E は全枝の集合，E_{sol} は構築中の巡回路に含まれる枝集合，E_{cand} は τ_{ij} が正の値をとる枝の中で未走査のものを表す.

以下では，$E_{\rm sol}$ に枝 $\{i,j\}$ を追加しても 2.1.3 項の条件 1 と 2 をみたすとき，枝 $\{i,j\}$ のことを正当な枝と呼ぶ．

適応的多スタート法

ステップ 1 $E_{\rm sol} := \emptyset$, $E_{\rm cand} := \{\{i,j\} \mid \tau_{ij} > 0\}$ とする．

ステップ 2 $E_{\rm cand}$ に含まれる正当な枝の中で，τ_{ij} が最大となる枝を選び，それを $\{i,j\}$ とする．$E_{\rm cand} := E_{\rm cand} \setminus \{\{i,j\}\}$ とする．

ステップ 3 r を 0 以上 1 未満の実数よりランダムに選び，$r < q_{ij}$ ならば $E_{\rm sol} := E_{\rm sol} \cup \{\{i,j\}\}$ とする．

ステップ 4 $E_{\rm cand}$ に正当な枝が存在すれば，ステップ 2 に戻る．

ステップ 5 $|E_{\rm sol}| = n$ ならば $E_{\rm sol}$ を出力して終了．

ステップ 6 $E \setminus E_{\rm sol}$ の中から正当な枝をランダムに一つ選び，$E_{\rm sol}$ に追加する．ステップ 5 に戻る．

4.7 誘導局所探索法

誘導局所探索法 (guided local search) は，メタ戦略のステップ II-B の評価関数 $\tilde{f}$ の構成に工夫を加えた方法で，$\tilde{f}$ を適応的に変形することによって局所最適解からの脱出を実現するものである．すなわち，前回の探索で得られた局所最適解 x の構成要素 (例えば巡回セールスマン問題の枝など) の中でコストの大きいものにペナルティを付加する．次の探索では，この x を初期解とし，新しい評価関数を用いて単純局所探索法を行う．このとき十分なペナルティを与えると，新しい評価の下では x は局所最適解でなくなり，x からの探索が続行するので，x の近傍の中を，x を排除しつつ新しい視点で探索することができる．この方法は Voudouris と Tsang により提案された[199,205,206]．いくつかの適用事例において一定の性能が報告されている[116,199,206]．

誘導局所探索法の枠組の概略を以下にまとめておく．

誘導局所探索法

ステップ 1 すべての構成要素のペナルティを 0 とする．初期解 x を生成

する．
ステップ2 x を初期解とし，ペナルティによって修正された評価関数 $\tilde{f}$ を用いた単純局所探索法を適用して，$\tilde{f}$ の下での局所最適解 x' を得る．

ステップ3 x' に基づいてペナルティの値を修正する．

ステップ4 終了条件がみたされれば暫定解を出力して探索を終了する．そうでなければ，$x := x'$ とした後ステップ2に戻る．

このアルゴリズムを実現するには，解の構成要素をどう定義するか，ステップ2において評価関数をペナルティによってどのように変形するか，ステップ3においてペナルティをどう更新するかについて，問題に応じた工夫が必要となる．誘導局所探索法の提案者である Voudouris と Tsang は，これらのルールについても，もう少し具体的で，かつある程度汎用性のある方法を提示している[206]．しかし，具体例を用いたほうがわかりやすいので，以下では，巡回セールスマン問題を用いて説明する．

各枝 $\{i,j\}$ に対してペナルティ p_{ij} を用意し，$p_{ij} := 0$ と初期化する．ステップ2の評価関数としては，

$$\tilde{f}(\sigma) = f_{\text{TSP}}(\sigma) + \alpha \sum_{\{i,j\} \in E_{\text{tour}}(\sigma)} p_{ij} \tag{4.1}$$

を用いる．ここで，$\alpha\ (>0)$ はアルゴリズムのパラメータ，$E_{\text{tour}}(\sigma)$ は (1.2) 式で定義した巡回路 σ に含まれる枝集合，$f_{\text{TSP}}(\sigma)$ は 1.2.1 項で定義した巡回路の長さである．次に，ステップ3のペナルティの更新方法であるが，ステップ2で得られた，$\tilde{f}$ の下での局所最適解 σ' に対し，$E_{\text{tour}}(\sigma')$ の中で $d_{ij}/(1 + p_{ij})$ が最大となる枝 $\{i,j\}$ に対し，$p_{ij} := p_{ij} + 1$ とする．すなわち，前回の探索で得られた局所最適解に利用されている枝の中で，距離 d_{ij} が大きく，かつペナルティ p_{ij} がまだあまり大きくなっていないものにペナルティを追加するのである．α の値をある程度大きくとっておけば，ペナルティを更新した後の評価の下では σ' は局所最適解でなくなり，σ' からの局所探索が続行する．その結果，σ' の近傍の中で，ペナルティの大きな枝を含まないような解を探索することができる．

(4.1) 式の評価法は,解の構成要素さえ定めれば,そのまま他の問題にも応用できる.ステップ3のペナルティの更新方法も,選んだ構成要素にコストが直接結び付いているような問題であれば,そのまま利用できる.

重みづけ法　上のようなペナルティ更新ルールよりももっと単純な方法が,充足可能性問題 (1.2.3項) に対する**重みづけ法** (weighting method)[187]や制約充足問題に対する**脱出法** (breakout method)[150]として,誘導局所探索法よりも早い時点で提案されている.これらは,誘導局所探索法の特別な場合と捉えることができるので,ここで重みづけ法を紹介しておく.脱出法は,対象とする問題は異なるが,基本的には重みづけ法と同じアイデアである.

各節 C_i に対してペナルティ p_i を用意し,$p_i := 0$ と初期化する.また,解 $v \in \{0,1\}^n$ の評価値を

$$\tilde{f}(v) = \sum_{i=1}^{m}(1+p_i)(1-C_i(v)) \tag{4.2}$$

(小さいほどよい) とする.ペナルティは,現在の $\tilde{f}$ に関する局所最適解 v において,$C_i(v) = 0$ となる (すなわち充足されていない) 節すべてに対して $p_i := p_i+1$ と更新する.このように,局所最適解によって充足されていない節のペナルティを大きくしていくと,充足されにくい節のペナルティは充足されやすいものに比べて大きくなるので,局所探索法において単純な評価値 $\sum_{i=1}^{m}(1-C_i(v))$ を用いるよりも,問題の性質をよりうまく表現する評価関数が得られると考えられる.

4.8　評価関数摂動法

評価関数摂動法 (perturbation, noising method) は,単純局所探索法が局所最適解に到達したとき,評価関数にランダムな摂動を加えたものをあらためて評価関数に用いて局所探索を行うことで局所最適解からの脱出を図る.新しい評価関数を用いた局所探索が終了すると,今度は,新たに得られた局所最適解を初期解として,もとの評価関数を用いた局所探索を行う.このように,通常の評価関数とランダムな摂動を加えた評価関数を交互に利用して局所探索を行

う方法である．これは，メタ戦略のステップ II-B の評価関数に対する工夫の一つと捉えることができる．あるいは，ランダムな摂動を加えた評価関数による局所探索を初期解生成のアルゴリズムと捉えれば，ステップ I に工夫を加えた適応的多スタート法の一種と捉えることもできる (実際，Codenotti ら[36]はこのアルゴリズムを 4.3 節の反復局所探索法の一種と捉えて説明を行っている)．アルゴリズムの概略を以下にまとめる．アルゴリズム中，x_{seed} は，次の局所探索の初期解を生成するために利用される解を表す．

評価関数摂動法

ステップ 1 適当な解を初期解とし，$\tilde{f}$ を評価関数とした単純局所探索を行い，局所最適解 x を得る．$x_{\text{seed}} := x$ とする．

ステップ 2 評価関数 $\tilde{f}$ にランダムな摂動を加え，$\tilde{f}_{\text{rand}}$ を生成する．

ステップ 3 x_{seed} を初期解とし，$\tilde{f}_{\text{rand}}$ を評価関数として単純局所探索を行い，局所最適解 x' を得る．

ステップ 4 x' を初期解とし，もとの $\tilde{f}$ を評価関数として単純局所探索を行い，局所最適解 x を得る．

ステップ 5 $\tilde{f}(x) \leq \tilde{f}(x_{\text{seed}})$ ならば $x_{\text{seed}} := x$ とする．

ステップ 6 終了条件をみたせば，暫定解を出力して探索を終了する．そうでなければ，ステップ 2 に戻る．

評価関数に摂動を加える方法は，問題に応じていろいろ考えられる．その例として，以下，ユークリッド TSP (1.2.1 項) に対する単純な方法[36]を紹介する．ユークリッド TSP では，入力として n 個の街の平面上の座標が与えられ，街の間の距離は，それらのユークリッド距離で与えられる．通常の評価関数 $\tilde{f}$ には目的関数 f_{TSP} を用いる．このとき，ランダムな摂動は，各街 i に対して，適当に定めたパラメータ ε_i を用いて座標をランダムな方向に ε_i ずらすことによって実現される．すなわち，こうして得られた新たな座標に対するユークリッド距離による巡回路の長さを $\tilde{f}_{\text{rand}}$ とするのである．ε_i の定め方にはいろいろ考えられるが，Codenotti らは，解 x_{seed} において街 i に接続している 2 本の枝の (もとの) 距離の和の 0.15 倍とするのがよいと報告している．

評価関数摂動法は，Charon と Hudry[33]により提案された．評価関数に摂動

を与えるアイデアは，アルゴリズムは異なるが，Storer ら[190]によっても提案されている．なお，評価関数摂動法の特徴はステップ 2 と 3 にあるので，上記の枠組では，ステップ 5 における x_{seed} の選び方を単純なルールに限定したが，反復局所探索法と同様，様々なルールが可能である[33, 36]．評価関数 $\tilde{f}$ に加えるランダム性については，探索の初期には大きく設定しておき，反復とともに徐々に小さくしていく方法もある[33]．また，ステップ 3 の評価関数 $\tilde{f}_{\text{rand}}$ を用いた局所探索が対象とする探索空間は，$\tilde{f}$ を用いる場合の探索空間と異なってもよい．ただし，異なる探索空間を用いる場合は，2 つの探索空間の間での解の対応を定める写像を決めておく必要がある[36]．

4.9 探索空間平滑化法

探索空間平滑化法 (search space smoothing method)[84~86]は，単純局所探索法における局所最適解の移動がより滑らかになることを目的として，評価関数にあらかじめ定められた (ランダム性を含まない) 摂動を加える方法である．メタ戦略のステップ II-B の評価関数に対する工夫の一つと捉えることができる．

パラメータ $\alpha\,(\geq 1)$ を含む評価関数 $\tilde{f}^{(\alpha)}$ を，境界条件

$$\begin{array}{rcl}\tilde{f}^{(1)}(x) & = & \tilde{f}(x) \quad (\forall x \in \tilde{F}) \\ \tilde{f}^{(\infty)}(x) & = & c \quad\quad (\forall x \in \tilde{F})\end{array}$$

(ただし c は任意の定数) をみたすように定義する．$\alpha = 1$ では $\tilde{f}^{(\alpha)}$ はもとの評価関数と等しいが，$\alpha = \infty$ では $\tilde{f}^{(\alpha)}$ はどの解に対しても同じ値 c を返すので，極端に平滑化された関数となる．このような評価関数を利用して，α の値を変化させつつ局所探索を行うのである．α の値は，通常，アルゴリズムの進行とともに徐々に小さくしていき，最後は 1 になるように制御する．アルゴリズムの概略を以下にまとめる．

探索空間平滑化法
ステップ 1 適当な初期解 x を生成する．α を初期化する．
ステップ 2 x を初期解とし，$\tilde{f}^{(\alpha)}$ を評価関数として単純局所探索を行い，

局所最適解 x' を得る.

ステップ 3 終了条件をみたせば，暫定解を出力して探索を終了する．そうでなければ，$x := x'$ とし，α の値を更新して，ステップ 2 に戻る．

以下，巡回セールスマン問題に対する評価関数 $\tilde{f}^{(\alpha)}$ の例[86]を紹介する．街 i と j の間の距離 d_{ij} (ここでは $0 \leq d_{ij} \leq 1$ を仮定する) に対して $\bar{d} = \sum_{i \neq j} d_{ij}/(n(n-1))$ (平均距離) とし，

$$d_{ij}^{(\alpha)} = \begin{cases} \bar{d} + |d_{ij} - \bar{d}|^{\alpha}, & d_{ij} \geq \bar{d} \\ \bar{d} - |d_{ij} - \bar{d}|^{\alpha}, & d_{ij} < \bar{d} \end{cases}$$

と定義する．そして $\tilde{f}^{(\alpha)}$ を巡回路に含まれる枝 $\{i,j\}$ の $d_{ij}^{(\alpha)}$ の総和と定義する．図 4.4 に，$\bar{d} = 0.5$ としたときの d_{ij} に対する $d_{ij}^{(\alpha)}$ の変化の様子を示す．探索の初めには α を十分大きく設定しておくと，すべての i と j に対し $d_{ij}^{(\alpha)}$ はほとんど等しい．そのあと単純局所探索法が局所最適解で止まるたびに α を徐々に小さくしていくと $d_{ij}^{(\alpha)}$ は d_{ij} に近づく．

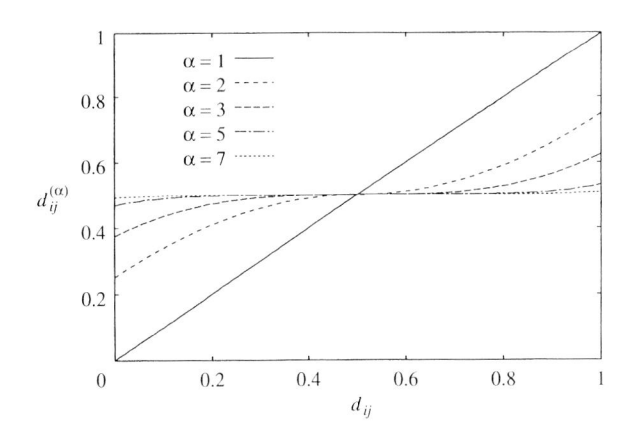

図 4.4 d_{ij} に対する $d_{ij}^{(\alpha)}$ の変化の様子 (ただし，$\bar{d} = 0.5$)

この変形距離を用いることによって，探索の初めにコストに大きな影響を与える解の構造を大雑把に把握し，そのあと徐々に細かい構造を修正していくことができる．この探索空間の平滑化のイメージを図 4.5 に示す．上の図はもとの

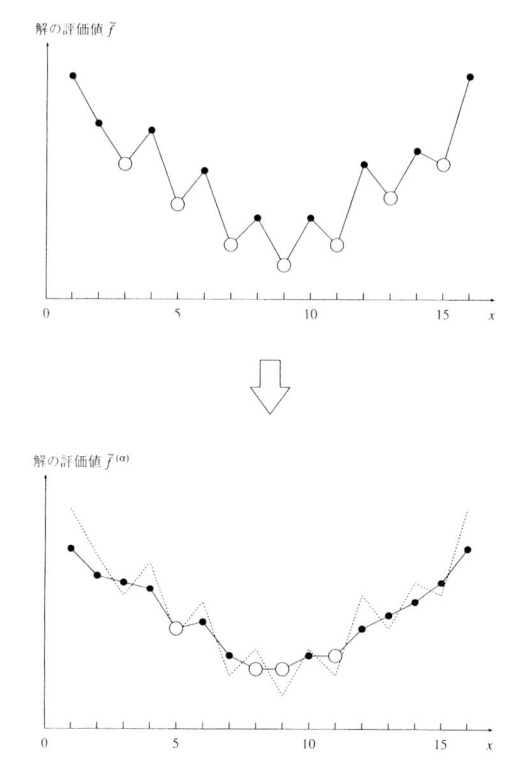

図 4.5 探索空間の平滑化 (破線はもとの評価関数 $\tilde{f}$ を表す)

評価関数 $\tilde{f}$, 下の図はパラメータ α によって小さな凹凸をなくして平滑化した評価関数 $\tilde{f}^{(\alpha)}$ を表す. なお, 下の図の破線は, もとの評価関数 $\tilde{f}$ を表す. 図では, 平滑化した探索空間における探索により, 図の中央当りによい解が集中しているという情報が得られるのである.

ステップ 1 と 3 の α の制御方法としては, 例えば文献[86]に, ステップ 2 と 3 の反復回数をあらかじめ r と定めておき, 反復ごとの α の値を

1) $r, r-1, r-2, \ldots, 2, 1$ とする,

2) $r, r/2, r/3, \ldots, r/(r-1), 1$ とする,

という 2 つの方法が提案されている. これらの比較を, 巡回セールスマン問題を対象として行った結果も同文献に報告されており, それほど大きな差はなかっ

たと結論されているが，サイズの小さな問題例に対する限られた計算結果であるため，追試が必要と思われる．図4.4のグラフより観測できるように，α の値が大きくなると，$d_{ij}^{(\alpha)}$ は急激に $\bar{d}$ に近づき，$\alpha = 7$ ではほぼ $d_{ij}^{(\alpha)} \simeq \bar{d}$ である．よって，α の初期値には，10程度の十分小さい値を選ぶ必要がある．また，$\alpha = 1$ と 2 では $d_{ij}^{(\alpha)}$ の値は大きく異なるのに対し，$\alpha = 5$ と 7 では $d_{ij}^{(\alpha)}$ の値はほとんど変わらない．よって，直感的には，上記の方法1)よりも，方法2)のように，α の値が1に近づくほど変化量を小さくするような制御法のほうがよいと予想される．なお，平滑化した評価関数には，本節で紹介したもの以外にも様々な定義が可能であるが，そのようないくつかを比較した計算結果の報告もある[40]．

4.10 アニーリング法

アニーリング法 (simulated annealing, SA法，正確には**模擬アニーリング法**) は，現在の解 x の近傍 $N(x)$ 内の各解 x' に，解のよさに応じた遷移確率(よい解ほど移行しやすい)を設定し，それに従って次の解を選ぶ．改悪解であっても遷移する確率を与えることにより，局所最適解からの脱出を図るものである．メタ戦略のステップII-Cの移動戦略に工夫を加えた方法の一つと捉えることができる．遷移確率は，物理現象の**焼きなまし** (annealing) にアイデアを借りて，**温度** (temperature) と呼ばれるパラメータ t により調整される．アルゴリズムの概要を以下にまとめる．

アニーリング法
ステップ1 初期解 x を生成する．また，初期温度 t を定める．
ステップ2 以下のステップa, bおよびcを，ループの終了条件がみたされるまで反復する．
    a $N(x)$ 内の解をランダムに一つ選び x' とする．
    b $\Delta := \tilde{f}(x') - \tilde{f}(x)$ とする (x' が改悪解ならば $\Delta > 0$)．
    c $\Delta \leq 0$ ならば確率1，そうでなければ確率 $e^{-\Delta/t}$ で $x := x'$ (解 x' を受理) とする．

ステップ 3 反復の終了条件がみたされれば暫定解を出力して探索を終了する．そうでなければ，温度 t を更新した後ステップ 2 に戻る．

図 4.6 に評価関数値の差 Δ に対する受理確率 $e^{-\Delta/t}$ を示す．温度 t は，通常，探索の初期の段階では高めに設定しておき (すなわち，ランダムな移動が生じやすい)，探索が進むにつれて徐々に小さくしていく．$t \to 0$ の極限では，アニーリング法の動作は通常の単純局所探索法と同じになる．

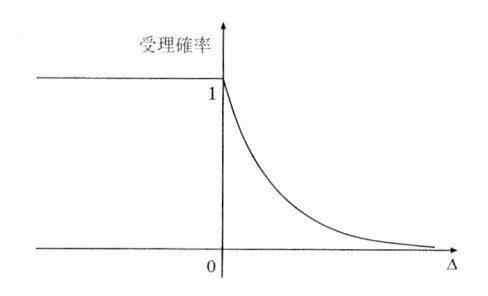

図 4.6 アニーリング法における解の受理確率 $e^{-\Delta/t}$

図 3.2 のような 1 次元の探索空間における，アニーリング法の動作の様子を図 4.7 に示す．改悪解への移動を確率的に行うので，ときどきは逆戻りすることもあるが，解の評価値に応じた遷移確率を導入しているので，小さな山を乗

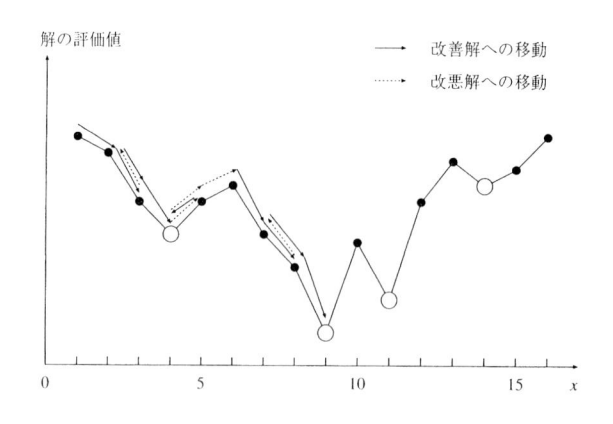

図 4.7 アニーリング法の進行の様子

り越えつつ，大局的にはよりよい解へと探索が進んでいくのである．アニーリング法は Kirkpatrick ら[117]，および Černý[31] により提案された．

アニーリング法の具体的なアルゴリズムを実現するには，
- ステップ1の初期温度の定め方，
- ステップ2のループの終了条件，
- ステップ3の温度の更新方法と探索の終了条件，

を定める必要がある．以下では，これらの詳細について説明する．なお，簡単のため，一つの初期解から始めて，ステップ3の終了条件がみたされればアルゴリズムを終了するという枠組を用いたが，もちろん，ステップ1から3を何度も反復する多スタート法も可能である．その場合，3.3節や3.4節で紹介した様々な初期解生成法との組合せが考えられるが，初期解にある程度よい解を用いる場合は，初期温度を低く設定しておくのが自然である．

初期温度の定め方　ステップ1の初期温度は，問題例ごとに適切な値が大きく異なるため，定数に固定しておくのは望ましい方法とはいえない．通常は，p_{init} $(0 < p_{\text{init}} < 1)$ をパラメータとして与え，探索の初期の段階で，生成した解の中で受理されるものの割合が p_{init} 程度となるように初期温度 t を定める方法が用いられる．p_{init} のほうが，適正な値に対する一般的な知見を得やすいからである．p_{init} からそれを実現する温度 t を求めるには，t の値を適当に与えた上で実際にアニーリング法の初期段階を実行するという試行を，t の値を変えながら何度か反復すればよい (通常は t に対する2分探索法を利用する)．

ループの終了条件　ステップ2のループの終了条件として，最も簡単なものは，α_{loop} (> 0) をパラメータとして与え，ループを $\alpha_{\text{loop}} \cdot |N(x)|$ 回反復したら終了するというものである．これに対して，以下の工夫が加えられる場合もある．温度が高いときには，解が受理される確率が高いため，探索がランダム・ウォークに近い動作をするが，このような状態で一つの温度での探索を長く行っても無駄が多いと思われる．そこで，α_{loop} より小さなもう一つのパラメータ α_{cut} (> 0) を用意し，ループの中で受理された解の数が $\alpha_{\text{cut}} \cdot |N(x)|$ に到達したら，$\alpha_{\text{loop}} \cdot |N(x)|$ 回の反復が終るよりも前にループを抜けるというルールを加えるのである．

温度の更新方法　ステップ3の温度の更新方法は，**冷却スケジュール** (cooling schedule) と呼ばれ，様々な方法が提案されている[37]．最も簡単で，かつ実用的とされているのは，パラメータ β_{temp} ($0 < \beta_{\text{temp}} < 1$) を用意し，$t := \beta_{\text{temp}} \cdot t$ と更新する方法で，**幾何冷却法** (geometric cooling) と呼ばれる．これにもう少し適応的な要素を加えた方法もある．アニーリング法の動作は，温度が高いときにはランダム・ウォークに近くなり，温度が低いときには単純局所探索法と同様になる．よって，アニーリング法の効果が現れるのは，温度がこれらの中間にあるときであると考えられる．そこで，これまでの探索において暫定解が見つかった時点の温度 t_{found} を記憶しておき，暫定解がしばらく更新されないときは温度を $t := t_{\text{found}}$ と，一旦高くするなどの方法が考えられている．

なお，アニーリング法に対しては，ある仮定の下で最適解への漸近収束性が知られているが (7.1節参照)，このような収束性を保証するためには，温度を下げる速度を十分遅くする必要がある．そのような冷却スケジュールの一つとして，解を一つサンプルするたびに温度を下げ (すなわちステップ2のループを必ず1回で終了する)，第 k 反復での温度を，c を十分大きな定数として $c/(\log(k+1))$ と定める方法がある．これは**対数冷却法** (logarithmic cooling) と呼ばれる．しかし，この方法は，温度がなかなか下がらず，実用性がないことが知られている．現実の計算では，簡単で一定の性能が期待できる幾何冷却が用いられることが多い．

ステップ2のループの終了条件と，ステップ3の温度の更新方法とは密接に関係している．すなわち，ループの反復回数を小さくする代わりに，温度を下げる速度を遅くすれば，大体同様の結果が得られる．よって，例えば冷却スケジュールに幾何冷却を用いる場合には，β_{temp} を 0.95 などのよく用いられている値に固定しておき，α_{loop} のみを調整すれば，パラメータ調整の手間が省け，しかもある程度の性能が期待できる．これとは逆に，ステップ2のループの反復回数を例えば1回に固定しておき，温度の更新ルールだけで調整を行う方法も考えられる．しかし，通常，近傍を十分探索するには，解をサンプルする回数が $|N(x)|$ に比例する程度は必要なので，β_{temp} のみで調整を行おうとすると，問題例のサイズが変わるたびに調整し直す必要が出てくる．よって，後者においてもループの反復回数を $|N(x)|$ に比例する程度は取っておくほうが，パ

ラメータの調整が容易と思われる.

探索の終了条件　ステップ 3 では,温度が十分低くなったと判定されれば,探索を終了する.一つのルールとして,2 つのパラメータ p_{freeze} と r_{freeze} ($0 < p_{\text{freeze}} < 1 \leq r_{\text{freeze}}$) を用意し,ステップ 2 のループの中で生成された解が受理される頻度が p_{freeze} 以下となるような反復が r_{freeze} 回続いたら終了するというルールが考えられる.別のルールとして,パラメータ α_{freeze} (> 0) を用意し,f の値を真に小さくする解への移動が $\alpha_{\text{freeze}} \cdot |N(x)|$ 回続けて起こらなければ終了するというものも可能である.

その他の考察　上記の枠組のステップ 2-a では,簡単のため,近傍内の解を試行ごとに独立にランダムに選ぶとしている.漸近収束などの理論的な解析には,このような単純なモデルのほうが都合がいいが,現実には,これをそのまま実現し,反復のたびに解を独立にランダムに選ぶと効率が悪い.その理由は,独立なランダム試行では,同じ解を繰り返し選ぶ確率が結構高いからである.例えば,近傍 $N(x)$ の中に改善解が丁度一つあるという状況を考える.解をランダムに選ぶ試行を独立に $k|N(x)|$ 回繰り返したときに,改善解を一度も選ばない確率は $(1-1/|N(x)|)^{k|N(x)|} \simeq e^{-k}$ となるが,e^{-k} の値は,$k=1$ で 0.37, $k=2$ で 0.14, $k=3$ で 0.050, $k=4$ で 0.018 と,かなり大きい.すなわち,近傍のサイズの数倍程度の試行を繰り返しても,望ましい解が一度も選ばれない確率は無視できないほど大きいのである.このような問題点を回避するため,近傍内の全解を一度ずつ探索するランダムな順序をあらかじめ定めておき,この順序に従って解を抽出する方法がしばしば用いられる.

ステップ 2-a において,近傍の中から解 x' を単にランダムに選ぶのではなく,近傍の一部を探索した後,その中の最良解を x' とする方法も可能である.

アニーリング法は非常に単純な枠組であるが,このように様々な変形が可能である.より詳しくは解説記事などを参照いただきたい[1,3,118,180].また,アニーリング法には調整すべきパラメータが多い.これらのパラメータに対するアルゴリズムの振舞いを調べた詳細な実験の報告が Johnson ら[111]によりなされているので,アニーリング法を実装しようとする場合には一読されることをお薦めする.この文献には,アニーリング法の高速化や温度の冷却スケジュールな

ど，様々なバリエーションに対する実験結果も報告されている．

4.11 閾値受理法と大洪水法

本節では，アニーリング法に類似の方法として，**閾値受理法** (threshold accepting, TA 法) と**大洪水法** (great deluge algorithm, GDA 法) を紹介する．いずれも，アニーリング法と同様，メタ戦略のステップ II-C の移動戦略に対する工夫である．

閾値受理法　まず，閾値受理法の枠組の概要を以下にまとめる．アルゴリズム中，τ (≥ 0) は探索を制御するパラメータで，**閾値** (threshold) と呼ばれる．

閾値受理法
ステップ 1　初期解 x を生成する．また，初期閾値 τ を定める．
ステップ 2　以下のステップ a, b および c を，ループの終了条件がみたされるまで反復する．
　　a　$N(x)$ 内の解をランダムに一つ選び x' とする．
　　b　$\Delta := \tilde{f}(x') - \tilde{f}(x)$ とする (x' が改悪解ならば $\Delta > 0$)．
　　c　$\Delta < \tau$ ならば $x := x'$ (解 x' を受理) とする．
ステップ 3　反復の終了条件がみたされれば暫定解を出力して探索を終了する．そうでなければ，閾値 τ を更新した後ステップ 2 に戻る．

閾値 τ は，アニーリング法における温度 t と同様に，探索の初期の段階では大きめに設定しておき，探索が進むにつれて徐々に小さくしていく．動作の様子は，アニーリング法と似ている．閾値 τ の制御には，アニーリング法の温度と同様の制御が可能であるので，詳しい説明は省略する．この方法は，Dueck と Scheuer により提案された[51]．

アニーリング法では，ステップ 2-c において，確率を表す指数関数の計算と乱数の発生をそれぞれ 1 回行う必要があるが，閾値受理法ではそれらが不要となる．それゆえ，各反復での計算が多少効率化されるというのが提案者の主張である[51]．しかし，アニーリング法の指数関数の計算は，例えば Johnson らが

試みているような近似計算法[111,112]によって高速化が可能なので，あまり大きなメリットとはいえない．また，閾値受理法が提案された文献で対象となっていた巡回セールスマン問題に対しては，その後の研究で，アニーリング法に比べて必ずしもよいとはいえないという悲観的な報告もある[112]．しかし，得られた解の精度がアニーリング法に比べて極端に悪いというわけではない．物理現象のアナロジーにとらわれず，簡単なルールでアルゴリズムを作っても，似た性能が得られることを指摘したところにおもしろさがある．

大洪水法 アルゴリズム中，ω は探索を制御するパラメータで，**水位** (water level) と呼ばれる．ω は，探索の始めには十分大きい値にしておき，反復ごとに，新たに採用された x の評価値と現在の ω の値の間の適当な値に更新することによって，徐々に小さくしていく．Δ_ω はこのときの水位 ω の変化量を表すが，この値の定め方については後述する．

大洪水法

ステップ 1 初期解 x を生成する．また，初期水位を $\omega := \tilde{f}(x)$ と定める．

ステップ 2 $N(x)$ 内の解をランダムに一つ選び x' とする．

ステップ 3 $\tilde{f}(x') \leq \omega$ ならば $x := x'$ (解 x' を受理) とし，さらに水位を $\omega := \omega - \Delta_\omega$ と下げる．($\tilde{f}(x') > \omega$ ならば何もしない．)

ステップ 4 終了条件がみたされれば暫定解を出力して探索を終了する．そうでなければステップ 2 に戻る．

図 3.2 のような 1 次元の探索空間における，大洪水法の動作の様子を図 4.8 に示す．ただし，大洪水法の名前の由来の説明のため，この図のみ評価値の大小を逆にして，評価値が大きいほどよいとしている．水位 ω よりも下への移動が禁止されているため，大きな改悪は起こらないが，水位 ω よりも上であれば，改悪解への移動も許されるので，小さな谷ならば乗り越えることができるのである．計算の進行とともに大域的によい解へ収束していくことが期待できる．大洪水 (great deluge) で水位が増してくるとき，できるだけ高い山に逃れたいが，水位より下には移動できない人間の行動を想定してこの名前がつけら

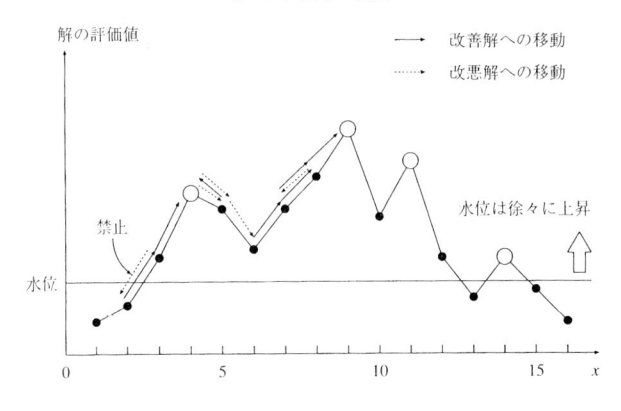

図 4.8 大洪水法の進行の様子 (評価値は大きいほどよい)

れている. この方法は Dueck により提案された[50]．

ステップ 3 の Δ_ω (最大化問題のアルゴリズムとして考えると水位が上がる量に対応するので, rain speed と呼ばれる) は, 定数のパラメータとして与えてもよいが,

1) $\Delta_\omega := \alpha(\omega - \tilde{f}(x'))$,
2) $\Delta_\omega := \beta \tilde{f}(x')$,

なども考えられる. なお, α と β ($0 < \alpha \leq 1, 0 < \beta \leq 1$) はアルゴリズムのパラメータである. また, これら 2 つを組み合せて, 1) と 2) による値のうち, 大きい方をあらためて Δ_ω とするという方法も考えられる. いずれの方法を用いる場合でも, $\omega < \tilde{f}(x')$ となってしまうと, 解の移動を行う条件が単純局所探索法よりも厳しくなってしまうので, 平均的には $\Delta_\omega \ll \omega - \tilde{f}(x')$ が成り立つよう (右辺は 0 になり得るので常に成立させる必要はない), 注意してパラメータを設定する必要がある.

Dueck は, さらに, これまでの探索中に得られた $\tilde{f}$ の最良値に定数を加えたものを水位とする, 大洪水法の変形 (大洪水法の特別な場合とも理解できる) を提案し, record-to-record travel 法と名付けている[50]．

このように, 大洪水法は, 閾値受理法よりもさらに簡単なルールになっているが, 巡回セールスマン問題に対し, アニーリング法と同程度かややよい性能が得られるとの報告もある[112]．この他にも, 閾値受理法と大洪水法を他のメタ

戦略と比較した実験結果がいくつか報告されている[4, 130, 189, 202].

4.12 タブー探索法

タブー探索法 (tabu search, TS 法) は，近傍 $N(x)$ 全体 ($|N(x)|$ が大きい場合は一部に限定する場合もある) の中で，x 以外の最良の解を次の解として選ぶ．このルールにより，現在の解 x が局所最適解であっても他の解への移動が強制される．

ところで，現在の解 x が局所最適解である場合，x から他の解 $x' \in N(x)$ に移った後，同様の操作で $N(x')$ 内の最良の解を求めると，再びもとの x に戻る可能性が高い．一般に，探索がいくつかの解を経由して，もとに戻ることを**サイクリング** (cycling) と呼ぶ (図 3.14)．タブー探索法では，このサイクリングを避けるために，**タブーリスト** (tabu list, **短期メモリ** (short term memory, recency based memory) とも呼ぶ) と呼ばれる解集合 T を用意し，これに含まれる解への移動を禁止する．すなわち，$N(x) \setminus (\{x\} \cup T)$ 内の最良の解へ移動する．これは，メタ戦略のステップ II-C の移動戦略に対する工夫の一つと捉えることができる．

タブー探索法では，さらに，特定の変数を変更した頻度や，特定の変数がある値をとり続けた期間の長さなど，探索解の特徴を長期間に渡り記憶しておくことにより，未探索の領域へ探索を方向づけようとする手法を組み合せて用いることが多い．このような探索履歴は，短期メモリに対して**長期メモリ** (long term memory) と呼ばれる．タブー探索法は，短期メモリ (タブーリスト) に基づく基本構成に加えて長期メモリを利用することによって，探索の集中化と多様化の両方を組み合せるのがよいとされている．しかし，タブー探索法の名前が，タブーリストによって逆戻りの動作を「禁止する」(=tabu) ところに由来するため，タブー探索法というと，タブーリストに基づく基本的な構成を指すことが多い．そこで，長期メモリに基づく様々な手法をとくに**適応メモリ戦略** (adaptive memory programming) と呼ぶこともある[74]．メタ戦略のステップ I, II-A, II-B および II-C のそれぞれに対して適応メモリ戦略の様々なアイデアを組み込むことが可能である．

本節では4項に分けて、まず、最初の3項でタブー探索法の基本構成を説明した後、第4項において適応メモリ戦略の主要なアイデアを紹介する。TS法はGloverにより提案された[69,70]。なお、tabu searchの言葉を初めて用いたのは、1986年の文献[69]であるが、TS法の基本となる考え方は、例えば1977年の文献[68]など、より早い時期にすでに提案されている。タブー探索法についてさらに詳しく知るには、解説記事や本が多数あるので[74,77~79,92]、それらを参照いただきたい。

4.12.1 タブー探索法の基本構成

タブー探索法は、タブーリスト T を用意し、$N(x) \setminus (\{x\} \cup T)$ 内の最良の解へ移動することを基本動作とする。タブー探索法の枠組をまとめておく。

タブー探索法 (基本構成)

ステップ1 初期解 x を生成する。タブーリスト T を初期化する。

ステップ2 $N(x) \setminus (\{x\} \cup T)$ の中で最も望ましいと考えられる解 x' を見つけ、$x := x'$ とする。

ステップ3 終了条件がみたされれば暫定解を出力して探索を終了する。そうでなければ、タブーリスト T を更新した後ステップ2に戻る。

タブーリスト T は、最近探索した解が含まれるように動的に制御される。タブーリスト T の構成法、およびステップ2における x' への移動法の詳細については4.12.2項と4.12.3項でやや詳しく述べる。タブー探索法のステップ3の終了条件は、

- あらかじめ定められた反復回数で終了する、
- あらかじめ定められた反復回数の間に暫定解の更新がなければ終了する、

などの規則が用いられる。

4.12.2 タブーリストの構成

タブーリスト T には、最近探索した解を直接記憶するのが一つの方法であるが、この場合、データ構造をとくに工夫しなければ、生成した解が T に含まれるかどうかの確認に時間がかかる。(ハッシュ法[103]を利用すれば高速に確認

きるが，実現はやや面倒である．）また，サイクリングを防ぐのに十分な効果が得られない場合もある．そこで，通常は，解をそのまま記憶するのではなく，最近の近傍操作において移動の前と後で値の変わった変数や，変数とその値のペアなどを記憶しておき，

- T 内の変数の値を変更することを禁止する，
- T 内の変数の値が変更前の値に戻ることを禁止する，

などのルールが用いられる．このようなルールに利用される移動の特徴を**属性** (attribute) と呼ぶ．属性の具体的な定め方については，後でいくつかの例を与える．T に記憶される属性の集合も，禁止解の集合と同様の役割を持つので，タブーリストと呼ばれる．

なお，このような禁止規則を探索の間中保持し続けると，移動できる解がいずれなくなってしまうので，**タブー期間** (tabu tenure) と呼ばれるパラメータ t_{tabu} を用意し，一つの属性がタブーリストに入ってから t_{tabu} 回反復すると，それをタブーリストから除くようにする．ただし，ステップ 2 の解の移動を 1 回行い，ステップ 3 においてタブーリストの更新を行うまでを 1 反復と数える．属性に基づくタブーリストは，問題や近傍の構造をよく考えて構成する必要がある．以下，タブーリストの構成例をいくつか紹介する．

最大充足可能性問題で 1 反転近傍 $N_{1\text{-flip}}$ (2.2 節参照) を用いた場合は，以下のような規則が考えられる．

禁止規則 1 移動の前と後で変数 v_i の 0-1 割当が変更されたとき，添字 i をタブーリストに記憶する．タブーリストに含まれるすべての添字 i について，v_i の値の変更を禁止する．

この場合，属性は各添字である．2 反転近傍 $N_{2\text{-flip}}$ を用いた場合は，例えば以下の 2 通りが考えられる．

禁止規則 2 移動の前と後で 0-1 割当が変更された変数の添字すべてをタブーリストに記憶する．すなわち，v_i の値が変更されたときは添字 i を，v_i と v_j の 2 つの値が変更されたときは添字 i と j の両方をタブーリストに加える．そして，タブーリストに含まれるすべての添字 i について v_i の値の変更を禁止する．

禁止規則 3 移動の前と後で 0-1 割当が変更された変数の添字の集合をタブー

リストに記憶する．すなわち，v_i のみの値が変更されたときは集合 $\{i\}$ を，v_i と v_j の2つの値が変更されたときは集合 $\{i,j\}$ をタブーリストに加える．そして，タブーリスト内の添字集合に対し，0-1 割当が変更される変数の添字集合が一致する移動を禁止する．

すなわち，$N_{\text{2-flip}}(v) \setminus N_{\text{1-flip}}(v)$ の解への移動において，禁止規則2では，タブーリスト内の変数を一つでも含む変更を禁止するが，禁止規則3では，タブーリスト内の変数のペアに対し同じペアを変更することを禁止する．よって，禁止規則2のほうが制限が大きい（すなわち，一つの属性によってより多くの解が禁止される）．$N_{\text{2-flip}}$ のように，変数のペアが移動の対象となる場合は，禁止規則2のようなルールでは制限が大きすぎて十分な探索が行われず，禁止規則3のようにペアを対象とするルールのほうが性能がよい場合が多い．

1機械スケジューリング問題や巡回セールスマン問題において，順列に対する交換近傍 N_{swap} を用いた場合は，上述の禁止規則2や3のような添字を用いた規則も可能であるが，一つの添字 k に対して $\sigma(k)$ の取り得る値が多数あることを考慮して，以下のような規則も可能である．

禁止規則4 移動の前後で順列 σ の k 番目と l 番目の要素が交換されたとする．このとき，添字と要素の（順序つき）ペア $(k, \sigma(k))$ と $(l, \sigma(l))$ をタブーリストに記憶する．そして，タブーリストにペア (k, i) が存在する場合には，順列の k 番目の要素が i となる移動を禁止する．

この場合の属性は，添字と要素のペアである．

次に，巡回セールスマン問題における 2-opt 近傍 $N_{\text{2-opt}}$ を考える．このとき，交換の対象となった枝のペアに対して禁止規則3のようなルールを用いることもできるが，移動によって枝が解に加えられることと枝が解から除かれることが対称的でないことを考慮して，以下のような規則が考えられる．

禁止規則5 移動によって解に加えられた枝をタブーリストに記憶する．そして，タブーリストに入っている枝を解から除くような移動を禁止する．

禁止規則6 移動によって解から除かれた枝をタブーリストに記憶する．そして，タブーリストに入っている枝を解に加えるような移動を禁止する．

これらの規則は，2-opt 近傍に限らず，一般の λ-opt 近傍にもそのまま適用できる．これらの属性はともに枝である．また，タイプの異なる禁止規則が複数

考えられるときは，それぞれのタブーリストを準備し，そのいずれかで禁止される移動を禁止することも可能である．ただし，この場合は，通常，パラメータ t_{tabu} をそれぞれのタブーリストに対して別々に調整する必要がある．例えば，街の数 n に対し，枝の候補の数は $\binom{n}{2} = O(n^2)$ あるが，巡回路に使われる枝の数は n なので，禁止規則5と6では5のほうがより強い制約となる．よって，禁止規則5に対する t_{tabu} よりも禁止規則6に対する t_{tabu} のほうを長めにするのが適切と思われる．

さて，属性に基づくタブーリストの例をいくつか紹介したが，これらを実現する際，属性のリストをそのまま保持し，解を探索するたびにそのリストを走査するのでは効率が悪いので，通常は以下のような方法がとられる．簡単のため，禁止規則1を例にとり説明を行うが，大抵の規則に対して適用可能である．まず，大きさ n の配列 $\mu = (\mu_1, \ldots, \mu_n)$ を用意し (n は変数の個数)，すべての j に対して $\mu_j := -\infty$ と初期化する．探索が始まった時点からの反復回数 c をカウントしておき，反復回数 c における解の移動の際に変数 v_j の値が変更されたら，$\mu_j := c$ と更新するのである．こうすると，各反復において，変数 v_j の値を変更する移動が禁止されているかどうかを調べるには，

$$(そのときの反復回数 c) - \mu_j \leq t_{\mathrm{tabu}}$$

が成立すれば禁止されていると判定すればよい．この判定は，t_{tabu} の値に関わらず，$O(1)$ 時間でできる．なお，タブー探索法の性能は，タブー期間の値 t_{tabu} に対して非常に敏感であることが知られている．そこで，このパラメータを自動調整しようとする試みもある．この話題については，5.10節で紹介するが，このように t_{tabu} が探索中に変化する場合でも，上記の判定法は右辺の値をそのつど変更するだけで対応できる．

4.12.3 タブー探索の移動戦略

タブー探索法のステップ2の移動法の中で，最も基本的な方法は，
- $N(x) \setminus (\{x\} \cup T)$ の中で評価値 $\tilde{f}$ が最良の解 x' を見つけ，$x := x'$ とする，

というものである．多くのタブー探索はこのルールを採用しているが，細部に

ついては様々な工夫が加えられる．

その一つは，タブーリストによって禁止されている解 $x' \in N(x) \cap T$ でも，
- 解 x' を採択してもサイクリングが起こらない，
- 解 x' を採択することに十分意味がある，

と判断される場合には，(タブーを犯して) その解への移動を実行するというものである．このようなルールを**特別選択基準** (aspiration criteria) と呼ぶ．特別選択基準として最も簡単で，かつよく利用されるのは，
- x' は実行可能解かつ目的関数の値 $f(x')$ が暫定値を更新する，
- 評価関数の値 $\tilde{f}(x')$ がこれまで探索したどの解よりも小さい，

などである (探索空間と評価関数 $\tilde{f}$ の定義によってはこれら2つは等しい場合もある)．

次に，1回の移動にかかる時間を短縮するための工夫について述べる．まず，近傍をすべて調べたのち最良解を得る場合を考える．近傍内のすべての解を調べるにはかなり時間がかかるので，この部分に対する工夫はきわめて重要である．近傍が大きい場合や近傍内の解のコストを計算するのに時間がかかる ($O(1)$ 時間でできない場合は時間がかかると考えたほうがよい) 場合には，とくに注意を要する．この部分の高速化には，問題ごとに工夫が必要となるが，局所探索法の構成法に関わる一般的な話題なので，本節ではこれ以上は述べず，5.4節でいくつか例を紹介する．

近傍探索の計算時間を短縮する汎用的な方法として，$N(x) \setminus (\{x\} \cup T)$ 全体ではなく，その中の見込みのありそうな候補解に探索を絞り，その中の最良解に移動するというものがある．これは，**候補リスト戦略** (candidate list strategy) と呼ばれる．いくつかのアイデアが提案されているが[78]，ここでは比較的単純な**限定選択戦略** (aspiration plus strategy) と呼ばれるものを紹介しておく．パラメータとして，$\alpha_{\min}, \alpha_{\max}, \alpha_{\text{plus}}$ および β ($0 < \alpha_{\min} < \alpha_{\max} < 1$, $0 < \alpha_{\text{plus}} < 1, \beta \geq 0$) を用意する．$x$ の近傍内の解をランダムな順序で調べていき，$\tilde{f}(x') - \tilde{f}(x) \leq \beta$ をみたす解 x' が初めて見つかった時点から，さらに $\alpha_{\text{plus}} \cdot |N(x)|$ 個の解を探索し，それまでに見つかった最良の解に移動する．ただし，この探索によって調べた解の個数が $\alpha_{\min} \cdot |N(x)|$ 個にみたない場合は，その個数に達するまでさらに探索を続け，逆に，調べた解の個数が $\alpha_{\max} \cdot |N(x)|$

個に達した場合は，その時点で近傍の探索を打ち切り，そこまでに見つかった最良解に移動する．

一方，移動戦略の変形として，$N(x) \setminus (\{x\} \cup T)$ 内の最良解に限定せず，上位の解をいくつか取りだし，それらに評価値に応じた確率を与えてランダムに選ぶという方法もある．このような変形は**確率的タブー探索法** (probabilistic tabu search) と呼ばれる．

4.12.4 適応メモリ戦略

本項では，タブー探索法の枠組 (4.12.1 項) に組み合せて利用される適応メモリ戦略の様々なアイデアを紹介する．適応メモリ戦略は，過去の探索で得られた情報をいろいろな形で保存しておき，将来の探索に利用する手法の総称である．これらの手法で利用される探索の履歴情報は，総称して長期メモリと呼ばれる．長期メモリは，探索の集中化と多様化を実現するための幅広い情報を提供する．

長期メモリ　長期メモリの代表例として，**頻度メモリ** (frequency based memory) がある．ある変数が解の移動において変更された頻度や，ある変数が特定の値をとっていた頻度を保存しておくのである．前者のタイプを transition measure，後者のタイプを residence measure と呼ぶ．これらの情報を，タブー探索の最中に利用したり，タブー探索が一旦終了した後，多スタートする際に利用したりする．次の 2 法が代表的である．

利用法 1　ある特定の変数の値が過去の探索で頻繁に変更されている場合は，長い周期でのサイクリングが起こっていると判断し，その変数の値を変更することに対してペナルティを与える．

利用法 2　初期解をランダムに，または欲張り法を用いて生成する．その際，これまでの探索において，ある変数が特定の値をとっていたときの解の平均精度が高い (低い) と判断された場合，あるいは，ある変数が特定の値をとっていた期間が短い (長い) と判断された場合には，そのような割当が選ばれやすく (選ばれにくく) なるように，確率に傾斜をかけたり，欲張り法の局所評価に変更を加える．

利用法1は，多様化を目的としており，通常，解の評価値にそのような変数のペナルティ項を重みつきで加えることで実現されるが，ペナルティが大きすぎると，よい解を探索する能力がかえって低くなってしまうので，注意を要する．その場合には，ペナルティ項の重みを小さくするとか，探索の多様化が必要と思われるとき(局所最適解からの脱出を行うときや暫定解が比較的長い間更新されないときなど)のみにペナルティ項を加えるなどの方法がとられる．利用法2は，探索の集中化と多様化の両方に利用できるアイデアである．いずれも漠然とした考え方なので，具体的な実現方法はいろいろ考えられる．

なお，4.5節のアント法，4.6節のBoeseらによる適応的多スタート法，および4.7節の誘導局所探索法は長期メモリの利用例と捉えることができる．例えば，巡回セールスマン問題に対するアント法やBoeseらの方法では，過去の探索で得られた局所最適解はすべてよい解であると判断して，局所最適解に多く含まれる枝 $\{i,j\}$ ほど τ_{ij} の値が大きくなるようにしておき，τ_{ij} の大きな枝を優先するルールを用いて初期解を生成している．これは集中化の一つの実現法である．一方，誘導局所探索法では，過去の探索で得られた局所最適解に何度も含まれる枝 $\{i,j\}$ ほど p_{ij} が大きくなるようにしておき，p_{ij} を枝 $\{i,j\}$ のペナルティと考えている．これは多様化の一つの実現法である．

多スタートの初期解集合　多スタートの際には，3.3節や3.4節で紹介した通常の多スタート法に加え，以下の方法も考えられる．前回までの探索で得られた局所最適解をいくつか記憶しておき，それらを初期解とした探索を再び試みるのである．ただし，再スタートする際には，タブーリストを前回の探索でその解を訪れたときのものとは異なるように制御する．単純局所探索法の場合は局所最適解を初期解にしても意味がないが，タブー探索法においてこの方法が可能であるのは，局所最適解からでも探索を続けることができる上，タブーリストが異なれば，異なる探索が実現されるからである．この戦略は探索の集中化と多様化の両方に用いることができる．

集中化を行う場合には，これまでに得られたよい解を保存しておき，それらからの再スタートを試みる．逆に，多様化を行う場合には，解どうしができるだけ異なるように注意して，多様性のある解集合を保持する．例えば，解どう

しの距離を，一方の解から他方へ変換するときに必要な近傍操作の最小数と定義し，そのような距離の和が大きくなるようにするなどである．

再スタートの際に用いるタブーリストとして，最も簡単なのは，空のリストを用いる方法である．また，再スタートに利用する解 x に対し，前回 x を訪れたときのタブーリスト T_x と，x の次に訪れた解 x' を記憶しておき，T_x に x' を加えたタブーリストを利用するという方法もある．

散布探索法　多スタートに用いる解集合の構成法としては，遺伝的局所探索法のように，過去の探索で得られた複数個の解から新たな解を生成することもできる．タブー探索法に，この方法を組み合せたアルゴリズムは，Glover がすでに 1977 年にベクトル空間の複数個の点の線形結合により新たな点を生成し，それを探索の初期解として利用するアイデアを提案していたこと[68]にちなんで，**散布探索法** (scatter search) と呼ばれる[71,72]．散布探索法は，もともとは整数計画問題に対して提案され，ベクトル空間を対象としていた．過去の探索に基づいて，いくつかの**参照点** (reference points) を準備し，これらの線形結合によって新たな解を生成する．参照点は 2 つよりも多くてもよく，また，生成する点は参照点の凸包の外にあってもよい．遺伝アルゴリズムの交叉法よりももっと自由な発想で解の生成メカニズムを想定している．最近では，遺伝アルゴリズムの研究においても，生物の染色体の構造にとらわれず，自由な発想で交叉法を設計するという考え方が一般的になってきているので，目指すところは同じといえる．図 4.9 に散布探索法の初期解生成の様子を示す．この図は，Glover の文献[68]に示されているものである．図では，2 次元平面上のベクトルが解であり，それらが丸印で表されている．例えば，A，B および C を参照点として，それらの凸結合内にある点を生成してもよいし，6，7 および 11 を参照点として，それらの凸結合よりも外にある点を生成することも考えられる．

このような考え方をベクトル空間よりもより一般的な探索空間で実現した一例として，**パス再結合法** (path relinking) と呼ばれる方法[71,78]を紹介しておく．2 つの解 x と x' の間の距離 k を，x から x' へ解を変換する際に必要となる近傍操作の最小回数と定義する．このとき，解の列 $x = x^{(0)}, x^{(1)}, \ldots, x^{(k)} = x'$ で $x^{(i)} \in N(x^{(i-1)})$ $(i = 1, \ldots, k)$ をみたすものをパスと呼び，このようなパ

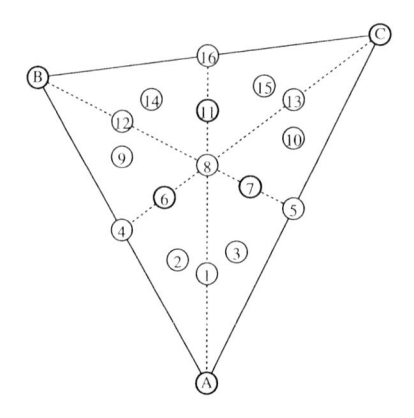

図 4.9 散布探索法の初期解生成の様子

スの一つを生成した上で，パス上の解のいくつかを次の探索の初期解に利用するという方法である．解 $x^{(i)}$ から $x^{(i+1)}$ を生成する際には，近傍 $N(x^{(i)})$ の中で x' への距離が小さくなるものの中から，例えば評価値 $\tilde{f}$ が最小となるものを選ぶ．以上がパス再結合の最も単純な構成法であるが，解どうしの距離を正確に測るのが困難である場合は，近似的な距離を用いてもよい．また，上記の方法の変形として，パスを構成する際に，x と x' の両方からパスを伸ばしていく方法もある．さらに，2つの解ではなく，多数の解に対して同様のパスを構成することも可能である．この場合は，例えば，多数の解のうちの1点をパスの始点に選び，残りの点への平均的な距離が小さくなるようにパスを生成していく．

戦略的振動　最後に，タブー探索法における移動を全体的な視点から制御する方法である**戦略的振動** (strategic oscillation)[75, 76, 88] を紹介する．制約のある問題では，実行可能領域と実行不可能領域の境界付近によい解が存在する場合が多いが，戦略的振動は，そのような境界周辺の集中的探索を実現するため，境界の内側と外側を交互に行き来するように，タイプの異なる近傍操作を探索の状況に応じて使い分けて制御する方法である．戦略的振動による探索の進行の様子を図 4.10 に示す．

1.2.4項の 0-1 ナップサック問題を例にとって考えてみよう．0-1 ナップサック問題では，あと一つ要素を加えると実行不可能になってしまう解，すなわち

4.12 タブー探索法

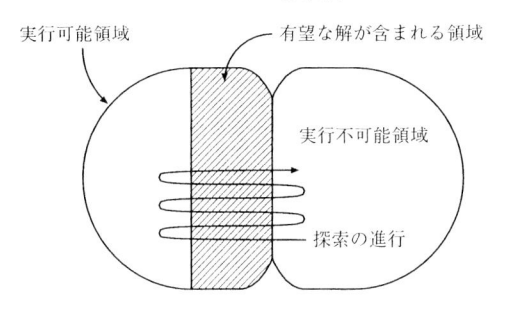

図 4.10 戦略的振動による探索の進行

極大な解の中に最適解が存在する (全部の要素がナップサックに入るような特別な場合は除く). つまり, 極大な解と, それに一つ要素を加えた解の間に実行可能領域と不可能領域の境界があり, その付近に最適解が存在している. なお, 0-1 ナップサック問題では, 要素を一つ加えることにより, 目的関数値は改善するが, ナップサックの残り容量は減少するので, 目的関数と制約の間のトレードオフの関係がはっきりしている.

まず, 単純局所探索法を実現するため, 探索空間を n 次元 0-1 ベクトルの全体 $\{0,1\}^n$ (n は要素数), 近傍を 1 反転近傍 $N_{\text{1-flip}}(z)$ (2.2 節参照), 解の評価値を目的関数値と制約の違反量に対するペナルティの重みつき和 (ペナルティ重みは十分大きいとする) としてみよう. しかし, このままでは単純局所探索法による大きな効果は期待できない. なぜなら, 初期解が実行可能解ならば, 極大な解に到達するまで要素を解に追加する操作を反復した後停止するので, 欲張り法と同程度の探索しかできないし, 逆に, 初期解が実行不可能解ならば, 極大な解に到達するまで要素を解から取り除くという操作を反復するだけなので, けちけち法と同程度の探索しかできないからである.

この場合, 戦略的振動は, 例えば次の方法で, 有望領域の集中的探索を実現する. 1 反転近傍を

$$N_{\text{1-add}}(z) = \{z' \mid z' \text{ は } z \text{ に要素を一つ加えることにより得られる}\}$$

$$N_{\text{1-drop}}(z) = \{z' \mid z' \text{ は } z \text{ から要素を一つ取り除くことにより得られる}\}$$

と 2 つに分割する. そして, $N_{\text{1-add}}$ を用いた探索と, $N_{\text{1-drop}}$ を用いた探索を

次のように混合して行うのである．まず，$N_{1\text{-add}}$ を用いた探索は，解が実行不可能になったらすぐに $N_{1\text{-drop}}$ を用いた探索に切り替えるのではなく，

- ペナルティがある値以上になったとき，
- 解が実行不可能になった時点から定められた回数反復を行ったとき，

などのルールにより，ある程度は実行不可能領域での探索を続けた後に $N_{1\text{-drop}}$ を用いた探索に切り替える．$N_{1\text{-drop}}$ から $N_{1\text{-add}}$ に切り替える場合も同様である．以上の探索において，タブーリストには，最近において解に加えた (解から取り除いた) 要素を記憶しておき，タブーリストに記憶されている要素が取り除かれる (加えられる) 移動を禁止する．なお，解の移動の際には，単に解の評価関数を最良にするものを選ぶのではなく，要素を加える際には欲張り法の基準，要素を取り除く際にはけちけち法の基準を用いるなどの工夫も併用できる．

戦略的振動が有効と思われる問題として，多次元ナップサック問題 (multi-dimensional knapsack problem)，最大クリーク問題 (maximum clique problem)，最大独立節点集合問題 (maximum independent set problem, maximum stable set problem)，集合被覆問題 (set covering problem) などが挙げられる．定義は省略するが，いずれも代表的な組合せ最適化問題である．

以上，適応メモリ戦略をいくつか紹介したが，この他にも，タブー探索法に併用するアイデアとしては様々なものが提案されている．詳細は Glover と Laguna による解説書[78]などを参照いただきたい．なお，このようなアイデアのほとんどは，タブー探索法 (の基本構成) に限らず，他のメタ戦略アルゴリズムとも組み合せて利用できる．また，適応メモリ戦略の基本概念である「過去の探索で得られた情報を将来の探索に有効に利用する」という考え方は，結局，第3章で述べたメタ戦略の基本的な考え方と同じである．よって，似たようなアイデアが異なる枠組のもとで利用され，様々な名前がつく場合もある．これらをどう呼ぶかは，議論の分かれるところであるが，アルゴリズムの発端となった自然界や物理現象などのアナロジーにあまりこだわらず，問題の本質を見すえて，自由な発想でアルゴリズムを設計しようとするのが，適応メモリ戦略の姿勢である．よいアルゴリズムを開発する上で，大切な考え方といえる．

4.13 ニューラルネットワーク

ニューラルネットワーク (neural network) は，人間の脳の神経細胞をモデルにして，最適化や学習を実現する手法の総称であり，幅広い角度からの研究がある．ニューラルネットワークを組合せ最適化問題の解法として利用する際のアイデア[96]はメタ戦略に近いので，ここで簡単に紹介しておく．

ニューラルネットワークは，多数のニューロンと，ニューロン間の相互の結合関係により表される．各ニューロン i は入力値の総和 u_i に対し，値 v_i を出力する．入出力の関係はある非減少関数 (ニューロンモデルと呼ぶ) で定義され

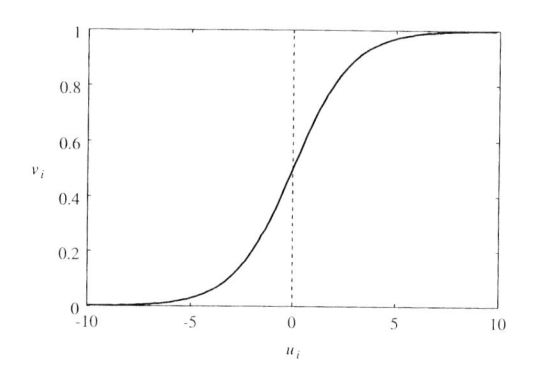

図 4.11 シグモイド関数 ($\gamma = 0.7$)

る．ニューロンモデルとしては，例えば閾値関数

$$v_i = \begin{cases} 1, & u_i > 0 \text{ の場合} \\ 0, & u_i \leq 0 \text{ の場合} \end{cases}$$

やシグモイド関数

$$v_i = \frac{1}{1 + e^{-\gamma u_i}}$$

($\gamma\ (> 0)$ はパラメータ) などが用いられる (図 4.11)．なお，閾値関数は，シグモイド関数において $\gamma \to \infty$ とした場合に対応する (厳密な極限ではない)．

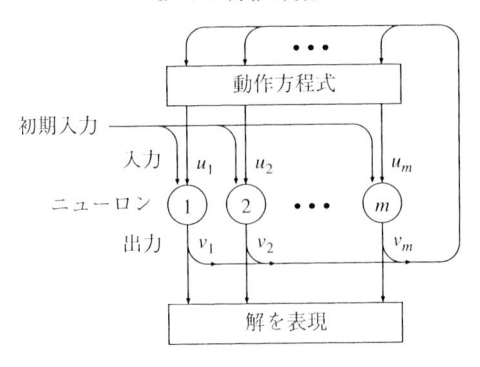

図 4.12 ニューラルネットワーク

図 4.12 にニューラルネットワークの一例を示す (ニューロンの数 m はニューラルネットワークの設計法と問題例のサイズによって定まる). この例では, ニューロン間の結合関係は動作方程式と呼ばれる u_i の更新ルールによって規定されるものとして省略している. なお, 図 4.12 では, 各ニューロンの出力が動作方程式で変換された後再びニューロンへ入力されているが, このようなタイプを相互結合型ニューラルネットワークと呼ぶ. ニューラルネットワークを組合せ最適化問題に適用する場合は, 通常このタイプが利用される. ニューロンの出力は, 解 (実行可能とは限らない) に対応しており, エネルギー関数と呼ばれる評価関数によりその良し悪しが評価される. 動作方程式は, 通常, エネルギー関数が減少するように入力 u_i を制御するルールになっている.

具体例として, 以下, 巡回セールスマン問題 (1.2.1 項) への適用例を説明する. 都市数 n に対し, n^2 個のニューロンを用意し, それらの入力と出力を u_{ik}, v_{ik} $(i=1,\ldots,n, k=1,\ldots,n)$ とする. ニューロンの出力 v_{ik} は 0 または 1 の値をとり, $v_{ik}=1$ は街 i が k 番目に訪問されることを意味する. エネルギー関数を

$$E = \frac{1}{2}\sum_{i=1}^{n}\sum_{\substack{j=1\\j\neq i}}^{n}\sum_{k=1}^{n}d_{ij}v_{ik}(v_{j,k-1}+v_{j,k+1})$$
$$+\frac{\alpha}{2}\sum_{i=1}^{n}\left(\sum_{k=1}^{n}v_{ik}-1\right)^2 + \frac{\alpha}{2}\sum_{k=1}^{n}\left(\sum_{i=1}^{n}v_{ik}-1\right)^2$$

とする．ただし，$v_{j0} = v_{jn}, v_{j,n+1} = v_{j1}$ と解釈する．また，$\alpha \ (> 0)$ はパラメータである．エネルギー関数の第1項は巡回路の距離を表す．第2項と第3項は，各都市を丁度1度ずつ訪れるときは0となるが，1度も訪れなかったり2度以上訪れる都市が存在する場合は第2項が正となり，また，ある k に対して第 k 番目に訪れる街が一つもなかったり2つ以上存在する場合は第3項が正の値をとる．すなわち，解が巡回路でないことに対するペナルティ関数である．

以下，ニューラルネットワークの動作を簡単に紹介し，局所探索法と比較してみよう．ニューロンの初期入力は，すべての i と k に対して (1) $u_{ik} := 0$ とする，(2) 0 付近の適当な区間の中からランダムに選んだ値を u_{ik} とする，などの方法により定める．ニューロンの入力の更新 (動作方程式) は，ランダムに選んだ1組の i^* と k^* に対して

$$u_{i^*k^*} := u_{i^*k^*} + \beta \Delta u_{i^*k^*}$$

とする．それ以外の u_{ik} ($i \neq i^*$ あるいは $k \neq k^*$) は更新しない．ただし $\beta \ (> 0)$ はパラメータであり，また，

$$\Delta u_{ik} = -\sum_{\substack{j=1 \\ j \neq i}}^{n} d_{ij}(v_{j,k-1} + v_{j,k+1})$$
$$-\alpha \left(\sum_{l=1}^{n} v_{il} - 1 \right) - \alpha \left(\sum_{j=1}^{n} v_{jk} - 1 \right)$$

を用いている．この $-\Delta u_{ik}$ は，エネルギー関数 E を変数 v_{ik} で偏微分した関数である．すなわち，$-\Delta u_{ik}$ をすべての i と k について並べたベクトルは E の勾配ベクトルとなっている．よって，ニューロンモデルがシグモイド関数のような単調な連続関数であれば，β を十分小さく設定した上で，上記のような Δu_{ik} に基づく動作方程式に従って $u_{i^*k^*}$ と $v_{i^*k^*}$ を更新すれば，E を減らすことができる．ニューロンモデルに閾値関数を用いた場合は，もはやこの性質は成り立たなくなるが，上記の更新ルールは，このような直感的理解に基づいている．

ここで，ニューロンへの入力 u_{ik} のベクトルを探索解，ニューロンモデルを探索空間から解空間への写像 (2.3節の図 2.11 の (c) 参照)，エネルギー関数 E

を解の評価関数，動作方程式によって生成され得る新しい u_{ik} のベクトルの集合 (どの i^* と k^* を選ぶかによって異なるベクトルが得られる) を近傍と考えると，ニューラルネットワークの動作の様子は，局所探索法の一種と捉えることができる (もちろん，移動によって解が常に改善するとは限らないので，単純局所探索法ではなく，3.2節に述べた広い意味の局所探索法である). これらの類似点を詳しく考察すると，ニューラルネットワークの様々な動作原理の中には，メタ戦略に利用できる新たなアイデアが潜んでいるかもしれない.

なお，エネルギー関数，動作方程式，およびニューロンモデルには，上記の方法以外にも様々な提案があり，例えば，u_{ik} の更新を，すべての i と k に対して同時に更新するなどである.

巡回セールスマン問題に対しては，メタ戦略に基づくアルゴリズムの研究が進んでおり，都市数100万という大規模な問題例を対象とした計算実験を行うほどのレベルに達している[112]. 一方，上記のニューラルネットワークは，変数の記憶に $O(n^2)$ の領域が必要となるので，現在の計算機ではそのような大規模な問題例を扱うことは不可能である. さらに，ニューラルネットワークでは解が巡回路であるという条件まで緩和してしまっているので，実行可能な巡回路を得ること自体が困難になってしまっている. もちろん，巡回セールスマン問題に対するニューラルネットワークに基づく解法はこれだけではないが，いずれも同様の問題点を抱えている.

結局，巡回セールスマン問題に対する解法としては，ニューラルネットワークは優れているとはいえないが，学習，認識，予測などのような，より複雑で目的関数がはっきりしないような問題に対して，何か現実に使えるような答えを出すことが要求される場合などには，多くの効果的な結果が報告されている (ただし，このような応用においては，ここで紹介した相互結合型とは異なるタイプのモデルを用いる場合が多い). ニューラルネットワークについてより詳しくは参考書[10, 122, 143, 156, 201]などを参照いただきたい.

4.14 文献ノート

アニーリング法，遺伝アルゴリズム，タブー探索法など，比較的古くから知ら

れている方法に関しては，解説や本が多数出版されている．これらについては，すでに各アルゴリズムの節で紹介した．それ以外にも，メタ戦略全般に関する文献も多数あるので，それらをここでまとめて紹介しておく．メタ戦略全般については，久保の解説[123]が詳しい．また，手短かな解説として，茨木[99,100]，Osman と Kelly[162]，Pirlot[168,169]を挙げておく．また，本書の内容の一部は，著者らによるサーベイ論文[215,217]にある．さらに詳しい情報を知りたい場合には，メタ戦略の国際会議 (Metaheuristics International Conference, MIC) において発表された論文の一部をまとめた本[163,204]，Laporte と Osman 編の特集号[127]，Aarts と Lenstra 編の本[2]，Rayward-Smith ら編の本[171]，Reeves 編の本[172]，Michalewicz と Fogel の本[145]などを参照いただきたい．なお，Michalewicz と Fogel の本は，メタ戦略全般について書かれてはいるが，進化型計算に重点が置かれている．また，Aarts と Lenstra 編の本は，代表的なアルゴリズムについて詳しく書かれた良書であるが，理論的に高度な内容も含んでいるので，上級者向けといえる．

欄外ゼミナール

アルゴリズムのネーミング

　自分が開発した新しいアイデアにどのような名前をつけるかはきわめて重要である．メタ戦略は，まだ研究の歴史が浅いため，同じようなアイデアがいろいろな名前で呼ばれていたりして，まぎらわしい印象を与えることは否めない．メタ戦略は，理論的な解析が困難であるため，有効で斬新なアイデアを提案しても，そのよさを第三者に理解してもらうことは結構難しく，この場合，名前の果たす役割は大きい．名前を聞けばアイデアの内容が何となく想像できて，しかも「おもしろそう」と思わせるような名前が求められている．ただし，大したアイデアでもないのにセンセーショナルな名前をつけるのは避けてほしいものである．

　ネーミングの成功例として，遺伝アルゴリズム (genetic algorithm) が挙げられる．もともと生物の進化の様子にアイデアを得たということもあるが，複数の解を組み合せて新たな解を生成するという特徴がよくわかるし，また，生物が進化してきたのと同じように解が進化していくのだと捉えれば，名前を聞いただけで何となくうまくいきそうな気になる．実際，局所探索法を知らなくても遺伝アルゴリズムならば知っているという人は少なくないだろう．

その他にも，アニーリング法 (simulated annealing)，アント法 (ant system)，大洪水法 (great deluge algorithm) など，風変わりな名前のアルゴリズムがたくさんある．いずれも最適化とは直接関係のない自然界の現象にヒントを得てアルゴリズムが設計されているところにおもしろさがある．また，タブー探索法 (tabu search) も，逆戻りの動作を禁止する (= taboo → tabu) というアルゴリズムの特徴がよく現れている．

本書ではメタ戦略の様々なアイデアを紹介したが，類似のものが多く，さらにそれらを組み合せて用いるので，一つのアルゴリズムと他のアルゴリズムの間に明確な線を引くことは難しい．そのため，実際に一つのアルゴリズムをどう呼ぶかは，設計者の好みによるところが大きい．このような背景から，遺伝アルゴリズムやタブー探索法など，代表的なアルゴリズムにはそのファンがいて，やや宗教と似ているところがある．ここでも，名前の魅力度は大きな役割を果たしている．

最適化という考え方は，世の中のあらゆる場面で重要な役割を果たし，メタ戦略はそれを解決するツールとして必要不可欠になってきている．しかし，「メタ戦略」という名前はやや漠然としていて正体がわかりにくく，認知度を上げる目的には合わないのかもしれない．類似の分野では，一時ニューロ・ファジィという言葉が家電製品の名前に使われ，研究とは無関係の人々が耳にするほど流行ったことがある．ここまでは望まないとしても，メタ戦略のパワーを広く世に知らしめるような画期的な名前のアルゴリズム (もちろん中身の伴ったもの) を開発できたら研究者冥利につきるというものである．

なお，"metaheuristics" という名前は，タブー探索法の提案者である F. Glover が 1986 年の文献[69]で用いたのが最初といわれている (Glover と Laguna の本[78]の 1.9 節参照)．ところで，"metaheuristics" と "meta-heuristics" の 2 通りの書き方があるが，この点に関して Glover は，メタ戦略のメーリングリストでの議論の中で，「最初の論文で meta-heuristics と書いたので，本の中でもそちらを使ったが，個人的には metaheuristics のほうが好きなので，ふだんはこちらを使っている．本の第 2 版が出たら，こちらに変えるつもりだ」と述べている．これにならい，本書の英語表記は metaheuristics に統一した．

5
高性能アルゴリズムの設計

　メタ戦略に基づく高性能なアルゴリズムを構成するためには，問題の構造をうまく利用することが重要である．第3章で述べたように，メタ戦略は「よい解どうしは似通った構造を持っている」という考え方 (proximate optimality principle, POP) に基づいている．よって，近傍などの基本要素を設計する上で，問題のどのような構造に着目すればPOPが成立するかを見極める必要がある．本章では，この理解を深めるため，まず，近傍構造とPOPの関係を調べた実験データを示す．次に，アルゴリズムの実装にあたって，問題の構造をうまく利用することで，近傍探索などの手間を高速化することも重要である．このための手法は様々な問題に応用できる場合が多い．また，メタ戦略を実用的なツールとして利用する場合には，問題例が変わるたびにパラメータ調整が必要では困るので，重要なパラメータを自動的に調整するメカニズムも有用である．本章では，このような，問題の構造に依存した工夫や，第4章では取り上げなかったやや高度なアイデアを紹介する．

5.1 メタ戦略におけるPOP概念と局所探索の改善力

　本節では，メタ戦略アルゴリズムの基本概念であるPOPと局所探索の改善力について，具体的な実験データを示しながら考察する．メタ戦略のアルゴリズムは，POPに基づいて，過去の探索で見つかったよい解が持っている構造を多く含むような解を，次々と新たに探索していくのが基本になっている．これを実現するためのメカニズムが，近傍操作，突然変異，交叉などの基本オペレータであり，また，局所探索である．すなわち，メタ戦略の設計には，よい

解が共有している構造が何かをうまく見つけ出すことが成功の鍵を握っているといえる．

例えば，巡回セールスマン問題に対する近似解法としては，Lin と Kernighan による局所探索法が有名であり，この方法によって得られた局所最適解は非常に精度が高いことが知られている．文献[132]による結果では，この方法による 2 つの局所最適解の間には，共通する枝が平均的に 85% もあることが観測されている．

以下では，POP と局所探索の改善力に対する理解を深めるため，最大充足可能性問題 (1.2.3 項) と一般化割当問題 (1.2.5 項) に対するいくつかの近傍について，局所最適解がどのように分布しているかを調べた実験結果を紹介する．

最大充足可能性問題では，$\lambda \leq 3$ までの λ 反転近傍 (2.2 節参照) を用い，解 v の評価値は $f_{\text{MAXSAT}}(v)$ (1.2.3 項参照) とした．$f_{\text{MAXSAT}}(v)$ は大きいほどよい．一般化割当問題では，

$$N_{\text{shift}}(\pi) = \{\pi' \mid \pi' \text{ は } \pi \text{ の一つの仕事の割当先を変更することにより得られる}\}$$

$$N_{\text{swap}}(\pi) = \{\pi' \mid \pi' \text{ は } \pi \text{ の 2 つの仕事の割当先を互いに交換することにより得られる}\}$$

および $N_{\text{shift}} \cup N_{\text{swap}}$ を用いた．N_{shift} はシフト近傍，N_{swap} は交換近傍と呼ばれる．解 π の評価は

$$\sum_{j \in V} c_{\pi(j),j} + \sum_{i \in W} \alpha_i \max\left\{\left(\sum_{\substack{j \in V \\ \pi(j)=i}} a_{ij}\right) - b_i, 0\right\}$$

とし，右項のペナルティ係数 α_i は以下の実験すべてに対して $\alpha_i = 2$ $(\forall i \in W)$ とした．いずれの問題に対しても，局所最適解を求める際には，とくに断らない限りは，ランダムな解から始めた単純局所探索法を用いた．

最大充足可能性問題の問題例は，jnh と呼ばれる DIMACS のベンチマーク問題の各節に [1, 1000] から等確率でランダムに選んだ重みをつけたもので，

Resende のサイト[*1)]より入手した.以下のデータは,変数の数 $n = 100$, 節の数 $m = 850$ の jnh01 と呼ばれる問題例に対するものである.一方,一般化割当問題の問題例は,ランダムに生成されたベンチマーク問題で,OR-Library[*2)]より入手した.以下のデータは,仕事数 $n = 200$, エージェント数 $m = 10$ のタイプ D と呼ばれる問題例に対するものである.サイズやタイプの異なる,他のいくつかの問題例に対しても同様の実験を行ったが,類似の結果が得られている.この実験のプログラムには C 言語を用い,実験は Sun Ultra 2 Model 2300 (UltraSPARC-II 300 MHz ×2, 1 GB メモリ) 上で行った.

局所最適解 x^* の周辺の様子　まず,最大充足可能性問題に対しては $N_{3\text{-flip}}$ を,一般化割当問題に対しては $N_{\text{shift}} \cup N_{\text{swap}}$ を用いて,スタート回数 100 回のランダム多スタート局所探索法により得られた最良解をそれぞれ x^* とする.x^* は比較的良質の局所最適解であって,その後の計算の基準として用いられる.次に,それぞれの問題に対して,後述のように,x^* を変形して様々な解 x を生成する.図 5.1〜5.8 は,横軸に生成された解 x と x^* の間の距離,縦軸に解 x の評価値の x^* の評価値からのずれ (%) をとって,それらの分布を示したものである.解どうしの距離は,最大充足可能性問題ではハミング距離,一般化割当問題では異なるエージェントに割り当てられた仕事の数とする.図 5.1〜5.4 は最大充足可能性問題,図 5.5〜5.8 は一般化割当問題に対する結果である.

図 5.1 と図 5.5 は,x^* からの距離が $1, 2, \ldots, d$ である解 x をそれぞれ 10 個ずつランダムに生成し,その結果をプロットしたものである.ただし,図 5.1 では $d = 100$, 図 5.5 では $d = 200$ を用いている.次に,図 5.2〜5.4 および図 5.6〜5.8 は,それぞれ,図 5.1 および図 5.5 の解を初期解として局所探索法を適用して得られた局所最適解を x として,結果を図示したものである.図 5.2, 5.3 および図 5.4 は,近傍としてそれぞれ $N_{1\text{-flip}}$, $N_{2\text{-flip}}$ および $N_{3\text{-flip}}$ を用いた場合,そして,図 5.6, 5.7 および図 5.8 は,近傍に N_{shift}, N_{swap} および $N_{\text{shift}} \cup N_{\text{swap}}$ を用いた場合の結果である.

これらの図より以下が観測できる.

[*1)] http://www.research.att.com/~mgcr/data/maxsat.tar.gz
[*2)] http://msemga.ms.ic.ac.uk/job/orlib/gapinfo.html

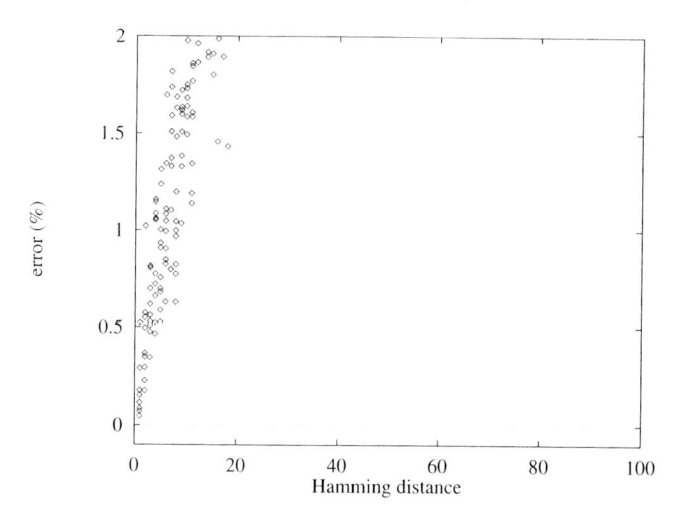

図 5.1 最大充足可能性問題におけるよい解 x^* の周辺でのランダムな解の分布

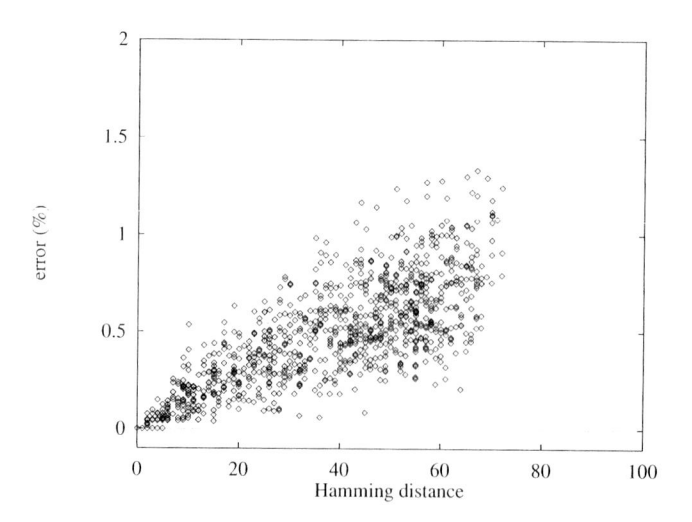

図 5.2 最大充足可能性問題におけるよい解 x^* の周辺での $N_{\text{1-flip}}$ に関する局所最適解の分布

- 図 5.1 と図 5.5 より,ランダムな解に対しては,距離と解のよさとの間に強い正の相関があり,x^* からの距離が大きくなると,解の評価値のずれが急

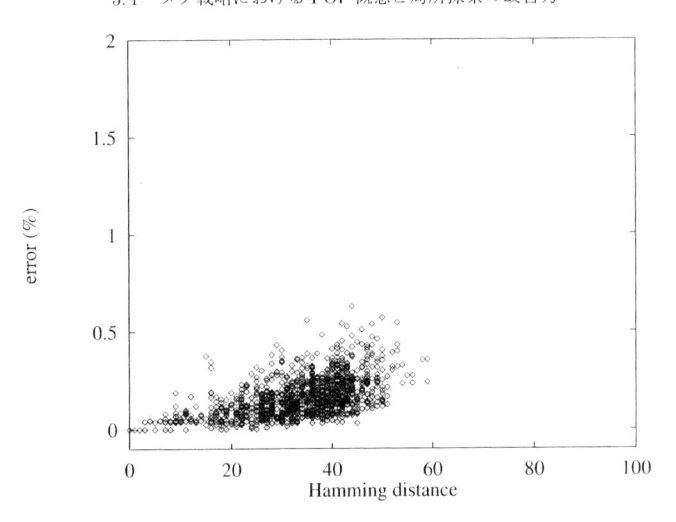

5.1 メタ戦略における POP 概念と局所探索の改善力　　127

図 5.3　最大充足可能性問題におけるよい解 x^* の周辺での $N_{2\text{-flip}}$ に関する局所最適解の分布

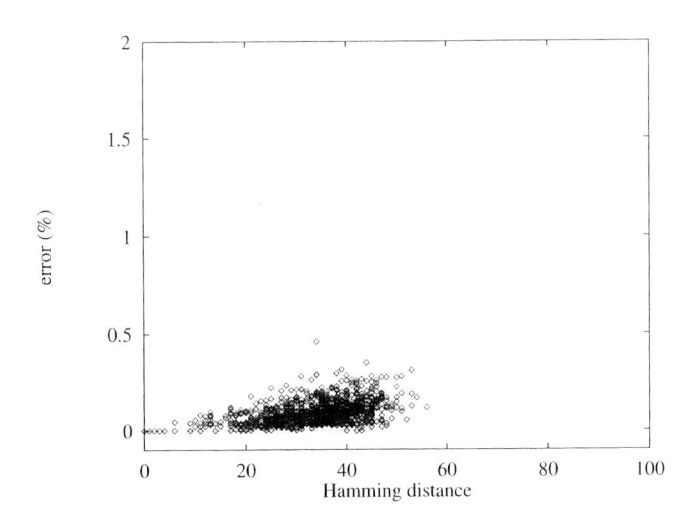

図 5.4　最大充足可能性問題におけるよい解 x^* の周辺での $N_{3\text{-flip}}$ に関する局所最適解の分布

速に大きくなる様子が観測できる.
- 図 5.2〜5.4 および図 5.6〜5.8 に対しても，x^* からの距離と局所最適解 x

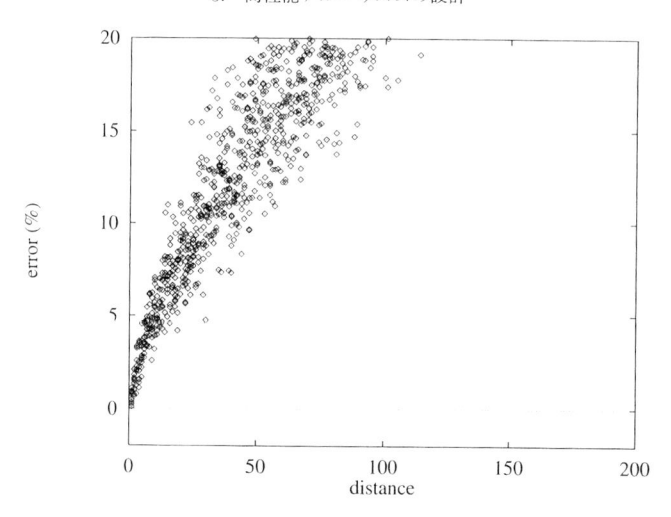

図 5.5 一般化割当問題におけるよい解 x^* の周辺でのランダムな解の分布

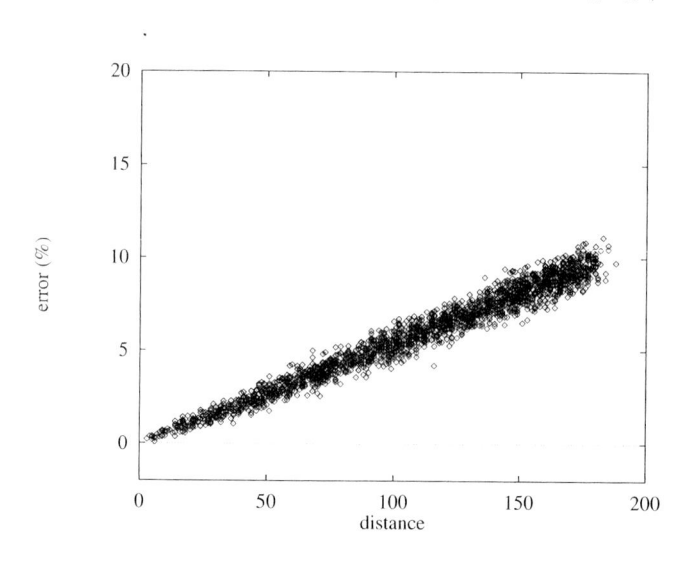

図 5.6 一般化割当問題におけるよい解 x^* の周辺での N_{shift} に関する局所最適解の分布

の評価値のずれとの間に強い正の相関があることが観測できる．ランダムな解に対する結果 (図 5.1 と図 5.5) との大きな違いは，解の精度が大幅に

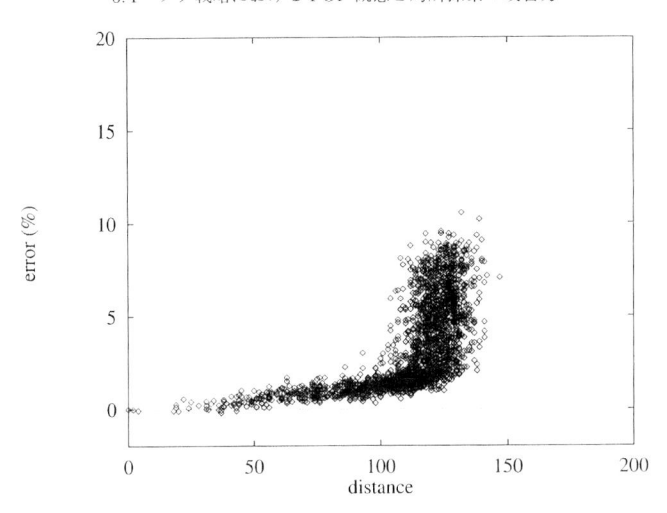

図 5.7　一般化割当問題におけるよい解 x^* の周辺での N_swap に関する局所最適解の分布

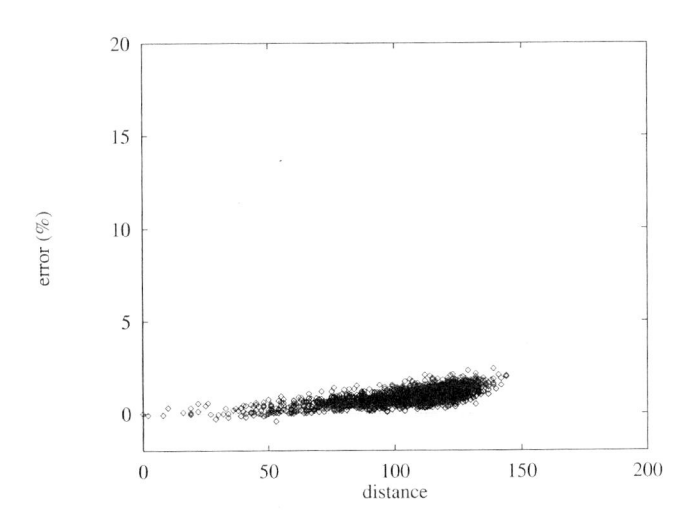

図 5.8　一般化割当問題におけるよい解 x^* の周辺での $N_\text{shift} \cup N_\text{swap}$ に関する局所最適解の分布

改善している点である．このことから，局所探索法が良質の解を発見する高い能力，すなわち強い改善力を持っていることがわかる．

- 解どうしの距離と評価値のずれの間に強い正の相関があるという結果は，それぞれの問題で解同士の距離を測る基準となった解の構成要素 (最大充足可能性問題では各変数 y_j への 0-1 割当 v_j, 一般化割当問題では各仕事 j の割当先エージェント $\pi(j)$) に対して POP が成立していることを示唆している．

- $N_{\text{1-flip}} \to N_{\text{2-flip}} \to N_{\text{3-flip}}$, あるいは $N_{\text{shift}} \to N_{\text{swap}} \to N_{\text{shift}} \cup N_{\text{swap}}$ のように，より大きな近傍を用いると，よりよい解が得られており，近傍を大きくすることの効果は明らかである．ただし，近傍を大きくすると近傍探索に時間がかかるので，アルゴリズムとして組んだときに大きな近傍ほどよいとは限らない．(なお，一般化割当問題のシフト近傍と交換近傍では，通常は仕事の数のほうがエージェント数よりもかなり大きいので，交換近傍のほうが大きい．)

- 基準解として用いた x^* は，すでに述べたようにかなりよい局所最適解であるが，x^* にランダムな変形を加えた後の局所探索では，x^* の付近に x^* と同等かそれ以上の精度の解が多数見つかっている．このことは，探索の集中化の効果を示唆していると同時に，局所最適解からの脱出の重要さを示している．

- 図 5.2〜5.4 および図 5.6〜5.8 にプロットした解は，すべて局所最適解である．すなわち，探索空間には非常に多くの局所最適解が存在する．

- 図 5.7 では，分布がいびつな形をしている．これは，交換近傍のみを用いた場合には，各エージェントに割り当てられた仕事の数を変えることができないため，探索領域が限定されることが原因と考えられる．よって，一般化割当問題に対しては，交換近傍だけではなく，シフト近傍のように，各エージェントの仕事数を変えることができるような近傍と組み合せて利用することが必要である．

局所最適解どうしの距離　　図 5.9 と図 5.10 に，最大充足可能性問題と一般化割当問題のそれぞれにおける局所最適解どうしの距離の分布を示す．横軸が距離，縦軸が頻度である．いくつかの近傍に対し，それぞれ 1000 個の局所最適解を生成し，すべてのペアに対する距離を調べた結果である．比較のため，ランダムに

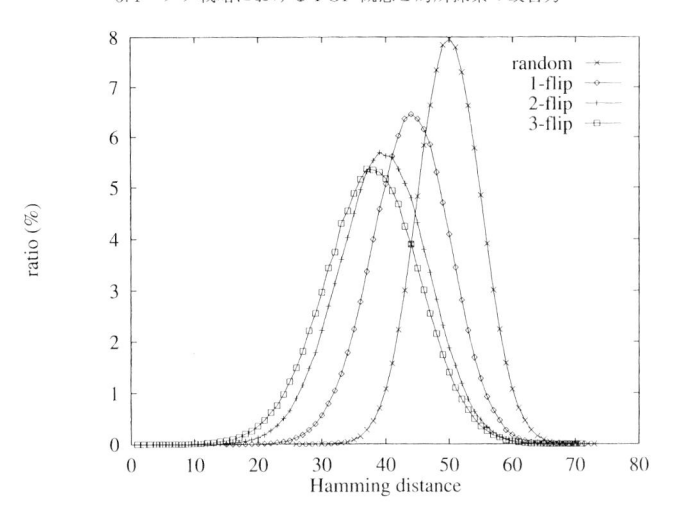

5.1 メタ戦略におけるPOP概念と局所探索の改善力

図 5.9 局所最適解どうしの距離の分布 (最大充足可能性問題)

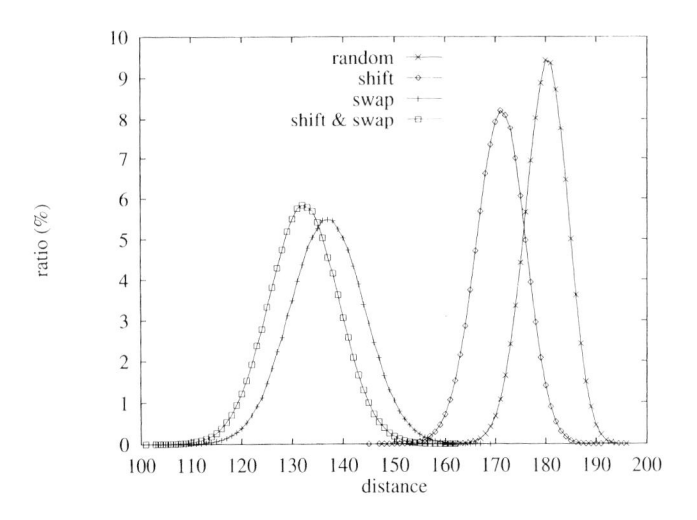

図 5.10 局所最適解どうしの距離の分布 (一般化割当問題)

生成した解に対する結果もあわせて示す．ランダムな解どうしの距離の期待値は，最大充足可能性問題では $n/2 = 50$，一般化割当問題では $n(1 - 1/m) = 180$ である．図より，局所最適解どうしの距離はランダムな解どうしの距離よりも平

均的に短いこと，大きな近傍を用いるほど局所最適解どうしの距離が小さくなる傾向がある (すなわち解の分布が全体的に左にシフトしている) ことが観測できる．なお，この傾向は，図 5.2～5.4 および図 5.6～5.8 からもうかがうことができる．すなわち，局所最適解は全探索空間に一様に分布しているわけではなく，よい解であるほど，空間のいくつかの領域に局在していることになる．これは POP の一つの現れである．

局所最適解からの脱出 最後に，一つのランダム解から単純局所探索法によって得られた局所最適解 x^* をスタートとし，これよりもよい解を見つけるために要した移動回数が，改悪解への移動を行う際の移動戦略によってどう変わるかを調べた結果を示す．この実験では，近傍は，最大充足可能性問題では 1 反転近傍，一般化割当問題ではシフト近傍とした．実験では，まず x^* から $N(x^*) \setminus \{x^*\}$ 中の最良解に移動する方法 (best uphill, BU 法と記す) と，$N(x^*) \setminus \{x^*\}$ よりランダムに選んだ解に移動する方法 (random uphill, RU 法と記す) によって新しい解に移動する (いずれも改悪解である)．そのあと単純局所探索法により解を改善して，新しい局所最適解を得る．このとき，x^* よりもよい解が得られなければ，新しい局所最適解から，再び BU 法あるいは RU 法による改悪解への移動と単純局所探索法の適用という手順を反復する．なお，単純局所探索法における改善解への移動を行う際の移動戦略には，即時移動戦略を用いた．

以上の局所探索法の反復では，サイクリングを避けるため，4.12.2 項で紹介したタブーリストの考え方を用いて逆戻りの移動を禁止する．最大充足可能性問題では，v_j の 0-1 割当が移動により変更された場合，それを再び変更することを禁止する．よって，1 回の移動ごとに解 v の一つの要素の値が固定されていくので，たかだか n 回の移動が可能である．一般化割当問題に対しては，移動によって仕事 j の割当先がエージェント i から i' に変更された場合，仕事 j の割当先を再び i に戻すことを禁止する．よって，仕事 j の割当先は，たかだか $m-1$ 回しか変更できないので，全体ではたかだか $n(m-1)$ 回の移動が可能である．これらの回数移動を行っても x^* よりもよい解が得られなかった場合は，失敗と判定し，探索を終了する．

図 5.11 と図 5.12 に，それぞれの問題に対し，スタート地点よりもよい解を

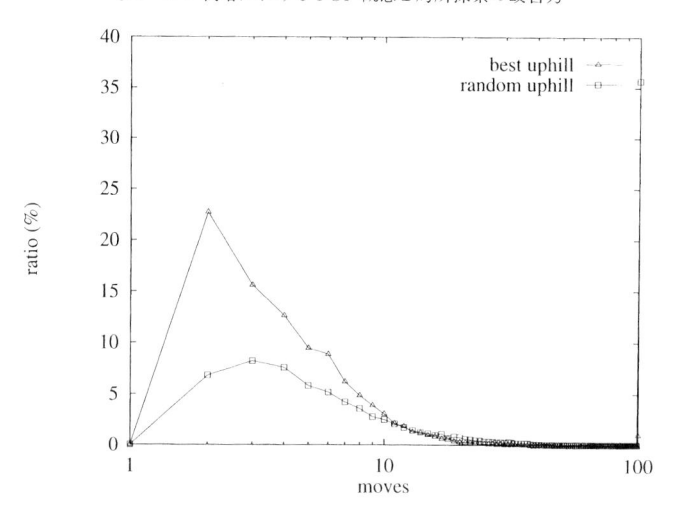

5.1 メタ戦略におけるPOP概念と局所探索の改善力

図 5.11 改善解を発見するまでの移動回数の分布 (最大充足可能性問題)

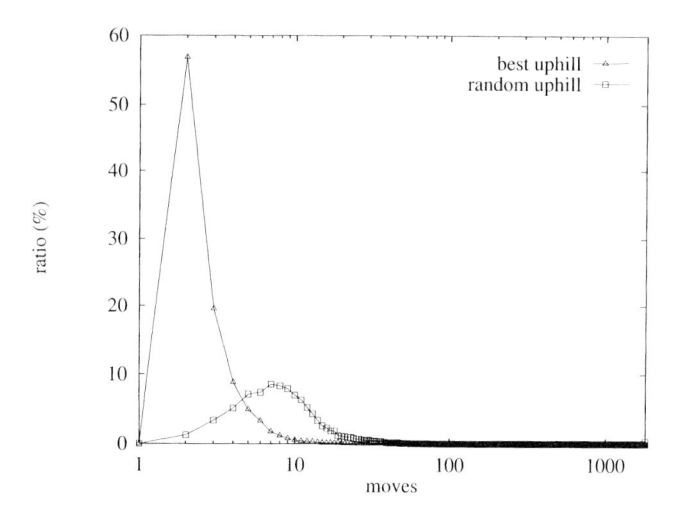

図 5.12 改善解を発見するまでの移動回数の分布 (一般化割当問題)

見つけるために要した移動回数の分布を示す．これらは，それぞれ1万回の試行に対する結果で，横軸は移動回数，縦軸は頻度である．これらの図より，以下が観察できる．

- いずれの方法を用いた場合でも，数回の移動の後に改善解が見つかるケースが非常に多い．
- BU 法のほうが RU 法よりも少ない移動回数で改善解を発見できる．(ただし，BU 法では近傍全体を調べた上で移動するため，1 回の移動に時間がかかる．)

本節で紹介した実験結果は，すべて POP の概念を裏付けるものであり，メタ戦略に基づく解法がうまくいくであろうことを直感的に支持するものである．とくに，局所最適解の周辺をより詳しく調べる集中化の概念の重要性を示唆している．

なお，このような，基本オペレータと評価関数の相関に対する考察は，例えば遺伝アルゴリズムの研究においては**適応度関数の景観** (fitness landscape) などと呼ばれており，他にもいろいろ研究がある[24, 114, 138, 174, 222]．

5.2 近傍の構成

近傍は，2.2 節で紹介したように，問題のタイプに応じて様々な定義が可能である．このとき，5.1 節で考察した POP をふまえ，よい解が共有する構成要素が何であるかをよく考えて，それらが近傍内で大きく変化することがないように設計することが重要である．例として，巡回セールスマン問題を取り上げると，これは街の訪問順序を求める問題なので，2.2 節で述べたように，順列に対する交換近傍や挿入近傍などを用いることもできるが，その他にも巡回路に含まれる枝の集合に着目した λ-opt 近傍や Or-opt 近傍が考えられる．これらの中では，枝を基本に考えた λ-opt 近傍 (通常は $\lambda = 2$ または 3 程度の小さな定数が用いられる) や Or-opt 近傍が強力であることが知られている[112, 128]．すなわち，メタ戦略の枠組をあれこれ試す前に，よい近傍とは何かをよく考察しておくことが重要といえる．どのような近傍がよいかは，近傍を探索する効率も考慮する必要があるので一概にはいえないが，POP の観点からは，近傍操作の前後で解の評価値があまり大きく変化しないように (すなわち近傍内の解の評価値が現在の解に近くなるように) 設計するのがよいといえる．適応的多

スタート法において初期解生成に利用される基本オペレータ(反復局所探索法のランダムな変形操作や遺伝アルゴリズムの交叉や突然変異など)に対しても同様のことがいえる．

複数の近傍が可能な場合には，それらのいくつかを組み合せて用いることも可能である．5.1節の実験において一般化割当問題に対して用いた N_{shift} と N_{swap} のように，両者の和集合 $N_{\text{shift}} \cup N_{\text{swap}}$ をとる方法は簡単であり，しばしば有効である．また，この例のように大きさの異なる近傍を用いる場合には (N_{swap} は N_{shift} よりかなり大きい)，通常の探索では小さい近傍のみを用い，小さい近傍による改善が不可能になったときに限り大きい近傍を用いるという方法もある．以上の考え方は，大きさの異なる近傍が3つ以上ある場合にも適用できる．また，単純局所探索法だけでなく，タブー探索法のように改悪解への移動を許す方法に対しても適用可能である．

複数の近傍を用いる場合，探索の状況に応じて，近傍を適応的に変化させる方法も考えられる．以下では，一般化割当問題に対するそのような例を紹介する．一般化割当問題に対しては，N_{swap} による移動では各エージェントに割り当てられている仕事の数が変化しないため，N_{swap} のみでは効果的な探索が望めない．ここで，近傍に $N_{\text{shift}} \cup N_{\text{swap}}$ を用いた単純局所探索法の動作の様子をもう少し深く考えてみよう．図5.13にシフト近傍と交換近傍による移動の例を示す．図中，大きな長方形はエージェントを表し，その中に入っている小さな長方形はそのエージェントに割り当てられた仕事を表す．また，エージェントを表す箱の高さはそのエージェントの使用可能資源量を，仕事の長方形の高さはその仕事の資源要求量を意味する．すなわち，仕事の長方形の和がエージェントの長方形からはみ出す場合は実行不可能解であり，ペナルティがかかる．

通常，探索がある程度進み，解の精度が高くなった状態では，各エージェントにおいて，割り当てられた仕事の資源要求量の総和はそのエージェントの利用可能資源量に近くなっている(すなわち，各エージェント $i \in W$ に対し，$\sum_{j \in V, \pi(j)=i} a_{ij} \simeq b_i$)と考えられる．(そうでない問題例は，利用可能資源量に余裕があるので，解きやすく，ここまで考える必要はない．) このような状態では，N_{shift} による移動を試みても，仕事が追加されるエージェントでは資源要求量が使用可能量を大きく越えてしまい，ペナルティの値が大幅に増え，評

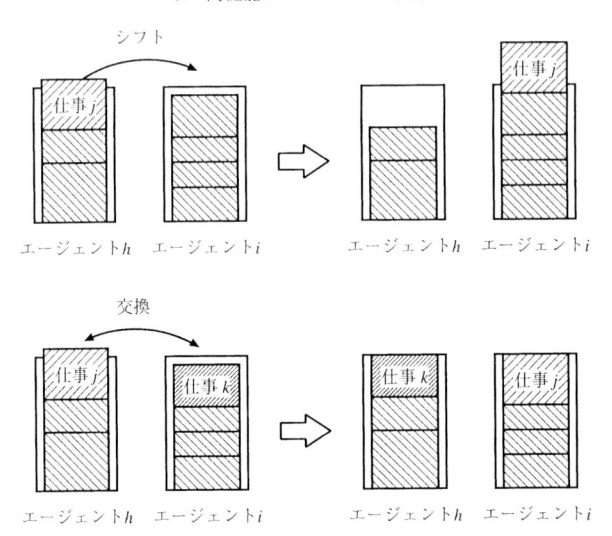

図 5.13　一般化割当問題に対するシフト近傍と交換近傍

価値の改善は望めない．従って，解がある程度の水準に達した後は，N_{shift} による移動は生じず，N_{swap} による移動しか採用されなくなる．その結果，探索の比較的早い段階で各エージェントに対する仕事数が固定されてしまい，限られた範囲での探索しかできなくなってしまうのである．

これを解決するため，N_{swap} に基づく局所最適解を求めた後，N_{shift} と N_{swap} を組み合せた以下の手続きを用いる．この手続きを **SSS 探針** (SSS probe) と呼ぶ (SSS は shift and subsequent swaps の略)．

SSS 探針　（入力: π, 出力: π'）

ステップ 1　$N_{\text{shift}}(\pi)$ 内の解を一つ選び，π'' とする．

ステップ 2　π'' を初期解とし，近傍に N_{swap} を用いた単純局所探索法を行い，得られた局所最適解 π' を出力して終了する．

ステップ 1 では N_{shift} により一つの仕事の割当先の変更を強制するため，2つのエージェントでの仕事数が変化する．しかし，各エージェントの仕事数はステップ 2 では変化しない．従って，SSS 探針の入力 π と出力 π' は必ず異なる．ステップ 1 の解の選び方をいろいろ試すことで，SSS 探針の出力 π' は変化す

る．よって，SSS 探針によって生成され得る解集合をあらためて近傍とみなし，局所探索法を設計することができる．このようにすれば，各エージェントでの仕事数を様々に変化させつつ局所探索が強制されるので，単に $N_{\text{shift}} \cup N_{\text{swap}}$ を近傍に用いた局所探索法よりも効果的な探索が期待できる．実際，このアイデアに基づく優れた計算結果の報告がある[220,221]．

5.3 単純局所探索法の移動戦略

単純局所探索法の移動戦略としては，近傍内をランダムな順序で調べて最初に見つかった改善解に移動する即時移動戦略と，近傍内の最良解に移動する最良移動戦略があることは 2.2 節で述べた通りである．通常，適当な初期解から始めて局所最適解に到達するまでの計算時間は，1 回の移動の手間の少ない即時移動戦略のほうが短い．よって，両者によって最終的に得られる局所最適解の平均的な精度に大きな違いがなければ，即時移動戦略が有利である．実際に，これら 2 つのいずれがよいかについては，問題や近傍によって変わるので，両方を試して性能のよい方を利用するのがよいが，著者らの経験では，即時移動戦略のほうがよい場合が多い．

即時移動戦略と最良移動戦略を組み合せた以下のような手法もしばしば有効である．近傍をいくつかの部分近傍に分割し，部分近傍ごとにその中の最良解を求めるという探索を適当な順序で進めていき，ある部分近傍の中の最良解が改善解になっていればただちにその解に移動するのである．例えば，一般化割当問題に対してシフト近傍を利用した場合は，それぞれの仕事 j のシフトにより得られる解集合を一つの部分近傍とすれば，近傍 $N_{\text{shift}}(\pi)$ を n 個に分割することができる．

さて，細かいことであるが，即時移動戦略を用いる場合には，近傍内の解の探索順序が局所探索法の性能に影響を与えるので，注意が必要である．例えば，与えられた変数の添字の順序に従って毎回添字の小さいほうから探索するというルールを用いると，プログラムは簡単であるが，近傍の探索に偏りが生じてしまい，局所最適解の中で到達しにくいものができてしまう可能性がある．

これを避けるための最も単純で一定の性能が期待できる方法は，4.10 節のア

ニーリング法の実現方法のところで紹介した，近傍内の解を一巡するランダムな順序を定めたリストをあらかじめ用意しておき，この順に従って探索を行うものである．改善解が見つかって解の移動が起こった場合は，リストの次の候補から探索を始める．このようにすることで，近傍内の解を探索する順序の偏りを小さくすることができる．この方法は，次のような場合にも有効である．最大充足可能性問題の1反転近傍では，v_j の 0-1 割当を一旦反転し，その直後に再度反転するともとの解に戻ってしまう．このように，特定の変数や変数の組などに対する近傍操作を2度繰り返すともとの解に戻る場合は，近傍操作が対称的であるという．対称的な近傍操作においては，上記の探索戦略は，直前の移動に用いた近傍操作に対して，それとは逆向きの操作を一番後回しにするという意味を持つ．その結果，対称な操作を何度も繰り返すという無駄を抑えることが期待できる．

5.4 近傍探索の効率化

局所探索の各反復において近傍探索の効率を上げることは，アルゴリズム全体の効率を上げることに直結しているので，きわめて重要である．一般に，近傍 $N(x)$ を大きくすれば，5.1節の実験で観測されたように，得られる局所最適解の質は向上する．しかし，近傍 $N(x)$ の中に改善解が存在するかどうかの判定は，近傍の探索にとくに工夫をしない限り通常 $O(|N(x)|)$ 以上の時間が必要となるため，近傍を大きくとると計算効率は下がる．これらのトレードオフについては，3.5節でも述べた通りである．近傍探索の効率化は，アルゴリズムの高速化を通して局所探索の反復回数の増大に直結しているので，最終的に得られる解の精度の向上にもつながるのである．

本節では，近傍探索の効率化のテクニックとして，
- 解の評価値の計算を効率化する，
- 改善の可能性のない解の探索を省略する，

という2つの考え方を紹介する．これらを実現するには，問題の構造をうまく活用する必要があるが，基本的な考え方は多くの問題に共通している．

5.4.1 評価値計算の効率化

近傍内の解の評価値の計算の効率化が可能な例として，最大充足可能性問題 (1.2.3項) を考える．例として，1 反転近傍 ($|N_{\text{1-flip}}(v)| = \mathrm{O}(n)$) を用い，評価値を

$$f_{\text{MAXSAT}}(v) = \sum_{i=1}^{m} w_i C_i(v) \quad (\text{大きいほどよい})$$

とする．このとき，何も工夫をしなければ，すべての $v' \in N_{\text{1-flip}}(v)$ に対し $f_{\text{MAXSAT}}(v')$ の値を計算する必要がある．ここで，計算の手間を明確に議論するため，変数の数 n と節の数 m 以外に，一つの節に含まれるリテラル数の最大値を l，一つの変数を含む節の数の最大値を t と定義する．明らかに $l \leq n$ かつ $t \leq m$ であるが，通常は $l \ll n$ かつ $t \ll m$ となる．これらを用いると，一つの $f_{\text{MAXSAT}}(v')$ の値を定義式に従って直接計算する手間は，すべての節を走査するための時間 $\mathrm{O}(ml)$ あるいは $\mathrm{O}(nt)$ と評価できる．

このように，評価値の計算に時間がかかる問題に対しては，

1) 近傍内の解の評価に必要な情報を表にして記憶しておき，
2) 解の移動の際に表を更新する，

という方法がしばしば有効である．1) の表は，評価値そのものでなくても，評価値計算に役立つような情報でもよい．局所探索法では，近傍内の解の評価を行う回数に比べ，解の移動の回数はずっと少ない場合が多いので，2) の計算に多少時間がかかっても，十分高速化につながるのである．

なお，以下では，近傍探索の計算手間をもう少し厳密に議論するため，

- 近傍内に改善解がないときには，現在の解が局所最適解であることを出力する，
- 近傍内に改善解があるときには，そのような解の一つを発見し，その解への移動を行う，

のに要する時間を **1 ラウンド 時間** (one-round time) と呼ぶ．この中には，上記の 2) の表の更新の手間も含まれる．以下，最大充足可能性問題に対するこのような工夫の方法を 2 通り紹介する．

具体的な説明に入る前に，

$$I_j^{\text{pos}} = \{i \mid y_j \text{ が節 } C_i \text{ に含まれる }\}$$

$$I_j^{\text{neg}} = \{i \mid \bar{y}_j \text{ が節 } C_i \text{ に含まれる }\}$$
$$I_j = I_j^{\text{pos}} \cup I_j^{\text{neg}}$$
$$J_i = \{j \mid y_j \text{ または } \bar{y}_j \text{ が節 } C_i \text{ に含まれる }\}$$
$$J_i^{\text{true}}(v) = \{j \mid y_j \text{ が節 } C_i \text{ に含まれかつ } v_j = 1,$$
$$\text{または } \bar{y}_j \text{ が節 } C_i \text{ に含まれかつ } v_j = 0\}$$

と定義しておく．I_j^{pos} (I_j^{neg}) はリテラル y_j ($\bar{y}_j$) を含む節の添字集合，J_i は節 i に含まれるリテラルの添字集合，$J_i^{\text{true}}(v)$ ($\subseteq J_i$) は節 i を充足する (すなわち $C_i(v) = 1$ とする) 原因となったリテラルの添字集合である．一般性を失うことなく $I_j^{\text{pos}} \cap I_j^{\text{neg}} = \emptyset$ を仮定する．すると

$$\begin{aligned} &j \in J_i \Leftrightarrow i \in I_j \\ &v_j = 1 \text{ ならば}, \ [i \in I_j^{\text{pos}} \Leftrightarrow j \in J_i^{\text{true}}(v)] \\ &v_j = 0 \text{ ならば}, \ [i \in I_j^{\text{neg}} \Leftrightarrow j \in J_i^{\text{true}}(v)] \end{aligned} \tag{5.1}$$

が成り立つ．また，$l = \max_i |J_i|$ と $t = \max_j |I_j|$ である．

効率化の第1の方法　第1の方法では，あらかじめ各変数 y_j に対する I_j^{pos} と I_j^{neg} をそれぞれリストとして記憶しておき，さらに各節 i に対して，現在の解 v によって値1をとるリテラルの数 $|J_i^{\text{true}}(v)|$ を記憶しておく．計算の最初，問題例と初期解 v が与えられたとき，これらを用意するのは，問題例の入力サイズ $O(nt)$ の計算時間で可能である．次に，v_j の 0-1 割当を反転したときの $C_i(v)$ の変化量を $g_i(v,j)$，$f_{\text{MAXSAT}}(v)$ の変化量を $g(v,j)$ と定義すると，

$$g(v,j) = \sum_{i=1}^{m} w_i g_i(v,j)$$

が成り立つ．$g_i(v,j)$ の値は，

$$g_i(v,j) = \begin{cases} 1, & j \in J_i \text{ かつ } |J_i^{\text{true}}(v)| = 0 \\ -1, & J_i^{\text{true}}(v) = \{j\} \\ 0, & \text{それ以外} \end{cases} \tag{5.2}$$

と計算できるので，$g_i(v,j)$ が0以外の値をとる i は I_j に含まれるものに限られる．よって，一つの j に対する $g(v,j)$ の値の計算は，リスト I_j^{pos} と I_j^{neg}

5.4 近傍探索の効率化

を走査しつつ式 (5.2) の条件を調べることにより実現できる．式 (5.2) の条件の確認は，$|J_i^{\text{true}}(v)|$ の値を記憶していることと性質 (5.1) を考慮すると，I_j の一つの要素あたり O(1) 時間でできる．(条件 $J_i^{\text{true}}(v) = \{j\}$ は $j \in J_i^{\text{true}}(v)$ かつ $|J_i^{\text{true}}(v)| = 1$ であることを調べればよい．) よって，一つの j に対する $g(v,j)$ の計算の手間は $|I_j| = \text{O}(t)$ と評価できる．次に，解の v から v' への移動にともなう $|J_i^{\text{true}}(v)|$ の値の更新は，リスト I_j^{pos} と I_j^{neg} を走査しつつ，$j \in J_i^{\text{true}}(v')$ ならば +1，そうでなければ −1 を加えればよいので，やはり $|I_j| = \text{O}(t)$ 時間で可能である．1 反転近傍のサイズは $|N_{\text{1-flip}}(v)| = \text{O}(n)$ なので，結局，1 ラウンド時間は，O(nt) となる．

効率化の第 2 の方法 第 1 の方法において，各 j に対する $g(v,j)$ の値もあわせて記憶しておくと，v_j の 0-1 割当を反転したときの $f_{\text{MAXSAT}}(v)$ の変化量の計算は $g(v,j)$ の値を参照するだけなので，O(1) 時間となり，さらに高速化できる．第 2 の方法として，これを以下に紹介する．この方法では，解の移動にともなって $g(v,k)$ ($k = 1, \ldots, n$) の更新が必要となるが，その手間は次のように考えることができる．解 v に対し，v_j の 0-1 割当を反転することにより得られる解を v' とし，v から v' への移動にともなう $g(v,k)$ の変化量を $\Delta g(v,k)$, $g_i(v,k)$ の変化量を $\Delta g_i(v,k)$ と記すと，$\Delta g(v,k) = \sum_{i=1}^{m} w_i \Delta g_i(v,k)$ である．また，$\Delta g_i(v,k)$ の値は，

$$\Delta g_i(v,k) = \begin{cases} -1, & k \neq j \in J_i \text{ かつ } J_i^{\text{true}}(v') = \{j\} \\ 1, & k \neq j \in J_i \text{ かつ } J_i^{\text{true}}(v) = \{j\} \\ -1, & k \neq j \in J_i \text{ かつ } J_i^{\text{true}}(v') = \{k\} \\ 1, & k \neq j \in J_i \text{ かつ } J_i^{\text{true}}(v) = \{k\} \\ -2, & k = j \in J_i \text{ かつ } J_i^{\text{true}}(v') = \{j\} \\ 2, & k = j \in J_i \text{ かつ } J_i^{\text{true}}(v) = \{j\} \\ 0, & \text{それ以外} \end{cases} \quad (5.3)$$

と計算できる．よって，この値が 0 以外となるものについては，I_j に含まれる各 i に対して J_i を走査しつつ (5.3) 式の条件を確認することにより計算できる．$|J_i^{\text{true}}(v)|$ の値を記憶しておけば，(5.3) 式の条件はいずれも O(1) 時間で計算できるので，結局，すべての k に対して $\Delta g(v,k)$ を計算する手間，すな

わち $g(v,k)$ の更新の手間は，$O(lt)$ と評価できる．

なお，1ラウンドの計算においては，評価値 $f_{\text{MAXSAT}}(v)$ を改善する解が近傍内に存在するかどうかを判定し，存在すればその一つを特定することが求められているが，上述の計算法では，近傍 $N_{\text{1-flip}}(v)$ 内のすべての解 (つまり，すべての j に対し値 v_j の反転を考える) に対して評価値を計算 (実際にはメモリに記憶してある $g(v,j)$ の値を参照) することによりこれを実現しているため，$|N_{\text{1-flip}}(v)| = O(n)$ 時間で可能である．以上をまとめ，この場合の1ラウンド時間は $O(n+lt)$ である．

次に，この時間をさらに短縮するため，$g(v,j)$ の値が正となる添字 j の集合を連結リスト[103]として記憶しておくことを考える．すると，リストが空であれば評価値 $f_{\text{MAXSAT}}(v)$ を改善する解は存在しないことがただちに結論でき，逆にリストが空でなければ，リストの先頭に格納されている添字の変数の反転により改善解が得られることが結論できるので，判定が $O(1)$ 時間で可能となる．このとき，解の移動にともなうこのリストの更新は，$g(v,j)$ の値の更新の手間 $O(lt)$ で可能である．よって，このような連結リストをさらに加えた場合の1ラウンド時間は $O(lt)$ と評価できる．なお，解 v が $\{0,1\}^n$ より確率 $1/2^n$ でランダムに生成されたと仮定すると (問題例に対する仮定は不要である)，1ラウンド時間の期待値は $O(t)$ となることもいえるが[214]，証明は複雑なので省略する．

2つの方法とも，解の評価値を毎回新しく計算する方法に比べると，大幅な改善になっている．また，通常は，l も t も非常に小さく，ともに $O(1)$ であることもある．このため，とくに第2の方法は高速である．数式を用いて説明したので，やや複雑に思えたかもしれないが，基本的な考え方は，評価値の変化量を記憶しておき，移動の際に値の変化した変数による影響があるところだけを更新するという単純なものなので，多くの問題に応用できる．なお，第2の方法は，一般の λ 反転近傍にも拡張できるが[214]，複雑になるので詳細は省略する．

ところで，他の例として巡回セールスマン問題に対して 2-opt 近傍を用いた場合を考えると，巡回路から削除する2本の枝の長さの和と巡回路に追加する2

本の枝の長さの和との差を計算するだけで現在の解の評価値との差が計算できる. すなわち, 近傍内の解一つあたり $O(1)$ 時間であり, すでに十分高速である. このような場合は, 解の評価値を表に記憶しておく方法を導入しても, さらなる高速化は期待できない.

5.4.2 近傍探索の枝刈り

ここでは, 改善の可能性のない解への探索を省略することによって近傍探索の効率化を図る方法を説明する. すなわち, $N(x)$ 内の改善解 (存在すれば) を保存しつつ, 探索する解の領域を $N(x)$ の一部に限定してしまうという手法である. これを実現する考え方としては, 以下のようなものがある.

- 目的関数や制約の構造を利用して, 評価関数の改善の必要条件をみたす近傍操作に探索を限定する.
- 一度探索して改善が起こらなかった近傍操作にマークをつけておき, その後の何回かの解の移動によって解の構造が変化し, その操作による改善の可能性が再び出るまではマークを消さずにおく. 近傍探索の際にはマークのついた操作を探索から除く.

なお, このような考え方は, 単純局所探索法だけでなく, アニーリング法やタブー探索法など, 改悪解への移動を許容する戦略と組み合せることも可能である. ただし, 場合によっては, 改悪解への遷移確率が変わったり, 改善解がない場合に近傍内の最良解が得られる保証がなくなったりするので, 注意を要する. 以下では, 巡回セールスマン問題に対する 2-opt 近傍と 3-opt 近傍に対し, 改善の必要条件を利用して近傍の探索を限定する方法と, これらに組み合せて利用される don't-look bit と呼ばれるマークを利用した方法を紹介する.

2-opt 近傍の枝刈り　最初に 2-opt 近傍を考える. 2-opt 近傍の大きさは $|N_{\text{2-opt}}| = O(n^2)$ であるので, 直接すべての近傍解を評価すると計算時間は $O(n^2)$ であるが, 以下の工夫によって (適当な仮定の下で) $O(n)$ に下げることができる.

2-opt 近傍では, 図 5.14 のように, 現在の巡回路から枝 $\{i_1, i_2\}$ と $\{i_3, i_4\}$ を取り去り, 新たに $\{i_2, i_3\}$ と $\{i_4, i_1\}$ を加える操作を考える. この操作は,

ステップ 1 枝 $\{i_1, i_2\}$ を取り去り $\{i_2, i_3\}$ を加える.

ステップ 2 枝 $\{i_3, i_4\}$ を取り去り $\{i_4, i_1\}$ を加える.

と2段階に分けて行うことができるが,ステップ1で定めた枝の組 $\{i_1, i_2\}$ と $\{i_2, i_3\}$ に対して,ステップ2の操作の対象となる枝の候補 $\{i_3, i_4\}$ と $\{i_4, i_1\}$ は一意に定まる.これは,図5.14を見ればわかるように,街 i_3 に接続する i_4 とは反対側の枝を消去してしまうと,巡回路にならないためである.よって,2-opt近傍のすべての解を調べるためには,ステップ1における枝 $\{i_1, i_2\}$ と $\{i_2, i_3\}$ の組合せのすべてを調べればよい.それらのうち,i_1 を特定の一つの街と定めたものの全体を,街 i_1 を始点とする枝交換の操作と呼ぶ (i_2 の候補には i_1 に接続する2本の枝の両方の端点を考えることに注意).

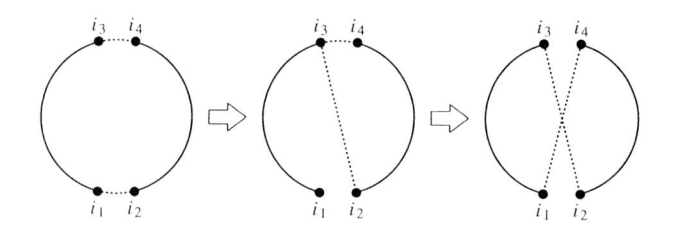

図 5.14 2-opt近傍の近傍操作を2段階に分けた例 (実線は巡回路のパス,破線は枝を表す)

さて,ある i_1, i_2, i_3, i_4 の組に対する枝交換の操作の結果,改善解が得られるとすると,$d_{i_2 i_3} + d_{i_4 i_1} < d_{i_1 i_2} + d_{i_3 i_4}$ であって,このとき,$d_{i_2 i_3} < d_{i_1 i_2}$ と $d_{i_4 i_1} < d_{i_3 i_4}$ のうち,少なくとも一方が成り立っていなければならない.これを用いると,街 i_1 を始点とする枝交換の操作では,ステップ1において消去する枝 $\{i_1, i_2\}$ を定めたとき,加える枝 $\{i_2, i_3\}$ の候補を $d_{i_2 i_3} < d_{i_1 i_2}$ が成り立つもののみに限定できる.このような制限を加えてもよい理由は,$d_{i_2 i_3} \geq d_{i_1 i_2}$ かつ $d_{i_4 i_1} < d_{i_3 i_4}$ が成立する場合は,街 i_3 を始点とする枝交換の操作において探索の対象となるからである.通常,探索で選ばれた巡回路に含まれる枝の長さはすでにかなり短いことが多いので,この方法により全近傍内で実際に探索する解の数を大幅に縮小できるのである.

5.4 近傍探索の効率化

さて,この考え方に基づいて近傍の探索を効率よく行うには,ステップ1において消去する枝 $\{i_1, i_2\}$ に対して $d_{i_2 i_3} < d_{i_1 i_2}$ をみたす枝 $\{i_2, i_3\}$ の候補を効率よく列挙する必要がある.巡回セールスマン問題の各街が座標により空間上の点として与えられる場合 (幾何的 TSP) には,これを効率よく実現する K-d 木という特別なデータ構造も研究されているが[21],ここでは,より単純な,**近傍リスト** (neighbor list) による実現方法を紹介する.

近傍リストは,各街 i に対し,距離 d_{ij} の小さい順に街 j の番号を記憶したリストである.このリストを用いると,$d_{i_2 i_3} < d_{i_1 i_2}$ をみたす枝 $\{i_2, i_3\}$ の列挙は,街 i_2 に対応するリストを前から順に走査し,それぞれを i_3 と考えて計算を進め,$d_{i_2 i_3} \geq d_{i_1 i_2}$ となった時点で終了すればよい.しかし,完全な近傍リストをすべての街について準備すると,$O(n^2)$ のサイズのメモリを要し (ただし,n は街の数),また,リストを最初に作成する手間は $O(n^2 \log n)$ である (n 要素の整列の計算手間を $O(n \log n)$ としている[103]).この部分を節約するため,通常は,適当なパラメータ γ $(0 < \gamma \leq n)$ を用意し,近傍リストには,各街 i に対して d_{ij} の小さい方から γ 番目までを記憶するという簡便法が利用される.この場合のメモリサイズは $O(n\gamma)$,リスト作成に要する計算時間は $O(n^2 + n\gamma \log \gamma)$ である (n 要素の中の第 γ 番目の大きさの要素の選択は $O(n)$ 時間で可能[103]).このとき,2-opt 近傍内のすべての改善解を保持するという性質はもはや成立しないが,平面上にランダムに街の座標を与えたユークリッド TSP の問題例や,TSPLIB と呼ばれるベンチマーク問題に対しては,n が相当大きい場合でも,γ の値は 20 程度で十分な性能が得られることが観測されている[112].平面上に街の座標が与えられる幾何的 TSP に対しては,各街 i の近傍リストに街 i に近いものから順に γ 個を選ぶのではなく,平面を街 i を中心として4つに分け (例えば街 i を原点とみなして,第1~4象限の4つ),それぞれの区分から $\gamma/4$ 個ずつ選ぶという方法も,問題例によっては効果的であることが知られている[112].このようにしておくと,街が密集している部分 (クラスタ) が存在しているような問題例に対し,クラスタからその外部への枝が近傍リストからはずれてしまうことを防ぐことができるからである.

近傍リストは,探索を始める段階で1度作っておけば,以後の探索ではそれをそのまま利用できる.すなわち,解の移動のたびに更新する必要がない.よっ

て，多スタート局所探索法などを用いて十分長く探索を行う場合には，近傍リストの構築にかかる時間は，アルゴリズム全体の時間に比べて無視できる．近傍リストの初期化にかかる時間を除けば，近傍リストを用いた場合の 2-opt 近傍の近傍探索の 1 ラウンド時間は $O(\gamma n)$ である．上述したように，γ は通常小さく設定できるので，この時間はほぼ $O(n)$ と考えてよく，何も工夫しない場合の 1 ラウンド時間 $O(n^2)$ に比べると，大幅な改善になっている．

3-opt 近傍の枝刈り　以上のアイデアは 3-opt 近傍についても適用可能である．3-opt 近傍の探索法の詳細を紹介する前に，2-opt 近傍の縮小の鍵となった，「$d_{i_2 i_3} < d_{i_1 i_2}$ をみたす枝のみを探索すればよい」という条件を 3-opt 近傍に拡張するために有用な補題を与える．

補題 5.1. $\sum_{i=1}^{l} c_i < 0$ ならば，ある j が存在して，任意の $k = 1, \ldots, l$ に対し，$1 \leq k \leq j-1$ ならば $\sum_{i=1}^{k} c_i + \sum_{i=j}^{l} c_i < 0$，$j \leq k \leq l$ ならば $\sum_{i=j}^{k} c_i < 0$ が成り立つ．

証明: $\sum_{i=1}^{k} c_i$ の値が最大となる k のうち，番号の一番大きなものを k^* とする．すると，$1 \leq k \leq k^*$ ならば $\sum_{i=1}^{k} c_i + \sum_{i=k^*+1}^{l} c_i \leq \sum_{i=1}^{k^*} c_i + \sum_{i=k^*+1}^{l} c_i < 0$，$k^*+1 \leq k \leq l$ ならば $\sum_{i=k^*+1}^{k} c_i = \sum_{i=1}^{k} c_i - \sum_{i=1}^{k^*} c_i < 0$ となる．よって，$j := k^* + 1$ とすればよい． □

さて，以下では 3-opt 近傍の探索法を紹介する．2-opt 近傍の場合は消去する 2 本の枝を定めれば加える枝の選び方は一意に定まるが，3-opt 近傍の場合は，図 5.15 に示すように，消去する 3 本の枝が決まっても加える枝の選び方は一意に定まらないので，ルールがやや複雑になる．ここでは，図 5.15 の左上の場合，すなわち，枝 $\{i_1, i_2\}$, $\{i_3, i_4\}$ および $\{i_5, i_6\}$ を消去し，枝 $\{i_2, i_3\}$, $\{i_4, i_5\}$ および $\{i_6, i_1\}$ を加える場合のみを説明する．このような変換により巡回路の長さが短くなると仮定する．すなわち，$d_{i_2 i_3} + d_{i_4 i_5} + d_{i_6 i_1} < d_{i_1 i_2} + d_{i_3 i_4} + d_{i_5 i_6}$ とする．すると，この条件は $(d_{i_2 i_3} - d_{i_1 i_2}) + (d_{i_4 i_5} - d_{i_3 i_4}) + (d_{i_6 i_1} - d_{i_5 i_6}) < 0$ と書けるから，補題 5.1 において $c_1 = d_{i_2 i_3} - d_{i_1 i_2}$, $c_2 = d_{i_4 i_5} - d_{i_3 i_4}$, $c_3 = d_{i_6 i_1} - d_{i_5 i_6}$ とおくことにより，

5.4 近傍探索の効率化

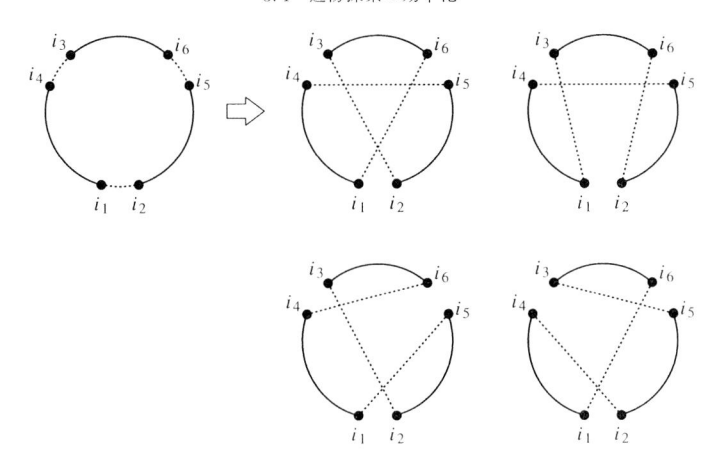

図 5.15 3-opt 近傍の巡回路

(a) $d_{i_2 i_3} < d_{i_1 i_2}$ かつ $d_{i_2 i_3} + d_{i_4 i_5} < d_{i_1 i_2} + d_{i_3 i_4}$

(b) $d_{i_4 i_5} < d_{i_3 i_4}$ かつ $d_{i_4 i_5} + d_{i_6 i_1} < d_{i_3 i_4} + d_{i_5 i_6}$

(c) $d_{i_6 i_1} < d_{i_5 i_6}$ かつ $d_{i_6 i_1} + d_{i_2 i_3} < d_{i_5 i_6} + d_{i_1 i_2}$

の3つのうちの少なくとも一つは成り立つことがいえる．ただし，(a), (b), (c) は，それぞれ補題 5.1 における $j = 1, 2, 3$ の場合に対応している．ここで，街 i_1 を始点とする枝交換の操作を，図 5.16 に示すように

ステップ 1 枝 $\{i_1, i_2\}$ を取り去り $\{i_2, i_3\}$ を加える，

ステップ 2 枝 $\{i_3, i_4\}$ を取り去り $\{i_4, i_5\}$ を加える，

ステップ 3 枝 $\{i_5, i_6\}$ を取り去り $\{i_6, i_1\}$ を加える，

と3段階に分けて考える．このとき，条件 (a) が成り立つならば，ステップ 1 で加える枝 $\{i_2, i_3\}$ の候補を $d_{i_2 i_3} < d_{i_1 i_2}$ をみたすもののみに限定し，さらにステップ 2 で加える枝 $\{i_4, i_5\}$ の候補を $d_{i_2 i_3} + d_{i_4 i_5} < d_{i_1 i_2} + d_{i_3 i_4}$ をみたすもののみに限定できる．条件 (b) と (c) が成り立つ場合も，枝を順次調べていくので，枝 $\{i_3, i_4\}$ や $\{i_5, i_6\}$ がステップ 1 で消去される対象となったときに自然に調べられることがわかる．

図 5.15 の左上以外のタイプの変換による改善も逃さずに見つけるためには，ステップ 2 において，街 i_3 に対して i_4 とは逆の側の枝を消去する変換を試す

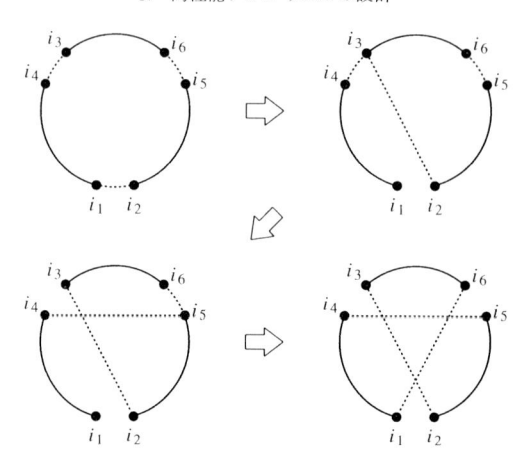

図 5.16　3-opt 近傍を 3 段階に分けた例

必要があるが，基本的な考え方は同様である．よって，近傍リストを用いれば，3-opt 近傍の近傍探索の 1 ラウンド時間は $O(\gamma^2 n)$ である．何も工夫しない場合は，3-opt 近傍の探索には $O(n^3)$ 時間かかるので，高速化の効果は非常に大きい．

街候補の枝刈り　　次に，上記の方法に組み合せて利用される，don't-look bit と呼ばれるマークを利用した方法[21]を紹介する．まず，すべての街に対し，マークを 0 とする．そして，2-opt や 3-opt 近傍において，街 i_1 を始点とした探索で改善解が得られなかった場合には街 i_1 のマークを 1 に変更する．街 i_1 のマークは，その後，i_1 に接続している 2 本の枝のうちの少なくとも一方が巡回路の枝から消去されたときに 0 に戻す．このようなマークを用いて，マークが 1 である街を始点とする探索を行わないという方法である．マークが 0 である街は，先入れ先出しリスト[103]に保存しておき，このリストの先頭にある街をリストから取り出しつつ順序よく調べる．この方法は，近傍内に改善解があれば必ず見つけるという保証はないが，経験的には，解の精度をほとんど落とすことなく，計算時間を大幅に短縮できることが観測されている．

巡回セールスマン問題に対しては，ここで紹介したものの他にも，解の記憶に高度なデータ構造を用いることなど[62]，近傍探索を効率化するための様々な

5.4 近傍探索の効率化

工夫が提案されている[112].

最大充足可能性問題 最後に,最大充足可能性問題に対する工夫の例を簡単に紹介しておく.λ 反転近傍を用いるとし,解 v から $v' \in N_{\lambda\text{-flip}}(v)$ への移動において 0-1 割当を反転する変数の添字の集合を $S(v,v') = \{j \mid v_j \neq v'_j\}$ と定義する.すると,$f_{\text{MAXSAT}}(v') > f_{\text{MAXSAT}}(v)$ ならば,$j \in S(v,v') \cap J_i$ かつ $C_i(v) = 0$ である i と j が存在する.よって,0-1 割当を反転する変数の組のうちの一つを,$C_i(v) = 0$ である節 (すなわち現在の解 v において充足されていない節) に含まれるものに限定できる.1 反転近傍を用いる場合は,5.4.1 項で紹介した第 2 の方法を用いれば,近傍内に改善解があるかどうかの判定が $O(1)$ 時間で可能なので,この考え方に基づいて近傍の探索を限定する効果は小さいが,$\lambda \geq 2$ の場合や,5.4.1 項で紹介した第 1 の方法を利用する (第 2 の方法の実現は面倒なので) などの場合は有効である.

複数の制約式が与えられて,それらをなるべく多くみたすことを目的とする問題は,最大充足可能性問題以外にも数多く存在するが,そのような問題に対しては,一般的に利用できるアイデアである.

2 反転近傍に対しては,さらに,以下の性質が成り立つ.$v' \in N_{2\text{-flip}}(v)$ かつ $S(v,v') = \{j,k\}$ であるとする.すると,解 v が 1 反転近傍に関してすでに局所最適であり,かつ $f_{\text{MAXSAT}}(v') > f_{\text{MAXSAT}}(v)$ ならば,$J_i^{\text{true}}(v) = \{j\}$ かつ $k \in J_i$ となる節 C_i が存在することがいえる.この性質は,条件をみたす節が存在しなければ,v_j と v_k のいずれか一方の 0-1 割当を反転することによって改善解が得られる (すなわち 1 反転近傍内に改善解が存在する) ことを示すことによって容易に証明できるが[214],詳細は省略する.2 反転近傍の探索に変数のペアをすべて列挙する場合は $O(n^2)$ 通りの可能性を調べる必要があるが,この条件をみたすような変数の組は各 i に対して $|J_i|$ 個しかないので,候補の数を大幅に削減できる.実際,上記の条件をみたす変数のペアの数は,最悪の場合でも $O(\min\{ml, n^2\})$ であり,また,解 v が $\{0,1\}^n$ より確率 $1/2^n$ でランダムに生成されたと仮定する (問題例に対する仮定は不要である) 場合の平均値は $O(n+m)$ であることを示せる[214].この考え方は,さらに 3 反転近傍にも拡張できる.これらのアイデアに基づいた局所探索法による優れた計算結果が

報告されている[216].

5.5 多スタート法の効率化

3.3節の多スタート法や3.4節の適応的多スタート法では，与えられた初期解を局所探索法によって改善するという操作を何度も反復する．よって，局所探索法の反復を高速化することは重要である．5.4節で紹介した方法の他に，以下では，巡回セールスマン問題に対して，Lin の1965年の文献[131]と Lin と Kernighan の1973年の文献[132]で利用された方法を紹介する．

単純局所探索法では，近傍探索の最後の反復において，近傍内の解をすべて調べて，局所最適性を確認する．(5.4節で紹介したような工夫を加えた場合は，例外もあり得る．) 即時移動戦略を用いる場合は，通常は近傍内に改善解が多数存在するので，この最後の (あるいはそれに近い) 反復を除いて，1回の反復はきわめて高速である．この部分の時間を節約するため，これまでの探索で得られた局所最適解とそれらの目的関数値をあわせて記憶しておき，解の移動のたびごとに新しい解がこれまでに得られた局所最適解と一致する場合には，ただちに局所探索を終了するという工夫を加えることができる．このような確認は，そのつど新しい解をこれまでに得られた局所最適解のすべてと比較すると時間がかかるが，簡単な工夫により，高速に実現できる．すなわち，解が一致するためには，目的関数値が一致しなければならない．よって，これまでに得られた局所最適解の目的関数値の最大値と最小値を記憶しておき，探索中の解の目的関数値がこの間に入ったときだけ確認を行えばよい．また，目的関数値に対応して解を記憶するような配列を用意しておけば，同じ目的関数値を持つ解を，一つあたり $O(1)$ 時間で取り出せる．ただし，目的関数の取り得る値の範囲が大きく，このような配列の用意が困難な場合は，ハッシュ表を利用するとか，逆に，目的関数値が等しい解が多数存在するような問題の場合には，ハッシュ関数を目的関数とは別に用意するなどの工夫が必要になる[103]．このように適当な方法を用いると，ある解がこれまでに生成された局所最適解の集合の中に含まれるかどうかの確認は，一致する解が存在するとき $O(n)$ 時間程度 (n は解を表現するために必要な領域量)，存在しないとき $O(1)$ 時間程度と考えてよい．

次に，やはり巡回セールスマン問題を考え，過去の局所最適解に共通する枝集合に着目する方法を紹介する．まず，探索を2つの段階に分け，第1段階では，通常の多スタート局所探索法を行い，いくつかの局所最適解を得る．第2段階では，第1段階で得られた局所最適解のすべてに共通して含まれる枝をすべて含むような解に探索を限定する．5.1節で紹介したように，巡回セールスマン問題に対する局所最適解においては，非常に多くの枝が共通していることが観測されている．よって，このような方法により，探索の集中化と高速化の両方が実現できるのである．

最後に，巡回セールスマン問題の枝に着目したもう一つの方法を紹介しておく．この方法では，1回の局所探索法を2段階に分けて行う．まず，第1段階では，過去の局所最適解に含まれていた枝の和集合を記憶しておき，これに含まれる枝を消去するような近傍操作を禁止する．そして，このような制限された近傍に対する局所最適解を得る．第2段階では，近傍操作に対するこのような制限をやめ，第1段階で得られた解を初期解として通常の局所探索法を行い，局所最適解を得るのである．上述のように，過去の局所最適解に含まれた枝は，新たな探索においても局所最適解に含まれる可能性が高いが，探索の途中の段階では，そのような枝を何度も解に加えたり解から消去したりを繰り返す心配がある．この方法は，このような現象を回避する効果がある．

後半の2つの方法は，巡回セールスマン問題に対して述べたが，他の様々な問題に対しても応用可能である．これらは，単純な適応的多スタート法と捉えることができるが，メタ戦略よりもはるか以前の1970年前後にすでにこのような重要なアイデアが提案されていたことは注目に値する．

5.6 可変深度近傍探索法

高度な近傍の構成法として，**可変深度近傍探索法** (variable depth search) がある．これは，単純な近傍操作を連鎖的に複数回反復することで生成され得る解集合を，あらためて近傍と定義する方法である．現在の解 x から近傍操作を適用していく様子を示したグラフを**探索木** (search tree) といい，図5.17にその例を示す．図5.17は，通常の近傍と可変深度近傍探索法による探索の様子を示

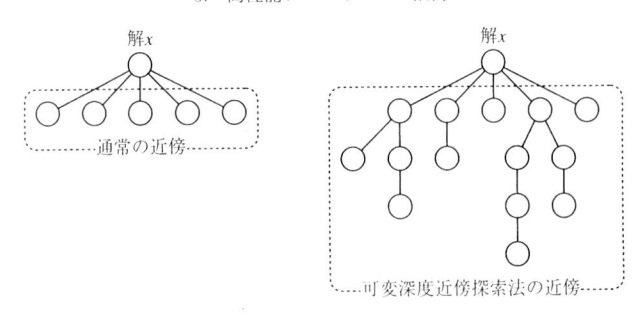

図 5.17 通常の近傍と可変深度近傍探索法による探索の様子

しており，いずれも現在の探索解 x を根とする木になる．図の節点は解を表し，枝が張られていることは，単純な近傍操作によって上の解から下の解が生成できることを意味する．根から各節点までの探索パスの長さを深さと呼ぶ．通常の近傍では，深さ 1 の節点に対応する解のみを探索の対象とするのに対し，可変深度近傍では深さ 2 以上の節点に対応する解も探索の対象とすることによって，探索の範囲を広げるところに特徴がある．ただし，単純な近傍操作を複数回反復するというパスをすべて探索したのでは，解の数が指数的に大きくなってしまうので，問題の性質をうまく利用したり，探索木の形状をあらかじめ限定するなどによって，探索の効率を保つのである．その結果，探索木の深さは適応的に変化する．これが可変深度近傍探索法 (variable depth search) の名前の由来である．

同様のアイデアはタブー探索法でも時々用いられており，その場合は**排除連鎖法 (ejection chain)** とも呼ばれる[28, 73, 167, 218]．ただし，排除連鎖法は，単純な近傍操作を連鎖的に複数回反復することにより新たな解を生成するメカニズム全体を指す広い枠組で，例えば上述の探索木の深さは定数であってもよい．また，同様のアイデアを guided local search と呼んでいる文献もあるが[17]，4.7 節で説明した誘導局所探索法とは異なる．

巡回セールスマン問題に対する Lin と Kernighan の方法 可変深度近傍探索法は，最初，Lin と Kernighan により提案され，グラフ分割問題[115]と巡回セールスマン問題[132]に適用された．ここでは，巡回セールスマン問題に対す

5.6 可変深度近傍探索法

る Lin と Kernighan の方法の概要を説明する．これは，5.4.2項で紹介した近傍探索の枝刈りを一般の λ-opt 近傍に応用したものと捉えることもできる．

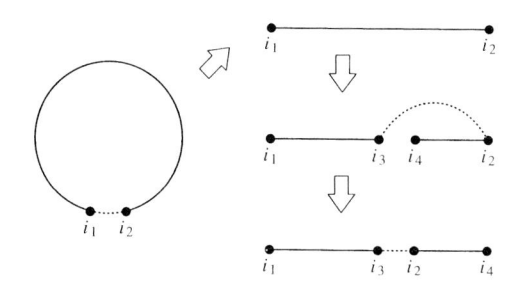

図 5.18 Lin と Kernighan の方法における解生成のメカニズム

まず，解の生成の規則を述べる．追加する枝の選び方の基準や，解の生成を打ち切る基準については後述する．街 i_1 を始点とした解の生成では，まず，枝 $\{i_1, i_2\}$ を消去する (図 5.18 参照)．このとき巡回路の残った枝はパスになっており，その端点は i_1 と i_2 である．このパスに対し，街 i_2 に接続する枝で，$\{i_1, i_2\}$ 以外のものを加える．このとき加えた枝のもう一方の端点を i_3 とする．街 i_3 に接続する2本の枝のうち，取り去った結果1本のパスが得られるという制約をつけると，そのような枝は一意に定まる．この枝のもう一方の端点を i_4 とする．こうして再びパスが生成され，その端点は i_1 と i_4 である．このパスから巡回路を作るには，枝 $\{i_4, i_1\}$ を加えればよい．これ以降は，同様に，$k = 2, 3, \ldots$ に対して，端点を i_1 と i_{2k} とするパスを基準の形とし，枝 $\{i_{2k}, i_{2k+1}\}$ を加えて枝 $\{i_{2k+1}, i_{2k+2}\}$ を消去し，i_1 と i_{2k+2} を端点とするパスを生成するという操作を繰り返す．こうして生成されたそれぞれのパスに1本の枝 $\{i_{2k}, i_1\}$ $(k = 2, 3, \ldots)$ を追加して得られる巡回路を探索の候補とするのである．ここで，k は探索木での深さに対応しており，また，深さ k $(k \geq 2)$ において生成される巡回路は k-opt 近傍に含まれる解である (深さ $k = 1$ で生成されるパスは枝 $\{2k, 1\}$ を加えるともとの巡回路に戻ってしまう)．

なお，$k \geq 3$ に対しては，k-opt 近傍の中にこの生成規則では生成できない解が存在する．例えば，図 5.15 の4タイプのうちの左上のものは，どの街を始点 i_1 とみなしても，一旦はパスでない形を経由しなければ生成できない．ま

た，図 4.1 の double bridge 近傍の解も，このような連鎖的な操作では生成できない．

さて，以上の生成ルールを用いて，深さ λ において改善解が見つかる，すなわち $\sum_{l=1}^{\lambda-1} d_{2l,2l+1} + d_{2\lambda,1} - \sum_{l=1}^{\lambda} d_{2l-1,2l} < 0$ が成立したと仮定する．すると，補題 5.1 より，ある j $(1 \leq j \leq \lambda)$ が存在して，すべての $k = 1, \ldots, \lambda$ に対して

$$\sum_{l=j}^{\lambda-1} d_{2l,2l+1} + d_{2\lambda,1} + \sum_{l=1}^{k} d_{2l,2l+1} < \sum_{l=j}^{\lambda} d_{2l-1,2l} + \sum_{l=1}^{k} d_{2l-1,2l}$$
$$(1 \leq k \leq j-1 \text{ の場合})$$

$$\sum_{l=j}^{k} d_{2l,2l+1} < \sum_{l=j}^{k} d_{2l-1,2l}$$
$$(j \leq k \leq \lambda-1 \text{ の場合})$$

$$\sum_{l=j}^{\lambda-1} d_{2l,2l+1} + d_{2\lambda,1} < \sum_{l=j}^{\lambda} d_{2l-1,2l}$$
$$(k = \lambda \text{ の場合})$$

が成り立つ．すなわち，街 i_{2j-1} をあらためて始点 i_1 に選べば，

$$\sum_{l=1}^{k} d_{2l,2l+1} < \sum_{l=1}^{k} d_{2l-1,2l}, \ k = 1, \ldots, \lambda-1 \tag{5.4}$$

が成り立つことがいえる．この性質は，2-opt 近傍や 3-opt 近傍の探索の枝刈り (5.4.2 項) に用いた性質と同様であり，以下に述べる枝刈りのルールに利用する．

巡回路を生成する際，同じ枝を何度も加えたり消去したりしては意味がないので，加える枝と消去する枝が重複しないように，各 $k = 1, 2, \ldots$ に対して

$$\{\{i_{2l}, i_{2l+1}\} \mid l = 1, 2, \ldots, k\} \cap \{\{i_{2l+1}, i_{2l+2}\} \mid l = 0, 1, 2, \ldots, k\} = \emptyset \tag{5.5}$$

が成り立つようにする．探索木の深さ 1 の候補としては，各街を始点 i_1 とし，現在の巡回路においてそれに接続する 2 本の枝のそれぞれのもう一方の端点を

i_2 とする,合計 $2n$ 通りの候補を調べる.探索木の深さ k ($k = 1, 2, \ldots$) において深さ $k+1$ の解を生成するために追加する巡回路の枝 $\{i_{2k}, i_{2k+1}\}$ を選ぶ際には,街 i_{2k} に対する近傍リストに蓄えられている γ 個の候補の中から,条件 (5.4) と (5.5) をみたすもののみを i_{2k+1} の対象とする.これらの条件をみたす枝の候補が存在する場合は,$k = 1$ と 2 ではすべての可能性を試す.$k \geq 3$ では,$d_{2k,2k+1} - d_{2k+1,2k+2}$ が最小となる枝 $\{i_{2k}, i_{2k+1}\}$,すなわち,でき上がるパスの長さが最小となる枝を選ぶ.以上の試行を続けて探索パスを伸ばしていった結果,条件をみたす候補が存在しなくなると,探索木の根からその解に至るまでの探索パス上で生成した解の中で最良のものが改善解になっているかを調べ,改善解になっていればその解を採用し,移動を行う.改善解になっていなければ,探索木の他の候補を試す.なお,この方法では,深さが大きくなると探索の候補を限定してしまうので,探索木において生成され得る解集合の中に改善解が存在しても,それを必ず発見できるという保証はない.

以上が基本的なルールであるが,詳細は Lin と Kernighan の原論文のアルゴリズムとは異なる部分があるので,より詳しくは原論文を参照いただきたい.例えば,彼らのアルゴリズムでは,枝 $\{i_2, i_3\}$ を加えた後,i_3 に接続する 2 本の枝のうち,図 5.18 の i_4 とは逆方向の枝を消去することにより,一旦はパスでない形を経由して生成される解を探索することも試みている.細かいルールに関しては,他の研究者も含め,様々な変形が考えられている[112,137].なお,Lin と Kernighan の方法に基づく C 言語のプログラムが WWW 上に公開されている[*1].

一般化割当問題 可変深度近傍探索法のもう一つの実現例として,一般化割当問題に対する適用例を紹介する.以下では,簡単のため,実行可能解のみを探索の対象とするものとして説明を行う(図 5.19 参照).現在探索中の解を π とし,ある仕事 j_1 を現在割り当てられているエージェント $i_1 = \pi(j_1)$ から一時的に除外すると,エージェント i_1 の利用可能資源量は $a_{i_1 j_1}$ 増える.i_1 において利用可能となった資源量を

[*1] http://www.caam.rice.edu/~keck/concorde.html

$$r_{i_1} = b_{i_1} + a_{i_1 j_1} - \sum_{\substack{j \in V \\ \pi(j) = i_1}} a_{i_1 j}$$

と記す．次に，i_1 には割り当てられていない仕事 j の中から，$a_{i_1 j} \leq r_{i_1}$ となるものを一つ選び，それを j_2 とする．また，仕事 j_2 が現在割り当てられているエージェントを $i_2 = \pi(j_2)$ とする．j_2 の割当先を i_2 から i_1 に変更 (シフト) すると，今度は i_2 の利用可能資源量が増え，

$$r_{i_2} = b_{i_2} + a_{i_2 j_2} - \sum_{\substack{j \in V \\ \pi(j) = i_2}} a_{i_2 j}$$

となる．よって，同様に $a_{i_2 j} \leq r_{i_2}$ となる仕事 j を i_2 にシフトできる．このような操作を連鎖的に次々と繰り返していくのであるが，この様子を図 5.19 に示す．この過程で，最初の段階で一時的に割当から除去していた仕事 j_1 をその都度割当可能なエージェント (常に存在するとは限らない) に割り当てることにより得られる解の集合を探索の候補とするのである．

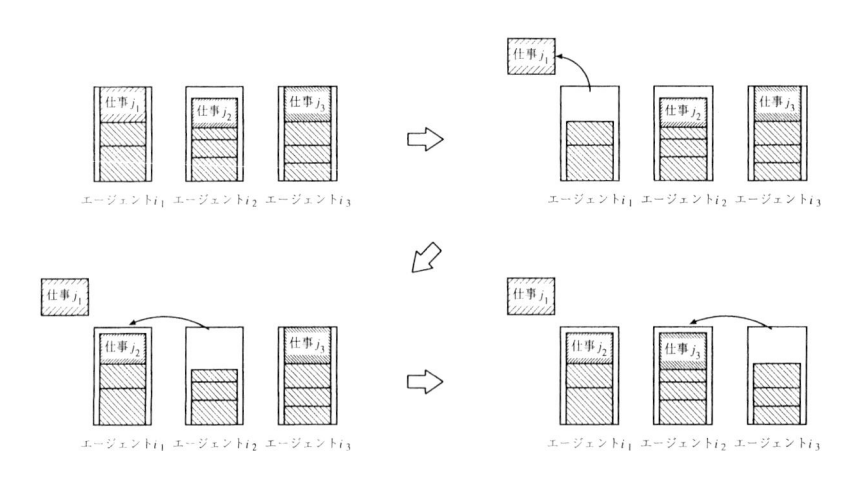

図 5.19　一般化割当問題に対する可変深度近傍探索法の解の生成例

探索木の生成規則にはいろいろあるが，例えば，以下のようなものが可能である．まず，深さ 1 では，最初に除去する候補 j_1 として，すべての仕事 j を対象とする．深さ 2 では，候補 j_2 として，条件 $a_{i_1 j} \leq r_{i_1}$ をみたすすべての仕

事 j を対象とする．しかし，深さ $k \geq 3$ では，条件 $a_{i_{k-1},j} \leq r_{i_{k-1}}$ をみたすものの中からコスト $c_{i_{k-1},j}$ が最小となるもののみを j_k とする．生成したシフト操作の列の中に同じ仕事が 2 度現れたときは，同じルールでシフト操作の列を長くしていくことができなくなるので，その深さで現在の探索パスを終了し，他の探索パスに移る．以上のルールにより生成される探索木の例を図 5.20 に示す．深さ 1 ではすべての候補を調べるが，深さ 2 では条件 $a_{i_1 j} \leq r_{i_1}$ をみたす候補のみを調べるので，深さ 1 よりも分岐が少なくなる．また，深さ 3 以降では，一つの分岐しか調べないので，これより下はパスになっている．改善解は探索木において深さが比較的小さいものの中に見つかる場合が多いので，深さの増加とともに解の探索範囲を絞ることによって探索木のサイズを小さく抑えているのである．

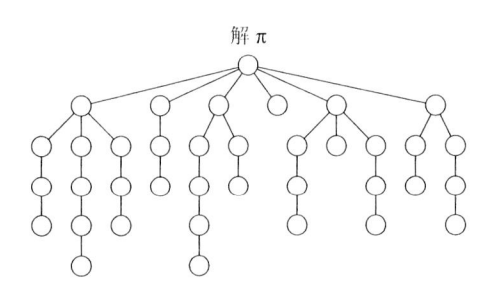

図 5.20 一般化割当問題に対する可変深度近傍探索法の探索木の例

また，上述の仕事 j_1 の割当先としては，深さ k において i_k を試す，割当可能なエージェントの中でコストが最良のもの i^* を試す，などの方法が考えられる．仕事 j_1 の割当先を i_k とした場合は，シフト操作の列は閉路状になり，また，$i^* (\neq i_k)$ とした場合は，パス状になる (図 5.21 参照)．シフト操作の列が閉路状の場合は，Lin と Kernighan の方法のときと同様に補題 5.1 を利用して，$\sum_{l=1}^{k}(c_{i_l j_{l+1}} - c_{i_l j_l}) < 0$ が各深さ k で成り立つことを条件として探索を限定するという方法も適用できる．

この方法に基づく探索を高速に実現するためには，データ構造などの工夫が必要となるが，やや複雑になるので説明は省略する．この考え方に基づいて，探

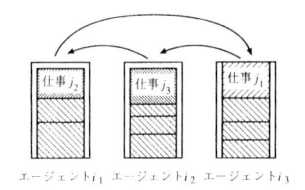

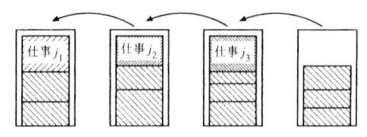

図 5.21　閉路状の近傍操作 (左) とパス状の近傍操作 (右)

索空間を実行可能解に限らず任意の割当に拡張した手法により，高い性能が得られることが報告されている[218]．

可変深度近傍探索法について，より詳しくは，Lin と Kernighan の原著[115, 132]，解説[166]，または最近の適用事例[28, 167, 218, 220, 221]を参照のこと．

5.7　改善解探索グラフに基づく大規模近傍探索法

前節の可変深度近傍探索法のように，大きな近傍を扱うとき，近傍内の解の全体の様子を**改善解探索グラフ** (improvement graph, 改善グラフ) と呼ばれるグラフを用いて表現し，近傍探索を効率よく行おうとする試みがある[7, 97]．この方法は**大規模近傍探索法** (very large-scale neighborhood search) と呼ばれる．改善解探索グラフの構成方法は，具体例を用いたほうがわかりやすいので，一般化割当問題に対する構成例を紹介する．

以下では，簡単のため，探索空間を実行可能領域に限定し，さらに，シフト操作の列が閉路状になるもの (図 5.21 参照) のみを探索の対象とするものとする．(パス状のものについては後述する.) また，解の評価には，目的関数値 (すなわちコスト) を用いると仮定する．改善解探索グラフの節点は，与えられた仕事集合 V である．グラフの枝とそのコストは現在探索中の解 π に応じて定まる．仕事 j が割り当てられているエージェントを $i = \pi(j)$ とする．仕事 j をエージェント i から除去し，代わりに仕事 k を i に割り当てたとき，i に対する資源制約がみたされる (すなわち $\sum_{h \in V, \pi(h)=i} a_{ih} - a_{ij} + a_{ik} \leq b_i$) ならば有向枝 (k, j) を張り，そうでないときは枝は存在しない (図 5.22 参照)．枝 (k, j) が存在する場合は，そのコストを $c_{ik} - c_{ij}$ とする．すると，図 5.23 に示すよう

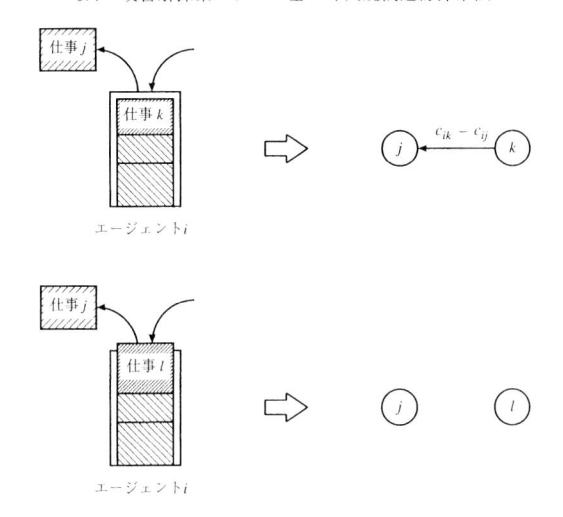

図 5.22 改善解探索グラフの構成法

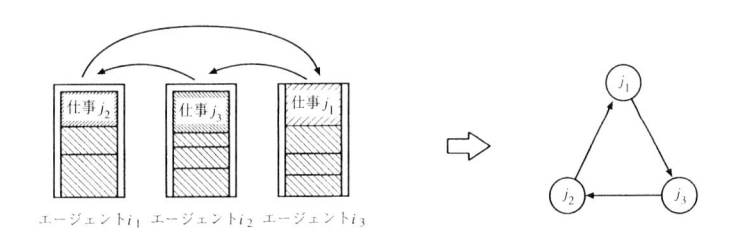

図 5.23 閉路状のシフト操作の列と改善解探索グラフにおける閉路の対応

に，閉路状のシフト操作の列によって実行可能解が得られる場合は，それに対応して改善解探索グラフに閉路が存在する．逆に，改善解探索グラフの閉路には，閉路状のシフト操作の列が対応している．このとき，改善解探索グラフの閉路に含まれる枝のコストの和をとると，対応するシフト操作の列によって得られる解と現在の解 π とのコストの差 (改善解ならば負の値) が得られる．よって，改善解を見つけるためには，改善解探索グラフの閉路の中から枝のコストの和が負となるものを探せばよいことになる．ただし，一つのエージェントに含まれる仕事が閉路の中に 2 つ以上現れる場合は，生成される解が実行可能でなくなる可能性があるので，そのような閉路は探索の候補から除く必要がある．

なお，パス状のシフト操作の列も探索の候補に含めたい場合は，各エージェント i に $a_{ij} = c_{ij} = 0$ となる仕事 j (このような仕事はダミーと呼ばれる) が一つ含まれているものとして同様のグラフを作成すればよい．

上述のような改善解探索グラフは，一般化割当問題に限定されず，一般には，解が与えられた要素集合 V の分割 $V_1, \ldots, V_m$ ($\cup_{i=1}^{m} V_i = V$ かつすべての i と i' ($i \neq i'$) に対して $V_i \cap V_{i'} = \emptyset$) として表現できる問題に対して構成できる．ただし，制約条件がみたされているかどうかが各 V_i で独立に判定でき，目的関数値が分割の各集合の評価値 $f_i(V_i)$ の総和 $\sum_{i=1}^{m} f_i(V_i)$ として与えられるという性質が必要となる．なお，m は問題によって指定される場合と最適化の対象となる場合の両方があり得る．一般化割当問題の場合は，仕事集合が V であり，エージェント i に割り当てられた仕事の集合が V_i となる．

改善解探索グラフが構成されると，次に，コストが負の閉路で，しかも同じ V_i に含まれる要素が 2 つ以上現れないようなものを探索することが求められる．ところが，この探索問題は，一般には NP 困難であることが示されており，常に効率よく解けるとは限らない．しかし，グラフ上の探索問題として定式化されているので，問題の構造を理解しやすく，様々なアイデアを考えやすいというメリットがある．また，同じ V_i に含まれる要素が 2 つ以上現れないという条件を除いた問題は，最短路問題に対するラベル修正法と呼ばれる単純なアルゴリズムを利用するとか，割当問題[*1)]に定式化することによって効率よく解ける[6)]．この事実を利用して，条件をみたさない解が多少含まれることも許して探索を行う方法も可能である．

改善解探索グラフを用いて，実質的に大きな近傍を探索するこのような方法は，最近大いに注目されており，すでにいくつかの具体的な問題へ適用されている[7,97)]．

5.8 評 価 関 数

すでに 2.3 節で述べたように，局所探索法において，もとの目的関数 f とは

[*1)] 一般化割当問題と異なり多項式時間で解ける．

異なる関数を評価関数 $\tilde{f}$ に用いるほうが効果的な場合がある．2.3 節では，主に，実行不可能解も探索空間に含めた場合に有効なペナルティ関数法について説明したが，例に挙げた評価関数では，いずれも，目的関数 f がそのまま評価関数 $\tilde{f}$ の一部に組み込まれていた．これに対し，本節では，目的関数とは全く異なる関数を評価関数として定義し，間接的に目的関数値の最小化を行う方法を紹介する．解の構造がある程度大きく変わらなければ目的関数値が変化せず，解の違いを目的関数に反映しにくいような問題では，このような評価関数の効果が期待できる場合がある．

一例として，巡回セールスマン問題において，目的関数が巡回路 σ に含まれる枝の総和ではなく，含まれる枝長の最大値

$$f_{\mathrm{MAXTSP}}(\sigma) = \max_{\{i,j\} \in E_{\mathrm{tour}}(\sigma)} d_{ij}$$

の最小化である場合を考えてみよう ($E_{\mathrm{tour}}(\sigma)$ の定義は (1.2) 式)．

このように最大値の最小化を要求する問題は，現実のスケジューリング問題における雇用人数の平準化や，複数の仕事の中で最後に終るものの時間 (メイクスパン) の最小化など，重要な応用においてしばしば現れる．$f_{\mathrm{MAXTSP}}(\sigma)$ をそのまま解の評価に用いると，探索中の解 σ に含まれる枝 $E_{\mathrm{tour}}(\sigma)$ の中で長さが $f_{\mathrm{MAXTSP}}(\sigma)$ に等しい枝の集合

$$E_{\mathrm{tour}}^{\max}(\sigma) = \{\{i,j\} \in E_{\mathrm{tour}}(\sigma) \mid d_{ij} = f_{\mathrm{MAXTSP}}(\sigma)\}$$

が大きい場合には，$E_{\mathrm{tour}}^{\max}(\sigma)$ のすべての枝がより短いものに置き換えられない限りは評価値が改善せず，局所探索の解の移動は生じない．このような場合には，巡回路に含まれる枝の距離の 2 乗和 $\sum_{\{i,j\} \in E_{\mathrm{tour}}(\sigma)} (d_{ij})^2$ や，$E_{\mathrm{tour}}(\sigma)$ に含まれる枝の距離を大きい順に並べ直したベクトルを評価関数 $\tilde{f}(\sigma)$ とすることによって，そのような難点を克服することが考えられる (後者の場合は辞書式順序において小さいほうがよいとする)．これらのいくつかを適当な重みで加えたものを利用することも可能である．

もう一つの例として，グラフ彩色問題 (GCP) を考えてみよう．2.3 節で紹介した探索基準 GCP-2 では，解の評価関数として，簡単のため，彩色数 χ と彩色の制約条件に違反する枝の本数の重みつき和 $\chi + \beta|\{\{i,j\} \in E \mid \pi(i) = \pi(j)\}|$

(β はパラメータ) を紹介したが，実際には，解の構造が大きく変化しない限りは彩色数 χ は変化しないため，あまり有効な評価関数とはいえない．これを解決する方法の一つとして，各色で塗られている節点の集合の大きさに着目した評価関数[11]を以下に紹介する．ある彩色 π において，利用されている色数を χ とし，各 i $(i=1,\ldots,\chi)$ について，色 i で塗られている節点の集合を V_i, 両端の節点が V_i に含まれる枝集合を E_i と記す．このとき，

$$\tilde{f}(x) = -\sum_{i=1}^{\chi} |V_i|^2 + \sum_{i=1}^{\chi} 2|V_i| \cdot |E_i| \qquad (5.6)$$

を最小化するのである．評価法に色数を用いた場合は，色数が変化する場合にしか目的関数への寄与を評価できないが，(5.6) 式の第 1 項では，$|V_i|$ が大きなものと小さなものへばらつくほど高い評価となるので，全体の色数が変化しない場合でも評価が可能となる上，結果的に色数が最小化されるような評価基準となっている ($\tilde{f}$ の最小化の結果，ある i に対し $|V_i|=0$ となれば，色数が減少する)．(5.6) 式の第 2 項は，制約をみたさない枝，すなわち同色枝に対するペナルティである．

(5.6) 式の評価関数を用いる場合，色数を定めず，実行不可能解も含めた任意の彩色を探索空間とし，さらに，一つの節点の色を変えることにより得られる解集合を近傍とすると，任意の局所最適解は実行可能な彩色になることが以下のように示せる．現在の彩色が実行不可能であるとし，同色枝が E_i に含まれているとする．その枝の一方の端点の色を $\chi+1$ (すなわち新しい色) に変更すると，(5.6) 式の第 2 項は少なくとも $2|V_i|$ 減るが，第 1 項の増加はたかだか

$$|V_i|^2 - ((|V_i|-1)^2 + 1^2) = 2|V_i| - 2$$

である．つまり，実行不可能な彩色に対しては，新たな色を導入して同色枝を減らすと，(5.6) 式の評価値は減少するので，局所最適解は必ず実行可能となるのである．しかし，一方で，この性質は，色数を増やすことで同色枝を減らす解が常に改善解となってしまうことを示唆しており，色数を増やさずに (5.6) 式の値を減らせる場合には，そのような解を優先するように移動戦略を作っておく必要がある．

5.9 WALKSAT 法

改悪解への移動も許す移動戦略として，アニーリング法とタブー探索法があるが，これら以外にも，問題の性質をうまく利用することにより，効果的な戦略を設計することが可能である．例として，充足可能性問題に対するWALKSAT法[188]を紹介する（ただし，これは，4.12.3項で紹介したタブー探索法に対する候補リスト戦略の一例と捉えることも可能である）．この方法は，充足可能性問題だけでなく，より汎用性の高い整数計画問題 (integer programming problem) へも拡張され，一定の成果を上げている[207]．

WALKSAT法の探索空間は変数への0-1割当，近傍は1反転近傍 (2.2節参照)，解の評価値は充足されていない節 (すなわち $C_i(v) = 0$ となる節) の数である．その移動戦略を以下に示す．まず，充足されていない節の中から一つをランダムに選ぶ．そして，選んだ節に含まれるどれかの変数の0-1割当を反転することにより得られる解の中から次の解を選ぶが，変数の選択ルールには以下の2つがあり，どちらを用いるかを毎回ランダムに定める．

ルール1： 0-1割当の変更により，充足される節の数が最も大きくなる変数を選ぶ．

ルール2： ランダムに一つ選ぶ．

現在の解の近傍内に改善解が存在するとすれば，そのような解では現在充足されていない節のどれかが充足されるので，どちらのルールであっても改善解への移動確率は正である．また，一つの節に含まれる変数の数は通常少ないので，1回の移動にかかる時間は非常に小さく，結果的に多くの解を探索できる．ルールは単純だが，このように問題の性質がうまく取り入れられており，良好な計算結果も報告されている[188]．

なお，各節に含まれるリテラル数が2以下で，すべての節をみたす0-1割当が存在する場合には，上記のルール2のみを用いて $O(n^2)$ (nは変数の数) 回の移動を行うと，そのような0-1割当の一つが求まる確率をいくらでも1に近づけることができることが示されており[164]，それがこの方法の起源になっている．この性質が成り立つ理由は，直感的に以下のように説明できる．

すべての節を充足するような 0-1 割当の一つを v^* とする．v^* では現在の探索解 v において充足されていない節も充足しているので，v において充足されていない節に含まれる 2 つの変数のうちの少なくとも一方の割当は，v と v^* で異なっている．よって，ルール 2 によって v と v^* のハミング距離が減少する確率は 1/2 以上となる．よって，v^* との距離を状態とするマルコフ連鎖を考えると，状態遷移を表すグラフは，図 5.24 のように，2 本の枝からなる閉路を 1 列に接続したものになっている．しかも，各状態において，距離が 0 に近づく方向への遷移確率は 1/2 以上である．そして，v^* との距離が 0 となる節点が吸収状態である．このようなマルコフ連鎖に対しては，吸収状態に到達するまでのステップ数の期待値が $O(n^2)$ であることが知られている[151]．

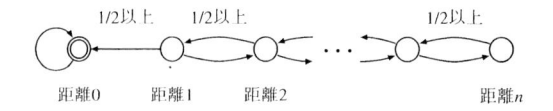

図 5.24 各節のリテラル数がたかだか 2 の場合の WALKSAT 法のマルコフ連鎖

なお，一つの節に含まれるリテラル数が 3 以上になると，吸収状態に近づく確率が 1/2 以上という性質がなくなるので，このような理論的な保証はできない．しかし，以上の考察から，WALKSAT 法のルールが一般の問題例に対してもうまく動作するであろうということが理解できよう．

5.10 パラメータの自動調整

メタ戦略アルゴリズムには，通常，探索を制御するパラメータがいくつか含まれる．その中には，個々の問題例の性質に敏感に反応し，十分な性能を得るためには，問題例のサイズやタイプが変わるたびに調整し直す必要があるものもある．これを避けるため，探索の状況に応じてパラメータを自動調整しようという試みがある．例えば，ペナルティ関数法のペナルティ重み (2.3 節) や，タブー探索法のタブー期間 (4.12.2 項) がその対象として挙げられる．

ペナルティ重みの自動調整　一般化割当問題 (1.2.5項) を用いて，ペナルティ重みの自動調整法の簡単な例を紹介する．解 π に対する各エージェントでの利用可能資源量の制約に対するペナルティを

$$p_i(\pi) = \max\left\{\left(\sum_{\substack{j \in V \\ \pi(j)=i}} a_{ij}\right) - b_i, 0\right\}$$

とし，さらに，ペナルティ重み α_i ($i \in W$) を用いて，解 π の評価関数を

$$\tilde{f}(\pi) = \sum_{j \in V} c_{\pi(j),j} + \sum_{i \in W} \alpha_i\, p_i(\pi) \tag{5.7}$$

とする．多スタート局所探索法における α_i の初期値は，適当な正の値を与える．α_i の値の更新は，1回の局所探索法が終了した時点で，得られた局所最適解 π' に基づいて行う．前回の局所探索法の探索中に1度も実行可能解を訪れなかった場合は，ペナルティ重みが軽すぎると判断し，

$$\alpha_i := \alpha_i(1 + \beta\, p_i(\pi')),\ \text{すべての}\ i \in W$$

と増加する．β の値は，パラメータ Δ^+ ($0 < \Delta^+ < 1$) を用いて，すべての $i \in W$ に対して $0 < \beta\, p_i(\pi') \leq \Delta^+$ をみたす最大の値とする．逆に，実行可能解が1度でも見つかった場合は，ペナルティ重みは十分であると判断し，パラメータ Δ^- ($0 < \Delta^- < 1$) を用いて，

$$\alpha_i := \alpha_i(1 - \Delta^-),\ p_i(\pi') = 0\ \text{をみたすすべての}\ i \in W$$

とペナルティ重みを減らす．ペナルティ重みを調整するために，別のパラメータ Δ^+ と Δ^- が増えているが，これらの値は，例えば $\Delta^+ = \Delta^- = 0.1$ などの小さな値に固定しておけば，大体うまくいく．これに対し，ペナルティ重み α_i を直接パラメータとして調整しようとすると，問題例の性質に依存して調整を行う必要があるので，面倒である．例えばすべての a_{ij} と b_i をそのまま入力した場合と10倍して入力した場合では，問題例としては全く等価であるにも関わらず，同じ α_i を用いたのでは探索動作が異なってしまう．しかし，

上記の自動調節法はこれらの変化に対応できる．他の多くの問題に対して同様の設計が可能である[67,218]．

タブー期間の自動調整　タブー探索法のタブー期間についても，同様の制御方法が可能である．タブーリストの役割は，探索が同じ解を反復して訪れるサイクリングの現象を防ぐことにある．しかし，タブー期間を長くして，タブーリストを大きくしすぎると，過剰制限となり，近傍 $N(x)$ 内によい解が存在するにも関わらず，そのような解への移動を禁止してしまうことになる．そこで，これまでの探索履歴をタブーリストとは別に長い期間に渡って記録しておき，これらに照らし合わせて，サイクリングが起こっていると判断されたならばタブー期間を増やし，逆に，$N(x)$ を過剰に制限していると判断された場合には，タブー期間を減らすのである．このような判断を行うには，例えば以下のようなルールが考えられる．

- 探索した解を長期に渡って記憶しておき，同じ解を2度訪れたことが検出されたら，タブー期間が短いと判断する．
- 特別選択基準 (4.12.3項参照) が適用されたら，タブー期間が長すぎると判断する．(特別選択基準は，タブーリストに含まれている解を採用してもサイクリングが起こらず，しかも採用することに十分意味があると判断されるときに適用されるので，特別選択基準が適用されたときにはタブーリストによる制約が厳しすぎると判断できる．)

ただし，通常はこのような単純なルールだけでは十分な性能が得られないので，より精巧なルールが用いられる．詳細は略すが，タブー期間のこのような制御法の一つとして，**反応タブー探索法** (reactive tabu search) と呼ばれる方法がある[18,19]．また，著者らのグループでも，反応タブー探索法とは異なる方法を提案し，大きな成功をおさめている[157~159]．

5.11　緩和問題の利用

解こうとする問題が整数計画問題 (1.2.7項参照) として定式化できる場合，そのラグランジュ緩和 (Lagrangian relaxation) やLP (linear programming) 緩和

5.11 緩和問題の利用

を解くことにより得られる様々な情報を探索に利用することができる[20,29,30,60]. ここでは一般化割当問題を例にとり, メタ戦略における利用を簡単に考察する.

一般化割当問題は, 0-1 変数 z_{ij} を用いて, 以下のような 0-1 計画問題に定式化できる:

目的関数 $\quad f_{\mathrm{GAP}}(z) = \sum_{i=1}^{m} \sum_{j=1}^{n} c_{ij} z_{ij} \to$ 最小

制約条件 $\quad \sum_{i=1}^{m} z_{ij} = 1, \ j=1,\ldots,n \quad (5.8)$

$$\sum_{j=1}^{n} a_{ij} z_{ij} \leq b_i, \ i=1,\ldots,m \quad (5.9)$$

$$z_{ij} \in \{0,1\}, \ i=1,\ldots,m, \ j=1,\ldots,n.$$

$z_{ij}=1$ は, 仕事 j をエージェント i に割り当てることを意味する. (5.8) 式は各仕事は必ず丁度一つのエージェントに割り当てられることを, (5.9) 式は各エージェントに割り当てられた仕事が必要とする資源量が利用可能資源量を越えてはならないことを表す.

この問題に対し, 適当なラグランジュ乗数ベクトル $\mu = (\mu_1,\ldots,\mu_m) \in R_+^m$ (R_+ は非負実数の集合) を用いて制約条件 (5.9) を緩和した問題

目的関数 $\quad f_{\mathrm{GAP}}^{\mathrm{LRP}}(\mu,z) = \sum_{i=1}^{m}\sum_{j=1}^{n} c_{ij} z_{ij} + \sum_{i=1}^{m} \mu_i \left(\sum_{j=1}^{n} a_{ij} z_{ij} - b_i \right) \to$ 最小

制約条件 $\quad \sum_{i=1}^{m} z_{ij} = 1, \ j=1,\ldots,n$

$$z_{ij} \in \{0,1\}, \ i=1,\ldots,m, \ j=1,\ldots,n \quad (5.10)$$

を考えてみよう. 目的関数の $f_{\mathrm{GAP}}^{\mathrm{LRP}}(\mu,z)$ は,

$$f_{\mathrm{GAP}}^{\mathrm{LRP}}(\mu,z) = \sum_{i=1}^{m}\sum_{j=1}^{n} (c_{ij} + \mu_i a_{ij}) z_{ij} - \sum_{i=1}^{m} \mu_i b_i$$

と書ける. この

$$\tilde{c}_{ij}(\mu) = c_{ij} + \mu_i a_{ij}$$

は**相対コスト** (relative cost, reduced cost) と呼ばれる．μ が与えられると，$f_{\text{GAP}}^{\text{LRP}}(\mu,z)$ を最小にする z は，$\sum_{i=1}^{m} \mu_i b_i$ が定数であることを考慮して，各仕事 j に対して相対コスト $\tilde{c}_{ij}(\mu)$ が最小となるエージェント i の一つを i_j^* とし，

$$z_{ij} := \begin{cases} 1, & i = i_j^* \text{ のとき} \\ 0, & i \neq i_j^* \text{ のとき} \end{cases} \tag{5.11}$$

とすることで求められる．制約条件 (5.9) が緩和されたことにより，問題が簡単になったのである．

ところで，$f_{\text{GAP}}^{\text{LRP}}(\mu,z)$ を最小にする z を $\hat{z}(\mu)$，$f_{\text{GAP}}(z)$ を最小にする z を z^* と記すと，任意のラグランジュ乗数 $\mu \in R_+^m$ に対して

$$f_{\text{GAP}}^{\text{LRP}}(\mu, \hat{z}(\mu)) \leq f_{\text{GAP}}(z^*)$$

が成り立つ．すなわち，もとの問題の最適値に対する下界値が得られる．よい下界値を得るためには，$f_{\text{GAP}}^{\text{LRP}}(\mu, \hat{z}(\mu))$ をできるだけ大きくする μ を求める必要がある．そのような μ の計算法については，ここでは詳しくは述べないが，例えば，**劣勾配法** (subgradient method)[60,172] を適用することができる．最適値に対する下界値は，探索によって得られた解がどの程度の精度であるかを知る上でも有益である．

エージェント i に対する条件 (5.9) がみたされると，ラグランジュ緩和問題 (5.10) の目的関数において $\sum_{j=1}^{n} a_{ij} z_{ij} - b_i \leq 0$ となるので，そのような i に対するラグランジュ乗数 μ_i が大きいと，下界値は小さくなってしまう傾向にある．よって，大きな下界値を実現する μ においては，μ_i の値の大小は，制約式のみたされにくさを反映しているといえる．よって，(5.7) 式のペナルティ関数を解の評価に用いる場合のペナルティ重み α_i の値を定める上で，μ_i は有益な指針となり得る．例えば，5.10 節で紹介したペナルティ重みの自動調整を行う際の α_i の初期値として μ_i を利用することが考えられる．

また，相対コストは，もとのコスト c_{ij} に加えて，制約 (5.9) に対する割当の望ましさを考慮した評価値 (小さいほどよい) になっていると理解できる．すなわち，制約がみたされにくいエージェント i (つまり μ_i は大きい) に対して必要資源量 a_{ij} が大きい場合は，大きなペナルティ $\mu_i a_{ij}$ が与えられる．この性

5.11 緩和問題の利用

質を用いて,相対コストを欲張り法 (2.1 節) の局所的な評価に利用したり,探索中の解の評価に利用することも可能である.また,相対コストが小さいほうから順に少数のエージェントのみを割当の候補として残し,それ以外は探索の対象外とする方法も考えられる.こうしてしまうと,一般に,探索空間に最適解が存在する保証はなくなるが,解の候補数を大幅に減少できるので,効率が上がる.

以上の議論を精密にすると,次のように,最適解を逃さないという条件をみたしつつ一部の変数の値を固定できる場合がある.これまでの探索によって得られている暫定値を UB とする.このとき,ある i と j に対して

$$\tilde{c}_{ij}(\mu) - \tilde{c}_{i^*_j j}(\mu) \geq UB - f_{\text{GAP}}^{\text{LRP}}(\mu, \hat{z}(\mu)) \tag{5.12}$$

が成り立てば,$z_{ij} = 0$ と限定しても最適解を逃さない.ラグランジュ緩和問題 (5.10) の最適解が (5.11) 式によって得られることから,(5.12) 式の左辺は,$z_{ij} = 1$ と限定した場合の下界値の増加量となっているので,$z_{ij} = 1$ とすると,暫定値 UB よりも小さな目的関数値は得られないことが結論できるからである.

緩和問題 (5.10) に対する解を $\hat{z}(\mu)$ とすると,これは条件 (5.8) をみたしている (すなわち,一つの割当である).緩和問題の目的関数と (5.7) 式のペナルティ関数は,形がよく似ているので,割当 $\hat{z}(\mu)$ は (5.7) 式で評価しても比較的よい解である可能性が高い.そこで,これを探索の初期解として用いる方法が考えられる.また,$\hat{z}(\mu)$ が実行可能でなくても,それを多少変形することで実行可能解を得るという簡単な近似解法も可能である.

一般化割当問題に対するラグランジュ緩和としては,条件 (5.9) の代わりに条件 (5.8) にラグランジュ乗数を与えて緩和することも可能である.このような緩和問題に対する相対コストは,上述のものとは異なるが,例えば,5.6 節で紹介した可変深度近傍探索法において,次のシフトの候補を選ぶ際,コストが最小のものを選ぶ代わりに相対コストが小さいものを選ぶと,より効果的であることが観測されている[218].

このように,ラグランジュ緩和問題から得られる情報には,様々な利用法があって,比較的古くから知られている[20,172].最近でも,集合被覆問題 (set covering problem) に対する優れた結果が報告されるなど[29,30]，さらなる発展が期待できる．類似の試みとして，代替緩和問題 (surrogate relaxation problem) の情報をタブー探索法の制御に用いた例もある[88]．このように，緩和問題の情報の利用法はいろいろ考えられるので，メタ戦略に組み合せて用いる新たなアイデアが今後も出てくることが期待できる．

5.12 メタ戦略に基づく汎用解法

解きたい問題に対してそのつどアルゴリズムを作る代わりに，汎用性の高い問題 (問題 II と書く) に対してメタ戦略アルゴリズムを用意しておき，解きたい問題を問題 II に帰着して，用意しておいたアルゴリズムを利用できれば，アルゴリズム開発の手間が省ける．この観点から，汎用ツールとしてのメタ戦略アルゴリズムが開発されつつある．

ここで，汎用性の高い問題とは，様々な問題を自然に定式化できるものである．例えば，1.2.3 項で紹介した最大充足可能性問題や 1.2.7 項で紹介した整数計画問題は高い汎用性を有している．これら 2 つを比べると，整数計画問題のほうがより一般的であり，汎用性は高い．しかし，整数計画問題は，汎用性が高い分，構造が一般的であるため，構造の特殊性を利用した性能の高いアルゴリズムを設計しにくい．一方，最大充足可能性問題では，5.4 節で紹介した近傍探索を高速化するアイデアなど，問題構造を利用した工夫がしやすい．このように，アルゴリズムの性能と問題の汎用性の間には，トレードオフの関係がある．よって，どのような問題を採用して汎用解法を開発するかが重要となる．

制約充足問題 このような汎用解法の開発の一環として，著者らのグループでは，**制約充足問題** (constraint satisfaction problem, CSP) をとりあげ，タブー探索法に基づくアルゴリズムによって良好な成果をおさめている[157,159]．制約充足問題は以下のように定式化できる．n 個の変数 $y_1, \ldots, y_n$，各 y_j のとり得る値の有限集合 D_j $(j = 1, \ldots, n)$，および m 個の制約

$$C_i(y_{i_1}, \ldots, y_{i_{l_i}}) \subseteq D_{i_1} \times \cdots \times D_{i_{l_i}}, \quad i = 1, \ldots, m$$

(l_i は i 番目の制約に含まれる変数の数) が与えられる．制約 $C_i(y_{i_1}, \ldots, y_{i_{l_i}})$ は，変数 $y_{i_1}, \ldots, y_{i_{l_i}}$ に同時に割当て可能な値の l_i 次元ベクトルの集合である．これらに対して，各変数 y_j に D_j の一つの値を割り当て，すべての制約 $C_1, \ldots, C_m$ を充足することが求められる．

なお，CSP の制約は，形式的には上述のようなベクトル集合 $C_i(y_{i_1}, \ldots, y_{i_{l_i}})$ として定義されるが，通常は，その集合を論理式や不等式を用いて記述することが多い．文献[157, 159]のアルゴリズムでは，CSP をこのような決定問題としてではなく，各制約 C_i に対して制約違反の程度を表すペナルティ関数 $p_i(y_{i_1}, \ldots, y_{i_{l_i}})$ を用意し，それらペナルティの総和

$$\sum_{i=1}^{m} p_i(y_{i_1}, \ldots, y_{i_{l_i}})$$

の最小化問題として捉えることで汎用性を高めており，制約の重要度に対する重みや目的関数も取り扱うことができる．なお，CSP に対して制約の充足度の最大化を考慮した定式化は，この他にもいろいろ提案されており，例えば，制約最適化問題 (constraint optimization problem)，重みつき CSP (weighted CSP)，部分 CSP (partial CSP, 不完全 CSP) などがある[155, 227]．CSP をこのような最適化問題と捉えると，最大充足可能性問題や全整数計画問題の一般化になっている．最大充足可能性問題では各制約は 0-1 変数とその否定の論理和 (すなわち節) に限定され，全整数計画問題では 1 次不等式に限定されているが，制約充足問題では不等式制約や任意の論理式による制約など，様々な制約が許されている．このように，CSP は高い定式化の能力を有し，様々な問題を自然な形で定式化しやすく (すなわち人為的な変数を加えて無理な帰着をする必要があまりない)，また，うまく定式化すれば一つの変数 y_j がとり得る値の種類数 $|D_j|$ を比較的小さくできる場合が多い．$|D_j|$ が小さいと，一つの変数の値の変更によって得られる近傍のサイズを小さく抑えることができるので，タブー探索法に基づく解法によって高い能力が得られやすいのである．

資源制約スケジューリング問題　　与えられた複数の仕事を時間軸に割り付ける問題は一般にスケジューリング問題と呼ばれている．各仕事はその処理のためにいくつかの資源を必要とするので，スケジュールの各時点で各資源の消費

量は許容範囲に収まらなくてはならない．このような制約の下で，様々な目的関数を最小化する問題が**資源制約スケジューリング問題** (resource constrained project scheduling problem, RCPSP) である．資源制約は，一般化割当問題の制約と同様に考えればよいが，複数の資源を考えることで，汎用性を高めている．また，仕事間の先行制約も取り扱える．1.2.2項で紹介した1機械スケジューリング問題では，一つの機械は一度に一つの仕事しか処理できないという制約があったが，このような制約も，機械を一つの資源と考え，この資源に対しては各時点での利用可能量が1であり，各仕事はその処理の全期間に渡って資源を1必要と考えれば，機械の制約を資源制約とみなすことができる．このような捉え方により，代表的なスケジューリング問題であるジョブショップ(スケジューリング)問題 (job-shop scheduling problem) なども資源制約スケジューリング問題の特別な場合とみなせる．また，多くの実用的なスケジューリング問題がこの形に定式化できる．筆者のグループでは，この問題に対しても，タブー探索法に基づく汎用解法の開発を進めている[158]．

なお，上記の2つの汎用解法のプログラムは，特定領域研究「アルゴリズム工学」のホームページ[*1)]において整備中のアルゴリズムデータベースの一部として公開予定である．

この他の汎用解法の試みとしては，混合0-1計画問題に対するタブー探索法に基づく汎用解法の開発が挙げられる[133]．また，充足可能性問題に対するWALKSAT法のアイデアを整数計画問題に拡張し，汎用解法としての性能を詳しく調べた報告もある[207]．

なお，整数計画問題に対して，分枝限定法[98](1.7節参照) に基づいて厳密な最適解を求める汎用解法は，すでに商用パッケージとしていくつか販売されている[208]．このような厳密解法は，問題の構造にもよるが，あまり大きな規模の問題例は扱えないことが多い．これに対し，メタ戦略に基づく解法では，最適性の保証はないが，比較的大きなサイズの問題例でも扱えるというメリットがある．

[*1)] http://www-or.amp.i.kyoto-u.ac.jp/algo-eng/

5.13 メタ戦略の並列・分散化

メタ戦略は並列・分散化に適しており，この特長を生かした高速化の研究が盛んに行われている．**並列計算機** (parallel computer) は，高価であるものの，しだいに普及してきている．さらに，複数台のパソコンをハブを介してネットワークで接続したPCクラスタや，インターネットに接続されている多数の計算機のCPUをそのまま利用する**分散システム** (distributed system) は，より現実的であって，比較的簡単に利用できることが多い．

並列計算機は，同期をとって動作する複数のCPUから構成されている．一方，分散システムは，非同期に動作し，場合によっては，CPUの性能やOSを初めとする動作環境がまちまちであって，さらにCPU間の通信が並列計算機ほど高速ではない．従って，並列計算機に比べると，分散システム上でのアルゴリズムの設計には，より多くの要因を考慮に入れる必要がある．しかし，メタ戦略は，きわめて柔軟な枠組であるため，いずれの場合でも，これまで述べてきたアルゴリズムに，さほど大きな変更を加えることなく，並列化あるいは分散化を実現することができる．

ここでは，メタ戦略の分散化について簡単に考察を加える．この場合，**マスター** (master) 機を1台用意し，それ以外の多数の計算機を**スレーブ** (slave) 機として用いる，マスター・スレーブ方式が自然であると思われる (図5.25参照)．すなわち，マスターは計算全体を小さなプロセスに分解し，それらのプロセスの割振りの管理を行い，スレーブはマスターから与えられたプロセスを実行して，得られた結果をマスターに返すのが役割である．3.2節で述べたように，メ

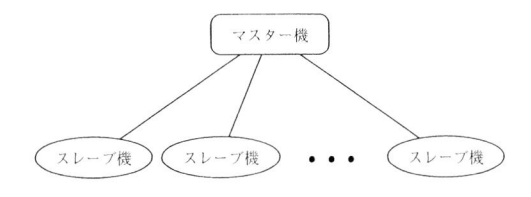

図 5.25　分散計算におけるマスター・スレーブ方式

タ戦略は

I (**初期解生成**): 初期解 x を生成する,

II (**局所探索**): x を (一般化された) 局所探索法により改善する,

という2つのステップを反復する方法であると捉えることができるが,これをマスター・スレーブ方式で実現しようとすると,ステップIの初期解の生成の管理をマスター機が行い,スレーブ機は,ステップII,すなわちそれぞれの初期解に対する局所探索を行うという方法が自然である.また,初期解生成に必要なパラメータの管理のみをマスター機で行い,初期解生成自体もスレーブ機に任せることも可能である.いずれの場合でも,暫定値や,アルゴリズム全体の制御に関わるパラメータの管理はマスター機で行い,与えられたデータに対する局所探索など,機械的で時間のかかる作業をスレーブ機に任せるという役割分担になっている.以下にこのような役割分担の具体例を3つほど与える.

1) ランダム多スタート局所探索法 (4.1節) を用いる.マスター機は各スレーブ機が空くと,その都度新たな初期解を生成して渡す.スレーブ機は,与えられた初期解に対する局所探索を実行し,結果をマスター機に報告する.

2) 反復局所探索法 (4.3節) を以下のように多少変更して用いる.マスター機は,スレーブ機のCPUが空くと,反復局所探索法の枠組のステップ2を行い,生成された解 x' を渡すという操作を繰り返す. (このとき用いる近傍 $N^{(l)}$ は,通常,十分大きいので,同じ解が複数個のスレーブ機に渡される確率は低い.) スレーブ機は,ステップ3の局所探索を実行し,得られた解をマスター機に返す.スレーブ機から解 x が返されると,マスター機はそのつどステップ4を実行して解 x_{seed} とパラメータ l の更新を行う.

3) 遺伝的局所探索法 (4.4節) を用いる.マスター機は,主に候補解集合 P の管理,すなわち,遺伝的局所探索法の枠組のステップ1の初期候補解集合の生成,およびステップ3の淘汰を行い,ステップ2の交叉や突然変異によって生成された解をCPUが空いているスレーブ機に渡す.スレーブ機は,受け取った解に対し,ステップ2-cにおける局所探索による改善を行い,得られた解をマスター機に返す.淘汰の規則を,スレーブ機から解が返されるとそのつど P の更新を行うものにしておけば,この

アルゴリズムは，2) の場合と同様に非同期に行える．

なお，第4章でも述べたように，これらにおける局所探索は，単純局所探索法に限定されることはなく，アニーリング法やタブー探索法などの高度なものまで，様々な自由度がある．

ところで，マスター機が1回ごとにスレーブ機に与える仕事量の大きさ，すなわちスレーブ機が一つのプロセスを処理するのに要する計算時間を分散計算の**粒度** (granularity) という．上述の例 1)～3) では，局所探索の終了までが1プロセスである．このような分散計算において，一般に粒度が小さすぎると，マスター・スレーブ間での通信が頻繁に行われるため，通信時間がボトルネックになり，分散化の効果が小さくなってしまう．一方，粒度が大きすぎると，多数のスレーブ機が行っている探索の状況を迅速に捉えることができず，探索の集中化や多様化を効率的に実現することが困難になる．このため，粒度の選択はきわめて重要である．

なお，上記の分散アルゴリズムでは，以下のような工夫により，粒度を大きくすることができる．

- ランダム多スタート局所探索法において，スレーブ機に初期解生成の機能も与え，適当回数の多スタート局所探索を行う．
- 局所探索に，アニーリング法やタブー探索法など，計算をいくらでも長く続けられるものを用いて，1回の局所探索の時間を長くする．
- 反復局所探索法において，解 x' の代りに，解 x_{seed} とパラメータ l をスレーブ機に渡し，スレーブ機が複数個の x' の生成と局所探索を受け持つ．ただし，スレーブ機ごとに異なる乱数系列を用いる必要がある．
- 遺伝的局所探索法において，1組の親から交叉や突然変異 (4.4節)，あるいはパス再結合 (4.12.4項) によって生成され得る解は，通常，多数存在するので，それらのいくつかを一つのプロセスに含めて局所探索を実行させる．具体的には，マスター機は1組の親を適当に選んで空いているスレーブ機に渡し，スレーブ機は交叉，突然変異，パス再結合などを実行していくつかの初期解を生成し，それらに対する局所探索を行う．

CPUの計算時間と通信時間の関係は，対象とする問題例のサイズや利用できる計算機環境に応じて変化するので，適切な粒度はこれらに応じて定める必要が

ある.メタ戦略を用いると,粒度の決定をきわめて柔軟に行えるので,効果的な分散化が期待できるのである.

メタ戦略の並列・分散化は,比較的早期から様々に試みられてきた.とくに,遺伝的局所探索法は,複数個の候補解の集合 P をもとに上述のような自然な並列・分散化が行えるので,この種の研究が多い[108, 153, 154].また,近傍内に改善解を見つけるための探索自体を並列・分散化するという,小さな粒度の実現法の試みもある.(Johnson と McGeoch の文献[112]に,巡回セールスマン問題に対するこのような研究が多数紹介されているが,それらの中には,数千万都市という大規模な問題例を対象にしているものもある.)ただし,この場合,近傍内に改善解が存在しないことの判定や,近傍内の最良解の発見が,すべてのプロセッサから応答が返ってくるまでできないので,並列計算機や PC クラスタのような,均一な CPU 環境が必要である.

なお,並列・分散化の試みは,1.7 節の分枝限定法に対しても行われており,大きな成功を収めている.例えば,1.7 節の最後に紹介した,巡回セールスマン問題に対して厳密に解けた問題例のサイズの世界記録は,このような分散化分枝限定法によるものである.

近年,計算機とインターネットの急速な普及により,ネットワークで接続された高性能な CPU が身近に利用できるようになった.これらの CPU が何かの計算のために常に占有されていることはまれである.よって,空いている CPU を分散化メタ戦略のために利用しようとするのは自然であり,今後の発展が期待できる研究分野である.

欄外ゼミナール

1000 万クイーン

チェスのクイーンの駒を $n \times n$ のチェス盤の上に n 個置くとき,互いに取り合わないような配置を求めよ,という問題を n クイーン問題と呼ぶ.クイーンは,将棋の飛車と角を合わせた動作をする駒で,縦・横・斜めの方向にいくらでも移動できる(図 5.26 (左) 参照).図 5.26 (右) に 8 クイーン問題の解の一例を示す.

なお,$n \geq 4$ の任意の n に対して規則的な配置が存在することが知られているため,数学的には,条件をみたす配置の総数を求めることや,それらのすべて

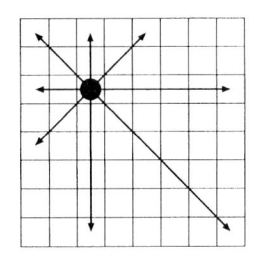

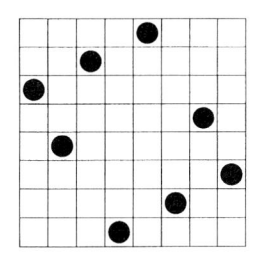

図 5.26 クイーンの動作 (左) と 8 クイーン問題の解の例 (右)

を列挙することが興味の対象となることが多いようである．一方，規則的でない配置も多数存在するため，大きな n に対してそのような配置の一つを求める問題は，種々の分野で発見的手法のベンチマークとして利用されてきた．

これに対し，久保は，$n = 1000$ 万という巨大なサイズの問題例を，パソコン程度の計算機を用いて 1 分程度の短時間で解くアルゴリズムを開発した[124]．なお，1000 万が区切りがいいので表題に用いたが，実際には 2 分程度で $n = 2000$ 万も解いている．アルゴリズムは，欲張り法で構築した解をタブー探索法によって改善するというものである．メタ戦略の高い能力を示す一例といえる．もちろん，1000 万という大規模なサイズを対象とするためには，領域量・時間量ともに $O(n)$ 程度に抑えておく必要があり，問題の構造を利用した種々の工夫が施されている．

n クイーン問題は，有名なパズルであって，解を求めることは結構難しいと考えられていた．久保の記事は，タブー探索法によれば簡単に解が求まることを指摘し，むしろこの問題がベンチマークに適さないことを啓発するために書かれたものである．

6
手軽なツールとしてのメタ戦略

　メタ戦略の一つの魅力として，その簡単さとロバスト性が挙げられる．すなわち，対象とする問題の数学的構造に対するとりわけ深い洞察がなくても，アルゴリズムを簡単に作ることができ，しかも，ある程度よい性能が期待できる．また，問題の形や，アルゴリズム内部のパラメータやオペレータが多少変化しても，性能が大幅に劣化しない場合が多い．本章では，この点に重点を置き，メタ戦略を「手軽なツール」として用いることを前提に，代表的なメタ戦略アルゴリズムを構成し，それらの性能を1機械スケジューリング問題と最大充足可能性問題の2つの問題に対する計算実験を通して比較する．そして，これらの実験から得られたデータをもとに，手軽なツールとしてのメタ戦略アルゴリズムの設計指針を与える．

6.1 実　験　環　境

　本章で比較の対象としたのは，ランダム多スタート局所探索法 (random multi-start local search, MLS法)，GRASP法 (greedy randomized adaptive search procedure)，反復局所探索法 (iterated local search, ILS法)，単純遺伝アルゴリズム (simple genetic algorithm, GA法)，遺伝的局所探索法 (genetic local search, GLS法)，アニーリング法 (simulated annealing, SA法)，閾値受理法 (threshold accepting, TA法)，大洪水法 (great deluge algorithm, GDA法)，およびタブー探索法 (tabu search, TS法) である．本章では，これらの名前を頻繁に参照するので，省略形を用いる (表6.1)．なお，第5章で紹介したような複雑なテクニックは，「手軽なツール」であることに反するので，利用して

6.2 1機械スケジューリング問題

表6.1 アルゴリズムの名前と省略形の対応

省略形	アルゴリズム名
MLS法	ランダム多スタート局所探索法 (random multi-start local search)
GRASP法	greedy randomized adaptive search procedure
ILS法	反復局所探索法 (iterated local search)
GA法	単純遺伝アルゴリズム (simple genetic algorithm)
GLS法	遺伝的局所探索法 (genetic local search)
SA法	アニーリング法 (simulated annealing)
TA法	閾値受理法 (threshold accepting)
GDA法	大洪水法 (great deluge algorithm)
TS法	タブー探索法 (tabu search)

いない．また，基本的なアイデアの効果を調べるのが目的であるので，適応的多スタート法とアニーリング法を組み合せるなどの混成アプローチも含めていない．

計算実験は，1機械スケジューリング問題については Sun SPARC station IPX 上で，最大充足可能性問題については Sun Ultra 2 Model 2300 上で行い，言語は C 言語を用いた．解の精度は，1機械スケジューリング問題では実験中に求まった最良解からの誤差，最大充足可能性問題では最適値からの誤差で計る．また，アルゴリズムの効率は，計算時間ではなく，コストの評価回数 (以下，サンプル数と記す) を基準とする．これは，計算時間が，コンピュータやプログラム技術など，アルゴリズムの本質とは関係のない要因に左右されやすいことを考慮したためである．

6.2 1機械スケジューリング問題

6.2.1 目的関数の定義と問題例の生成

1機械スケジューリング問題の目的関数は，1.2.2項で紹介したように様々なものがあるが，実験に用いたのは以下である．各仕事 $i \in V$ ($V = \{1, \ldots, n\}$) に対し，処理時間 p_i と納期 d_i が与えられる．さらに，仕事 i の完了時刻 c_i の納期からのずれに対し，進みと遅れのそれぞれに対するペナルティ重み h_i と w_i が与えられる．準備時間 r_i はすべての仕事に対して0とする．このとき，解 σ に対する目的関数を，

$$f_{\text{SMP}}(\sigma) = \sum_{i \in V} (h_i \max\{d_i - c_i, 0\} + w_i \max\{c_i - d_i, 0\})$$

とする(図6.1).これは,納期ずれに対する重みつき和である.1機械スケジューリング問題においてこの目的関数を用いた場合は,NP困難であることが知られている.問題例は,IbarakiとNakamuraの文献[105]に定められた方法に従って,$n = 100$ に対して10問をランダムに生成した.

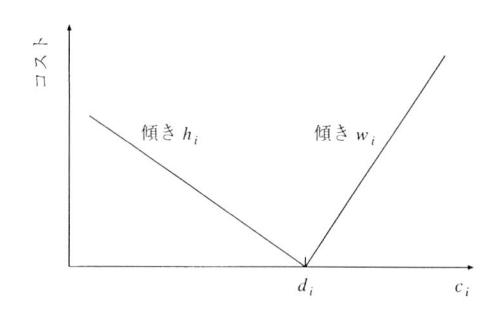

図 **6.1**　1機械スケジューリング問題の目的関数(仕事 i の納期ずれコスト)

6.2.2　1機械スケジューリング問題に対するメタ戦略の構成

1機械スケジューリング問題(1.2.2項)に対し,MLS法,GRASP法,ILS法,GA法,GLS法,SA法,TA法,GDA法,およびTS法を構成した.これらの概要を以下簡単に説明しておく.なお,GRASP法の初期解生成に用いる欲張り法や,GA法とGLS法の交叉法などの基本オペレータには様々なものが考えられるが,本項では主に6.2.3項の図6.2と図6.3の比較結果に用いられたものについてのみ簡単に説明する.ここで用いた基本オペレータは,様々なものを試した上で最良の結果が得られたものであるが,これら基本オペレータの比較実験の詳細や各アルゴリズムのより詳しい振舞いは,著者らによる文献[209-211, 213]を参照いただきたい.

いずれのアルゴリズムでも,3.2節のメタ戦略のステップII-Aの近傍には,2.2節で紹介した挿入近傍 $N_{\text{ins}}(\sigma)$ と交換近傍 $N_{\text{swap}}(\sigma)$ の2通りを調べ,II-Bの解の評価には,スケジュール σ のコスト $f_{\text{SMP}}(\sigma)$ をそのまま用いた.

6.2　1機械スケジューリング問題

　MLS法，GRASP法，ILS法およびGLS法では，単純局所探索法を用いるが，II-Cの移動戦略については，即時移動戦略を用いるほうが最良移動戦略を用いた場合に比べてよりよい解が速く求まることがMLS法に対する計算実験において観測された(結果は省略)．最良移動戦略では，一つの局所最適解を求めるために要するサンプル数が即時移動戦略に比べて非常に大きいため，サンプル数を一定にして比較した場合には，即時移動戦略によるほうが多くの反復回数を試すことができ，その結果，より高い性能が得られるのである．この傾向は，MLS法以外においても同様と考えられるため，以下の実験では移動戦略を即時移動戦略に限定した．

　GRASP法 (4.2節参照) の初期解生成については，簡単な局所評価に基づいて，前 (または後) から順に次にスケジュールする仕事を次々と定めていくという欲張り法を用いた．局所評価には，仕事 j を次にスケジュールする望ましさを，仕事 j をスケジュールしたのち残りの仕事を h_i の大きい順にスケジュールした場合のコスト (小さいほどよい) によって計る方法を採用した．また，欲張り法に加えるランダム性の度合については，次にスケジュールする仕事の候補を保持する集合の大きさをパラメータとし，局所評価値が高いもの順に選んだ．

　ILS法 (4.3節参照) においては，簡単のため，4.3節で紹介したアルゴリズムの枠組のパラメータ $l_{\max}$ を 1 に限定した．また，t は固定されたパラメータとした．解のランダムな変形に用いる近傍には，N_{ins} と N_{swap} の 2 通りを試みた．なお，この変形操作は突然変異とみなすこともできるので，それぞれINS，SWAPと記し，GA法やGLS法においても利用する．

　GA法とGLS法 (4.4節参照) では，交叉には順序交叉を用い (順序交叉は4.4節で説明した)，突然変異には，ILS法と同様にINSとSWAPの2通りを調べた．また，淘汰には以下を用いた．1世代に生成される子集合 Q のサイズ $|Q|$ を 1 とする．候補解の集合 P の中から 2 つの親 σ^{A} と σ^{B} をランダムに選び，それらに交叉と突然変異の操作を加えることにより，子 σ^{C} を生成する．そして，$P \cup Q$ 内で最大のコストを持つ σ_{worst} と $P := P \cup \{\sigma^{\mathrm{C}}\} \setminus \{\sigma_{\mathrm{worst}}\}$ のように入れ換える．ただし，解集合 P には重複解を許さないものとし，子を生成した時点で $\sigma^{\mathrm{C}} \in P$ であるときは，解の入れ換えを行わない．

　SA法では，4.10節の枠組の各ステップを以下のように定めた．パラメータ

として, $p_{\text{init}}, \alpha_{\text{loop}}, \beta_{\text{temp}}, \alpha_{\text{freeze}}$ の 4 つを用意する. まず, ステップ 1 の初期温度は, 初期解 σ に対し, 改悪解への移動確率が p_{init} 程度となるように定める. ステップ 2 のループは, $\alpha_{\text{loop}} \cdot |N|$ 回反復後に終了する (N は SA 法が用いる近傍で, N_{ins} または N_{swap}). ステップ 3 では, 温度を $t := \beta_{\text{temp}} \cdot t$ と更新する (幾何冷却). また, ステップ 3 のアルゴリズムの終了条件は, 改善解への移動が生じない試行が連続して $\alpha_{\text{freeze}} \cdot |N|$ 回以上生起した時点で終了する. このルールで反復を終了した時点で, サンプル数が指定した数値に達していない場合には, ランダムな初期解から再び反復を行う. また, 近傍内の解は, 毎回独立にランダムに抽出するのではなく, 近傍内の全解を探索するランダムな順序をあらかじめ定めておき, その順序に従って抽出する方法 (4.10 節参照) をとる.

TA 法 (4.11 節参照) の閾値 τ も SA 法と同様の制御が可能なため, SA 法と同じ規則を用いた. GDA 法については, 4.11 節の枠組のステップ 3 の Δ_ω を定めるルールを与える必要がある. ここでは, α ($0 < \alpha \leq 1$) をパラメータとして, $\Delta_\omega := \alpha(\omega - f_{\text{SMP}}(\sigma'))$ とする方法を用いた (σ' はステップ 2 において生成された解 x' に対応). 終了条件と解の抽出方法は SA 法と同様とした.

TS 法 (4.12 節参照) では, 移動戦略やタブーリスト T の定義などを具体的に定める必要がある. まず, 移動戦略は, $N(\sigma)$ の解をあらかじめ定めたランダムな順序に従って調べていき,

$$f_{\text{SMP}}(\sigma') < f_{\text{SMP}}(\sigma) \text{ かつ } \sigma' \notin \{\sigma\} \cup T,$$

または,

$$f_{\text{SMP}}(\sigma') < f_{\text{SMP}}(\sigma_{\text{best}}) \quad (\text{特別選択基準})$$

をみたす最初の解 σ' に移動するというルールを用いた. σ_{best} は過去の探索中に見つかった最良解である. 以上のルールが $N(\sigma)$ に適用できない場合 (すなわち σ は (T によって制限された近傍における) 局所最適解) には, $N(\sigma) \setminus (\{\sigma\} \cup T)$ 内の最良解に移動する. タブーリストには, T_{job} と T_{pos} の 2 つを試みた. これらは,

$$T_{\text{job}}(\sigma) = \{\sigma' \in N(\sigma) \mid \sigma \text{ から } \sigma' \text{ への移動は, 過去 } t_{\text{tabu}} \text{ 回の}$$

移動の間に位置が変わった仕事の位置を再び変更する },

$$T_{\text{pos}}(\sigma) = \{\sigma' \in N(\sigma) \mid \sigma \text{ から } \sigma' \text{ への移動は，過去 } t_{\text{tabu}} \text{ 回の}$$
移動の間に位置が変わった仕事をもとの位置に戻す }

と定義される．ただし，t_{tabu} はタブー期間のパラメータである．また，過去の探索において，仕事 i が位置 k から他へ移った移動の回数や，仕事 i が位置 k にスケジュールされていた期間の長さ (移動回数で計る) を長期メモリとして保持しておき，同じ移動が繰り返される場合に解の評価関数にペナルティを加える方法も併用した．

6.2.3 1機械スケジューリング問題に対するメタ戦略の比較

6.2.2 項で述べた様々なメタ戦略の比較を行う．図 6.2 と図 6.3 に，$n = 100$ の問題例に対して，各メタ戦略で得られた暫定解の最良解からの平均誤差 (%) が，サンプル数の増加にともなってどのように減少していくかの様子を示す．挿入近傍 N_{ins} を用いた場合の結果が図 6.2，交換近傍 N_{swap} を用いた場合の結果が図 6.3 である．GA 法については，N_{ins} と N_{swap} に対応して，突然変異にそれぞれ INS と SWAP を用いている．各アルゴリズムのパラメータ設定は，各アルゴリズムに対していろいろ試した後，最良と思われるものを用いた．なお，図中，例えば「3e + 06」は「3×10^6」の意味である．

図より，以下のことが観測できる．

- GA 法以外のすべての方法の性能は，近傍に大きく依存し，N_{swap} が N_{ins} より優れた結果を与えている．
- GA 法により得られる解の精度はあまり高くない．
- 両近傍において，GRASP 法，ILS 法，GLS 法，SA 法，TA 法，および GDA 法は，いずれも MLS 法よりも高い性能を示している．その中でも，近傍 N_{swap} では，ILS 法，GLS 法，SA 法，TA 法がとくに良好な結果を与えている．

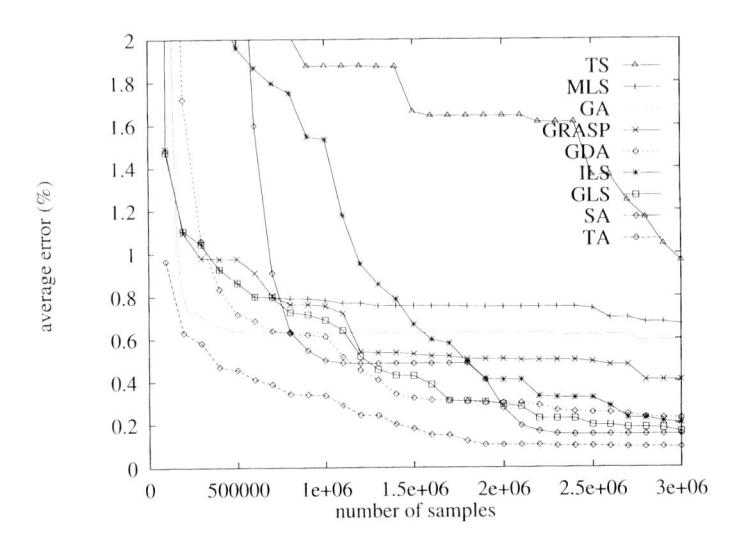

図 6.2　サンプル数に対する解の精度 (%) (近傍 N_{ins}, 突然変異 INS の場合)

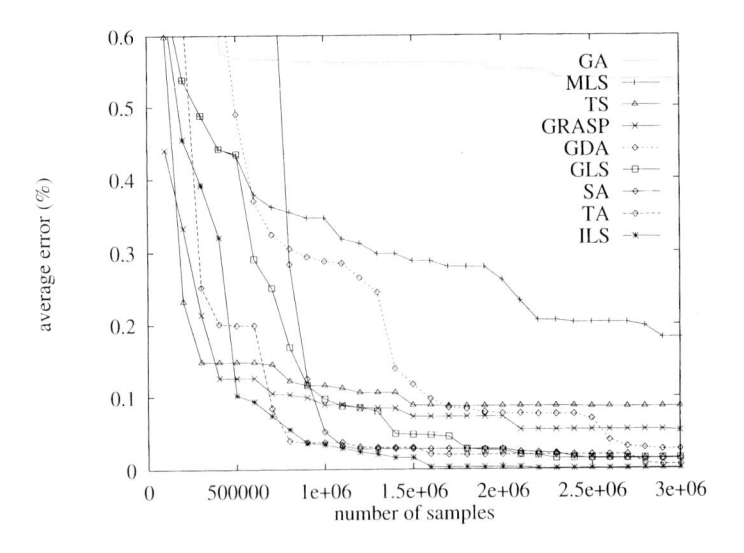

図 6.3　サンプル数に対する解の精度 (%) (近傍 N_{swap}, 突然変異 SWAP の場合)

6.3 最大充足可能性問題

6.3.1 問題例の生成

最大充足可能性問題の問題例は Resende らの文献[179]で用いられた $n = 100$, $m = 850$ の問題例を用いた[*1]．これらは，DIMACS[*2]のベンチマーク問題 jnh (Hooker と Fedjki の文献[95]の方法に従って生成された問題例) に，各節の重みを $[1, 1000]$ の整数からランダムに選んで生成されたものである．

6.3.2 最大充足可能性問題に対するメタ戦略の概要

最大充足可能性問題 (1.2.3項) に対し，MLS 法，GRASP 法，ILS 法，GA 法，GLS 法，SA 法，TA 法，および TS 法を構成した．これらの概要を以下に述べる．各メタ戦略の枠組は 1 機械スケジューリング問題の場合と同様とし，問題の性質に応じて変更した点のみ説明する．

いずれのアルゴリズムにおいても，メタ戦略のステップ II-A (近傍) には，1 反転近傍 $N_{\text{1-flip}}$ (2.2節参照) を用い，ステップ II-B (解の評価) には，1.2.3項の目的関数 $f_{\text{MAXSAT}}(v)$ (大きいほどよい) を用いた．また，単純局所探索法を用いる MLS 法，GRASP 法，ILS 法および GLS 法では，II-C (移動戦略) に即時移動戦略を用いた．なお，最良移動戦略についても MLS 法の下で性能を調べたが，1 機械スケジューリング問題の場合と同様に，即時移動戦略を用いるほうが，よりよい解が速く求まるという傾向が観測された．

GRASP 法の初期解生成には，Johnson の文献[109]による欲張り法を用いた．これは，変数の 0-1 割当を適当な順序で一つずつ順次定めていく際，次に 0-1 割当を定める変数 y_j について，$v_j := 0$ と一時的に割り当てた上で 0-1 割当が未定の各変数に対してそれぞれ 0 または 1 を確率 1/2 で割り当てたランダムな解 v の $f_{\text{MAXSAT}}(v)$ の期待値と，$v_j := 1$ と一時的に割り当てた上での同様の期待値の二つを計算し，この値が大きいほうに v_j の値を定めていくというものである．なお，この欲張り法では，得られる解の目的関数値が最適値の 2/3

[*1] http://www.research.att.com/~mgcr/data/maxsat.tar.gz
[*2] ftp://dimacs.rutgers.edu/pub/challenge/sat/benchmarks/cnf/

倍以上になることが理論的に保証されている[34]．期待値の計算法や精度保証については 7.3 節でもう少し詳しく紹介する．

ILS 法において，初期解の生成に必要な解のランダムな変形に用いる近傍には，$N_{\lambda\text{-flip}}(v)$ を利用した (ただし λ はパラメータ)．

GA 法と GLS 法では，交叉法には 0-1 ベクトルに対する一様交叉 (4.4 節参照) を用いた．突然変異は，解 v に対し，近傍 $N_{1\text{-flip}}(v)$ 内の解 v' をランダムに選び，$v := v'$ とする操作とした．

TS 法では，タブーリストに，

$$T_{\text{var}}(v) = \{v' \in N_1(v) \mid v \text{ から } v' \text{ への移動は，過去 } t_{\text{tabu}} \text{ 回の移動} $$
$$ \text{の間に 0-1 割当が変わった変数の割当を再び変更する }\}$$

を用いた．t_{tabu} はタブー期間のパラメータである．また，短期メモリのみによる TS 法によって一定の性能が得られたので，長期メモリは用いていない．

6.3.3 最大充足可能性問題に対するメタ戦略の比較

図 6.4 に，6.3.2 項で述べた様々なメタ戦略において，暫定値の最良解からの平均誤差 (%) がサンプル数の増加とともにどのように減少していくかを示す．各アルゴリズムの基本オペレータやパラメータ設定などは，各アルゴリズムに対していろいろ試した後，最良と思われるものを用いた．

図より，以下が観測できる．
- GA 法の性能は MLS 法と同程度である．
- それ以外の方法は MLS 法よりも高い性能を示す．MLS 法からの改善の度合に比べると，それ以外の方法の間での性能差は小さい．

6.4 手軽なツールとしてのメタ戦略の利用法

6.4.1 手軽なツールとしての総合的評価

6.2.3 項と 6.3.3 項の実験の結果を総合して，以下が観測される．
(i) GA 法の性能は MLS 法と同程度かそれ以下である．
(ii) TS 法の性能は問題や近傍に大きく依存する．

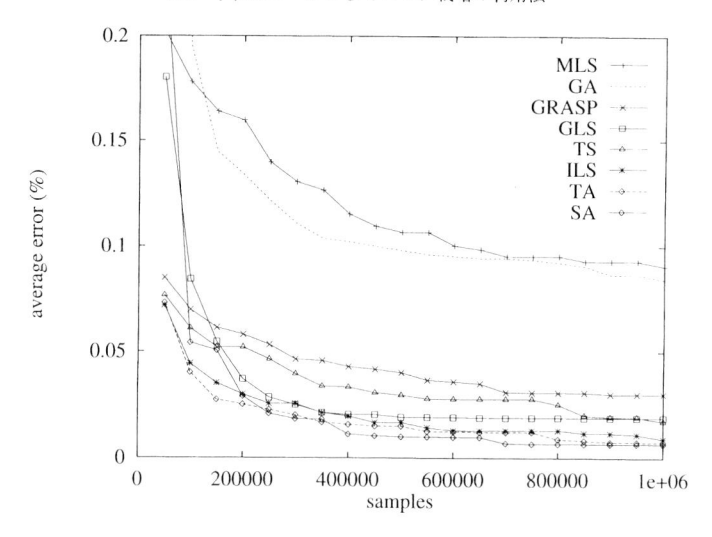

図 6.4 サンプル数に対する解の精度 (%) ($n = 100$, $m = 850$ の場合)

(iii) ILS 法, GLS 法, SA 法 (およびその変形) では, MLS 法よりも高い性能が得られ, それらの間の性能差は MLS 法からの改善の度合に比べれば小さい.

このうち, (ii) の原因については本節の後半で考察する. また, (i) と (iii) の原因については, POP によってある程度説明できる. まず, (i) については, GA 法の交叉によって得られる解は, 通常, LS 法の近傍操作によって得られる解に比べて, もとの解の構造を十分に保存していない場合が多く, 従って, GA 法では集中化の能力が十分でない (または多様化を頻繁に行いすぎる) ことが原因と考えられる. また, (iii) については, ILS 法, GLS 法, SA 法 (およびその変形) の動作が, 過去の探索によって得られたよい解の付近を局所探索法でさらに詳しく調べるという原理に基づいており, 集中化の能力が他の手法に比べて高いためと考えられる.

2 つの問題に対する限られた実験結果のみから一般的な結論を導くことは難しいが, 上述の傾向は 2 つの問題に共通して観測されたものであり, 他の多くの問題に対しても似通った傾向が得られることが期待できる. また, 紙幅の都合上省略したが, 前節までに述べた比較結果の他に, 各アルゴリズムの内部オ

ペレータやパラメータに対する振る舞いについても詳細な実験を行った.その中で観測された傾向は,本節の後半でアルゴリズムごとに簡単に紹介する.

以上の結果に,アルゴリズムの実現の手間などの後述の他の要因を加味して,総合的に判断すると,メタ戦略を「手軽なツール」として利用する際の設計指針としては,

1) まず MLS 法を試みる.その際,何を近傍として用いるかについて十分検討する,
2) より高い精度が要求される場合には,ILS 法を試みる,
3) ILS 法であまり効果が得られなかった場合には,GLS 法か SA 法を試みる,

のがよいと思われる.なお,指針 (3) には,定評のある枠組みの一つとして SA 法を挙げたが,本研究の実験結果からは,その変形である TA 法や GDA 法でも十分と思われる.

6.4.2 代表的アルゴリズムの特性

各アルゴリズムに含まれるオペレータやパラメータの振舞いと,アルゴリズム実現の手間に関する考察を,上述の指針の補足として以下に挙げておく.なお,アルゴリズム実現の手間に関する評価は,著者の主観的なものであることを断っておく.

MLS 法: MLS 法は局所探索法を反復するだけなので,実現は容易である.また,MLS 法以外のメタ戦略において,アルゴリズム内部のオペレータが適切でなかったり,パラメータが十分に調整されていないと,MLS 法よりも性能が悪くなることが観測された.1 機械スケジューリング問題では,2 通りの近傍を試したが,N_{swap} を用いた場合の MLS 法の性能は,N_{ins} を用いた場合のメタ戦略の最良のものとほぼ同程度であった.よって,近傍の性能を調べたり,様々なアルゴリズムとの比較の基準を与えるものとして,まず MLS 法を作成することが推奨される.

ILS 法,GLS 法,SA 法: これらはいずれも,パラメータをうまく選べば MLS 法よりもかなり高い性能が得られ,しかも,様々なパラメータや内部オペレータに対して比較的ロバストな挙動を示した.MLS 法からの改善の度合に比べれば,この 3 種の枠組の違いによる性能差は小さいといえる.以下にアルゴ

リズムの実現の手間を議論しておく．ILS 法と GLS 法は，適応的多スタート法の一種であり，初期解生成に工夫が加わるだけなので，MLS 法がすでにできていれば，単純局所探索法のルーチンをそのままモジュールとして利用でき，移動戦略に変更が加わる SA 法などよりも実現がやや容易である．ILS 法と GLS 法の間では，複数個の候補解を扱ったり，交叉を作る手間が不要な ILS 法のほうが容易である．

GA 法： アルゴリズムが保持する候補解の数 $|P|$ や交叉法などをいろいろ試した最良の結果が MLS 法と同程度であった．すでに多くの研究者により認識されている (例えば Reeves の文献[173]) ように，単純 GA 法ではあまり高い性能は期待できず，性能を上げるには，局所探索法や他の近似解法とのハイブリッドが必要である．

GRASP 法： 性能は初期解生成に用いる欲張り法やパラメータの値に大きく依存し，MLS 法よりも悪くなる場合もあった．また，欲張り法による初期解の精度を上げても GRASP 法の性能が向上するとは限らないことが観測された．うまく設計された GRASP 法の解の精度は，MLS 法よりはよいが，他の様々なメタ戦略と比べてとりわけよいというわけではなかった．一方，GRASP 法に必要な欲張り法を構築する手間は，通常，単純局所探索法を構築する手間と同程度か，それ以上に大変である．以上が GRASP 法を手軽なツールとしては推奨できない理由である．しかし，GRASP 法の 1 回の局所探索法により得られる解の精度は，通常，MLS 法に比べて平均的に向上するため，制限時間が短く，局所探索法の反復を少数しか行えないような状況では有利である．また，初期解生成の欲張り法には，問題固有の工夫を取り入れやすいので，そのような工夫を加えて得られたよい結果もいくつか報告されている．

TS 法： 最大充足可能性問題では，短期メモリのみを用いた簡単な実現でも十分な性能が得られたが，性能はパラメータ t_{tabu} に敏感であった．また，1 機械スケジューリング問題では，短い周期のサイクリングが起こりやすく，アルゴリズムがあまりうまく動作しなかった．もちろん，1 機械スケジューリング問題に対しても，タブーリストを工夫するとか，TS 法の他の様々なアイデアを組み合せることによって，より性能の高いアルゴリズムを構成できる可能性はあるが，これでは手軽なツールとはいえない．さらに，TS 法の基本動作は，

近傍内のタブーでない最良解に移るというものであるが，これを単純に実現すると，1回の移動に時間がかかりすぎる．これを避けるため，通常，TS法を構築する際には，データ構造などに工夫を加える．本研究の実験における TS 法の性能がそれほどよくなかったのは，手軽なツールとしての性能を比較するため，このような工夫を一切加えなかったことも原因の一つと思われる．

一方，TS法の枠組は，第5章で述べたような高度なテクニックを組み合せやすいものとなっており，そのような工夫により非常に性能の高いアルゴリズムを構成したという報告が数多くある．換言すれば，TS法は上級者向けのアルゴリズムであるといえよう．

なお，本研究と動機は異なるが，メタ戦略のいくつかを比較した文献は他にもいろいろある[4, 41, 49, 110, 112, 135, 189, 202]．比較実験による結果は，取り扱う問題や比較の目的，さらにアルゴリズムの実現法によって異なるので，一般的な結論は導き難い．

欄外ゼミナール

便利な WWW サイト

最近はベンチマークの問題例やプログラムが WWW 上で簡単に手に入るようになった．本書のテーマに関連するサイトを一部紹介しておく．

- http://www.misojiro.t.u-tokyo.ac.jp/~tomomi/opt-code.html — 松井による最適化ソフトウェアとテスト問題集．種々のベンチマーク問題やフリーおよび商用のソフトウェアへのリンクが集められている．
- http://www.iwr.uni-heidelberg.de/iwr/comopt/software/ — 巡回セールスマン問題関連のベンチマーク集 (TSPLIB)．
- http://www.ing.unlp.edu.ar/cetad/mos/TSPBIB_home.html — 巡回セールスマン問題関連の論文リストとソフトウェア (TSPBIB)．
- http://www.informatik.tu-darmstadt.de/AI/SATLIB/ — 充足可能性問題の問題例とソフトウェア (SATLIB)．有名な DIMACS のベンチマークも入手可．
- http://mscmga.ms.ic.ac.uk/info.html — OR (オペレーションズ・リサーチ) 関連の問題のベンチマーク集 (OR-Library)．
- http://www.specbench.org/ — 計算機性能のベンチマーク結果．

- http://www.ipc.tosho-u.ac.jp/~kubo/software.htm —— 久保による巡回セールスマン問題やグラフ分割問題のソルバ．アルゴリズムの動作を視覚的に観察できる．
- http://www-or.amp.i.kyoto-u.ac.jp/algo-eng/db/ —— 特定領域研究「アルゴリズム工学」によるアルゴリズムデータベース．メタ戦略に限らず種々のソフトウェアが手に入る(予定)．

最後に，手前みそであるが，著者らのホームページの一部を紹介しておく．

- http://www-or.amp.i.kyoto-u.ac.jp/~ibaraki/ —— 文献[103]の基本的なアルゴリズムのCのソースコードが入手できる．
- http://www-or.amp.i.kyoto-u.ac.jp/~yagiura/ —— 本書で用いたベンチマーク問題などが入手できる．また，グラフアルゴリズムのアニメーションツールも用意している．これは，学生実験用に作ったもので，グラフアルゴリズムの動作の様子を，ステップごとに，節点や枝に色を塗る，節点のラベルを変えるなどで表現画できる．格子上に節点を配置したグラフに限定されるが，メタ戦略の動作を描画するのにも利用できるかもしれない．

7
近似解法の理論

本章では，メタ戦略に関連する理論的な話題をとりあげ，それらの要点を紹介する．詳しい内容を知るための関連文献は，重要なものはできるだけ漏らさないように挙げてあるので，参照願いたい．第一の話題はアニーリング法に対する漸近収束性である．次に，単純局所探索法において，局所最適解を求めるまでを計算の複雑さの観点からモデル化した計算の複雑さのクラスである PLS を紹介する．最後に，近似解法によって得られる解の精度に対する理論的解析の試みを紹介し，これらを実際の精度を対比する．

7.1 アニーリング法の漸近収束性

アニーリング法については，ある仮定の下で厳密な最適解への漸近収束性が成立することが知られており[66,87,136]，それがアニーリング法の魅力の一つとなっている．閾値受理法や遺伝アルゴリズム，さらには，タブー探索法に確率的動作を導入した確率的タブー探索法などについても漸近収束に関する類似の研究がある[9,52,53,181,185]．本節では，アニーリング法に対する漸近的収束性の証明のアイデアを紹介する．

まず，近傍グラフ (neighborhood graph) を導入する．探索空間に含まれるすべての解を節点集合とし，近傍 N に対して有向枝の集合 E を

$$x' \in N(x) \Leftrightarrow (x, x') \in E$$

とすることにより得られる有向グラフを近傍グラフと呼ぶ．(なお，N が対称のときは，2本の有向枝 (v, v') と (v', v) を合わせて1本の無向枝 $\{v, v'\}$ で表

し，無向グラフとすることもある.) 最大充足可能性問題に対して，探索空間を任意の n 次元 0-1 ベクトル (n は与えられた変数の数) としたときの 1 反転近傍に対する近傍グラフの例 ($n = 3$) を図 7.1 に示す．アニーリング法の動作は，このような近傍グラフ上を探索解が移動していくと捉えることができるが，この過程において次にどの解を受理するかの確率は，現在の解と温度のみで定まり，過去の探索の履歴には依存しない．よって，この過程はマルコフ連鎖である．アニーリング法の漸近収束性の理論は，このようなマルコフ連鎖に対する定常分布において，最適解を訪れる割合が漸近的に 1 に収束することを示したものである．

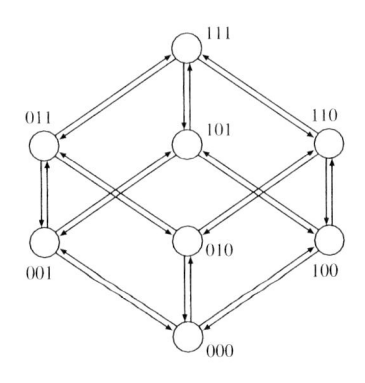

図 7.1　1 反転近傍に対する近傍グラフの例

簡単のため，対象とする最適化問題において，実行可能領域 F はアニーリング法の探索空間に等しく，解の評価は目的関数 f を用いるものとする．また，k 回目の反復で用いる温度を $t^{(k)}$ とする．さらに，解の受理確率に対する議論をやや一般的にするため，解 x の近傍 $N(x)$ から選ばれた解 x' の温度 t における受理確率を，$\delta(x, x', t)$ と記す．通常のアニーリング法では

$$\delta(x, x', t) = \begin{cases} 1, & f(x') \leq f(x) \text{ のとき} \\ e^{-(f(x')-f(x))/t}, & f(x') > f(x) \text{ のとき,} \end{cases} \quad (7.1)$$

である．これらを用いて，アニーリング法の枠組として，以下の単純なものを考える．

> **アニーリング法** (解析用の枠組)
> **ステップ 1** 初期解 x を生成する．$k := 1$ とする．
> **ステップ 2** $N(x)$ 内の解をランダムに一つ選び x' とする．そして，確率 $\delta(x, x', t^{(k)})$ で $x := x'$ (解 x' を受理) とする．
> **ステップ 3** 終了条件がみたされれば暫定解を出力して探索を終了する．そうでなければ，$k := k+1$ とした後ステップ 2 に戻る．

ここで，k 回目の反復において探索中の解を表す確率変数を $X^{(k)}$, 最適解の集合を $F^* \subset F$ と記す．さらに，記述を簡単にするため，実行可能領域 F 内のすべての解に $x_1, x_2, \ldots, x_{|F|}$ と番号をつけ，任意の $i < j$ に対して $f(x_i) \leq f(x_j)$ が成り立つようにする．また，最適解は x_1 ただ一つである (すなわち $F^* = \{x_1\}$) と仮定する．以下の議論を複数の最適解が存在する場合に拡張することは容易である．

現在の解が x_i であるとき，ステップ 2 において近傍 $N(x_i)$ から解 x_j が選ばれる確率を q_{ij} と記し，これらを要素とする $|F| \times |F|$ 行列を $Q = (q_{ij})$ と定義する．x_i の近傍 $N(x_i)$ が「$x_j \in N(x_i) \Leftrightarrow q_{ij} > 0$」により与えられると考えれば，近傍グラフは Q によって決定される．また，$x_j \in N(x_i)$ の受理確率を $\delta_{ij}(t) = \delta(x_i, x_j, t)$ と書く．これらを用いると，マルコフ連鎖の遷移確率行列 $R(t) = (r_{ij}(t))$ は，

$$r_{ij}(t) = \begin{cases} \delta_{ij}(t) q_{ij}, & i \neq j \text{ であるとき}, \\ 1 - \sum_{h \neq i} \delta_{ih}(t) q_{ih}, & i = j \text{ であるとき}, \end{cases}$$

と表される．

さて，ここで，確率 $\mathrm{Prob}(X^{(k)} \in F^*)$ が 1 に近づくことを示すため，以下の強い仮定をおく．

仮定 1 温度 $t^{(k)}$ は一定，すなわちすべての k に対して $t^{(k)} = t$ (t は正定数).

仮定 2 Q は対称．さらに，任意の x_i と x_j に対し，解の有限長列 $x_i = x_{i_0}, x_{i_1}, \ldots, x_{i_l} = x_j$ が存在して，すべての $h = 1, \ldots, l$ に対して $q_{i_{h-1}, i_h} > 0$ が成り立つ．

仮定 3 受理確率は, t に関する連続関数で,

$$\delta_{ij}(t) = 1, \qquad\qquad f(x_j) \leq f(x_i) \text{ のとき},$$
$$0 < \delta_{ij}(t) < 1 \text{ かつ } \delta_{ij}(t) \to 0 \ (t \to 0), \quad f(x_j) > f(x_i) \text{ のとき},$$

をみたす. さらに, $h < i < j$ に対し

$$\delta_{hi}(t)\delta_{ij}(t) = \delta_{hj}(t)$$

が成り立つ.

仮定 2 は, Q で定まる近傍に対する近傍グラフが強連結, すなわち, 任意の解から任意の解へ, 近傍操作を繰り返すことによって到達できる確率が正であるという意味である. このような Q (または (F, N)) は**既約** (irreducible) であるという. 仮定 2 は常識的な近傍に対しては成立する場合が多い. また, 仮定 3 は, (7.1) 式の受理確率に対してはもちろん成立するが, $i < j$ に対して, 適当な関数 φ を用いて $\delta_{ij}(t) = \varphi(f(x_i), t)/\varphi(f(x_j), t)$ と書けるような関数であれば一般的に成立する. 以上の仮定より, 以下の定理がいえる.

定理 7.1. 仮定 1, 2, および 3 がみたされるものとする. このとき, マルコフ連鎖 $R(t)$ に対する唯一の定常分布ベクトル $\varpi(t) = (\varpi_1(t), \ldots, \varpi_{|F|}(t))$ が存在し,

$$\varpi(t) = \varpi_1(t)(1, \delta_{12}(t), \delta_{13}(t), \ldots, \delta_{1,|F|}(t)) \qquad (7.2)$$

が成り立つ.

証明: $\delta_{ij}(t) > 0$ および Q が既約であることより, マルコフ連鎖 $R(t)$ においては, 遷移を繰り返すことによって任意の解から任意の解へ到達できる確率が正である. また, $f(x_j) > f(x_i)$ ならば $\delta_{ij}(t) < 1$ を仮定しているので, $r_{ii}(t) > 0$ である i が存在する. これらより, マルコフ連鎖 $R(t)$ は**エルゴード的** (ergodic; 定義は例えば文献[149]を参照) であることがいえるが, そのようなマルコフ連鎖に対しては,

$$\varpi(t)R(t) = \varpi(t) \qquad (7.3)$$

をみたす定常分布ベクトル $\varpi(t)$ が常に存在して唯一に定まることが知られている[149]. 次に, 仮定2と仮定3より, (7.2)式の $\varpi(t)$ に対して

$$\varpi_i(t)r_{ij}(t) = \varpi_j(t)r_{ji}(t) \tag{7.4}$$

が成り立つことを示す. まず, $1 \leq j < i$ に対しては,

$$\begin{aligned}
\varpi_i(t)r_{ij}(t) &= (\varpi_1(t)\delta_{1i}(t))(\delta_{ij}(t)q_{ij}) \\
&= \varpi_1(t)\delta_{1i}(t)q_{ij} & \text{(仮定 3)} \\
&= \varpi_1(t)\delta_{1j}(t)\delta_{ji}(t)q_{ij} & \text{(仮定 3)} \\
&= (\varpi_1(t)\delta_{1j}(t))(\delta_{ji}(t)q_{ji}) & \text{(仮定 2 (Q の対称性))} \\
&= \varpi_j(t)r_{ji}(t)
\end{aligned}$$

のように示すことができる. $1 \leq i < j$ の場合も同様であり, また, $i = j$ の場合は自明である. (7.4)式を用いると, (7.2)式の $\varpi(t)$ が (7.3)式をみたすことが

$$\begin{aligned}
(\varpi(t)R(t) \text{ の左辺第 } j \text{ 要素}) &= \sum_i \varpi_i(t)r_{ij}(t) \\
&= \sum_i \varpi_j(t)r_{ji}(t) \\
&= \varpi_j(t)
\end{aligned}$$

とただちにいえ, 唯一の定常分布ベクトルであることが示された. □

最適解が x_1 ただ一つであることと仮定3より $\delta_{1j}(t) \to 0$ $(t \to 0)$, $j = 2, 3, \ldots, |F|$ がいえるので, 以上の定理から,

$$\lim_{k \to \infty} \text{Prob}(X^{(k)} \in F^*) = \varpi_1(t) \tag{7.5}$$

および

$$\varpi_1(t) \to 1 \quad (t \to 0) \tag{7.6}$$

が結論できる. ただし, (7.5)式の等号は, 仮定1の下で成立することに注意が必要である. また, (7.6)式の $t \to 0$ は, 単にアニーリング法の反復とともに

温度を下げることを意味するのではなく，任意の $\varepsilon\,(>0)$ に対して $t(\varepsilon)\,(>0)$ が存在して，$0 < t \leq t(\varepsilon)$ をみたす定数 t を温度としたアニーリング法の定常分布において，$\varpi_1(t) \geq 1 - \varepsilon$ が成り立つという意味である．よって，温度 t を一定の値に固定した上での探索を定常分布に到達するくらい長く反復しつつ，t を徐々に小さくしていけば，アニーリング法の漸近的最適性が証明できる．

さて，以上は，温度を定数に固定した上での簡単な解析であったが，温度を下げる速度をどの程度まで速くできるかについても，きちんと議論した結果がある．以下に Hajek の解析[87]の結果を紹介するが，これを説明するため，いくつか定義を行う．まず，解 x_i から x_j へ高さ η で到達可能とは，$x_i = x_j$ かつ $f(x_i) \leq \eta$ が成り立つか，または，有限長の解の列 $x_i = x_{i_0}, x_{i_1}, \ldots, x_{i_l} = x_j$ が存在して，すべての $h = 1, \ldots, l$ に対して $q_{i_{h-1}, i_h} > 0$，かつすべての $h = 0, \ldots, l$ に対して $f(x_{i_h}) \leq \eta$ が成り立つことをいう．また，局所最適解 $x_i\,(i \neq 1)$ に対して，$f(x_i) > f(x_j)$ をみたすある解 x_j へ高さ $f(x_i) + \xi$ で到達可能となる最小の ξ を，x_i の深さと定義する．さらに，任意の解 x_i と x_j，および任意の定数 η に対し，

$$x_i \text{ から } x_j \text{ へ高さ } \eta \text{ で到達可能} \Leftrightarrow x_j \text{ から } x_i \text{ へ高さ } \eta \text{ で到達可能}$$

が成り立つとき，(F, f, N) は弱可逆であるという．ここで，以下を仮定する．

仮定 1′ 温度 $t^{(k)}$ は $t^{(1)} \geq t^{(2)} \geq \cdots$ かつ $\lim_{k \to \infty} t^{(k)} = 0$ をみたす．
仮定 2′ 受理確率は (7.1) 式で与えられる．
仮定 3′ (F, N) は既約かつ (F, f, N) は弱可逆．

このとき，以下が成り立つ．

定理 7.2. (Hajek) 仮定 1′, 2′, および 3′ がみたされるものとする．また，ξ^* を (大域最適解以外の) 局所最適解の深さの最大値とする．このとき，

$$\lim_{k \to \infty} \mathrm{Prob}(X^{(k)} \in F^*) = 1$$

であるための必要十分条件は

$$\sum_{k=1}^{\infty} e^{-\xi^*/t^{(k)}} = +\infty \tag{7.7}$$

となることである.

式 (7.7) は,直感的には,(大域最適解以外の) 任意の局所最適解から,それよりよい解へ,十分時間をかければいつかは移動できる確率が 0 には収束しないことを意味する.式 (7.7) は,例えば,冷却スケジュールを,$c \geq \xi^*$ をみたす適当な定数 c に対し

$$t^{(k)} = \frac{c}{\log(k+1)}$$

とすれば成り立つ.これが 4.10 節で紹介した対数冷却である.

さて,定理 7.1 より,アニーリング法の解の受理確率は,(7.1) 式で与えられる通常のものに限らず,仮定 3 をみたすものなら何でもよく,また,近傍グラフの形状 (正確には解の生成確率 $Q = (q_{ij})$) は,定常分布には無関係であり,仮定 2 をみたすものなら何でもよい.よって,定理 7.1 のような簡単な漸近収束性を示すだけならば,アニーリング法に限らず,様々なタイプのアルゴリズムに対して適用可能である.しかし,一方,近傍を $N(x_i) = F, \forall x_i \in F$ (F は全実行可能解の集合) とし,$q_{ij} = 1/|F|$ とした場合でも,仮定 2 は成り立つ.この生成確率は,毎回以前の探索の履歴に関係なくランダムに解を生成するという,単なるランダム法である.すなわち,定理 7.1 の漸近収束性は,近傍を利用した探索法であるという性質とは関係がない.一方,ランダム法において,暫定解のマルコフ連鎖を考えれば,大域最適解への漸近収束性は自明に成り立つ (ランダム法ではいつか最適解にヒットするから).このように,漸近収束性はあくまでも「十分に計算時間をかけた」ときの理論的性質であり,実際に用いられるアルゴリズムの性能に直接関係するとは考えないほうがよい.実際,アニーリング法の漸近収束までに必要な計算時間については,多項式時間アルゴリズムが存在するマッチング問題に対してすら指数時間必要となるなど[184],否定的な結果が得られている.実用的手法の観点からは,物理現象のアナロジーや理論的成果にあまり捉われず,柔軟な姿勢でアルゴリズムを構築していくことが重要であると思われる.

7.2 局所探索法の計算の複雑さ

単純局所探索法では,近傍 $N(x)$ の大きさを,問題例の規模 n の多項式オーダーで収まるように定めるのが普通である.しかし,このような近傍を用いても,初期解から局所最適解に到達するまでに要する移動回数が多項式オーダーで収まるとは限らない.実際,例えば,巡回セールスマン問題に対する 2-opt 近傍については,$\Omega(2^{n/2})$ 回以上かかるような問題例が存在することが知られている.最悪ケースに対するこのような否定的な結果は他にもいろいろある[112].もちろん,単純局所探索法では,1 回の移動で評価関数 $\tilde{f}$ の値が真に減少するので,移動回数を $\tilde{f}$ が取り得る値の種類数(多くの場合は擬多項式オーダー)で抑えることはできる.

単純局所探索法を計算の複雑さの理論の観点から議論するため,その本質を抽象的にきちんと定義した**クラス PLS** (polynomial-time local search) が研究されている[113].以下では,この概念の直感的な意味を紹介する.なお,簡単のため,以下では局所探索法の探索空間は実行可能領域 F に等しく,解の評価値は目的関数 f を用いると仮定する.

まず,**局所最適解探索問題** (local search problem) は,問題 Π (実行可能領域 F の下での目的関数 f の最小化) と近傍 N に対して以下のように定義できる.

局所最適解探索問題 (Π, N)

入力: 問題 Π の問題例 I.

出力: 実行可能領域 F に含まれる解の中で,近傍 N に関する局所最適解の一つ.

すなわち,局所最適解探索問題は,問題 Π に加えて,近傍 N を定義することにより与えられる.クラス PLS は,このような局所最適解探索問題の中で,以下の条件をみたすものの集合である.

- 問題 Π の任意の問題例 I に対し,実行可能解の一つを多項式時間で生成できる.

- 任意の解 x に対し，x が実行可能領域 F に含まれるかどうかの判定と，目的関数値 $f(x)$ の計算が多項式時間で可能である．
- 実行可能領域 F に含まれる任意の解 x に対し，x が局所最適解であるかどうかを判定し，そうでないときは $x' \in N(x)$ かつ $f(x') < f(x)$ をみたす実行可能解 x' を一つ出力することが多項式時間で可能である．

これらの条件は，単純局所探索法において，初期解を生成する操作，一つの解から別の解に移動する操作，および局所最適性を判定する操作がいずれも多項式時間で可能であることを意味する．通常の局所最適解探索問題は大抵これらの条件を満足し，従って PLS のクラスに属している．

さて，このクラスに対し，クラス NP (1.4節参照) と同様に，問題の帰着を考える．

PLS 帰着可能性 2つの局所最適解探索問題 (Π, N) と (Π', N') を考え，Π の任意の問題例 I が，その規模の多項式オーダーの決定性計算で Π' のある問題例 I' に変換でき，さらに，近傍 N' に関する I' の任意の局所最適解 x' を，多項式オーダーの決定性計算で近傍 N に関する I の局所最適解 x に変換できるとき，問題 (Π, N) は (Π', N') に **PLS 帰着可能** (PLS-reducible) であるといい，$(\Pi, N) \prec_{\text{PLS}} (\Pi', N')$ と記す．

$(\Pi, N) \prec_{\text{PLS}} (\Pi', N')$ であれば，(Π', N') を解けば (つまり，局所最適解を得れば) (Π, N) も解いていることになるので，(Π', N') に対する多項式時間アルゴリズムが存在すれば，(Π, N) も多項式時間で解ける．この意味で，(Π', N') のほうがより難しいと問題といえる．

さて，クラス PLS の任意の問題 (Π, N) が一つの問題 (Π', N') に PLS 帰着可能であり，かつ，問題 (Π', N') がクラス PLS に属すとき，(Π', N') は **PLS 完全** (PLS-complete) であるという．これは，クラス PLS に含まれるすべての問題において，それらの局所最適解が多項式時間で求まらない限りは，PLS 完全問題の局所最適解を一つ求めることが最悪の場合多項式時間ではできないことを意味する．これは，局所探索法に限らず，いかなるアルゴリズムを用いても成り立つ結論であるが，局所探索法に限れば，その反復回数が多項式オーダーには収まらないことを意味する．

この概念に関し，様々な解析が行われており，例えば，巡回セールスマン問題に対する λ-opt 近傍 (λ は十分大) や Lin と Kernighan の近傍，および最大充足可能性問題に対する 1 反転近傍の PLS 完全性が示されている[226]．

一方，現実の単純局所探索法が局所最適解を発見するまでに要する移動回数は，通常，十分実用的である．そこで，問題例の生成に対する確率的な仮定をおいて，局所探索法の期待計算時間を解析することが試みられている．例えば，巡回セールスマン問題において，平面上にランダムに街の座標が与えられ，距離をユークリッド距離とした問題例では，2-opt 近傍による移動回数の期待値が $O(n^{10} \log n)$ で抑えられることなどが示されている[32]．最近では，これを λ-opt 近傍に拡張した結果もある[160]．しかし，実際の計算例[112]を見ると，ランダムな初期解から始めたときの移動回数の平均値は $O(n \log n)$ 程度と，理論値よりも相当小さくなっており，理論と実際とのギャップが大きい．

7.3　近似解の精度

問題 Π の問題例 I に対し，近似アルゴリズム A によって得られる解の目的関数値を $A(I)$，最適値を $OPT(I)$ と記す (簡単のため $OPT(I) > 0$ を仮定する)．このとき，これらの比 $A(I)/OPT(I)$ を Π のすべての問題例 I について考え，最小化問題ならばその最大値，最大化問題ならばその最小値を**近似度** (approximation ratio) と呼ぶ．すなわち，いずれも最悪の場合を考えている．近似度は，最小化問題ならば 1 以上，最大化問題ならば 1 以下となり，1 に近いほどよい．ある定数 $\varepsilon (> 0)$ に対して，$|(近似度) - 1| \leq \varepsilon$ となることを保証できる近似アルゴリズムを，**ε-近似アルゴリズム** (ε-approximation algorithm) という．また，ε-近似アルゴリズム A が，ε をパラメータとしてアルゴリズムの内部に含み，$\varepsilon (> 0)$ を任意に指定できるとき，A は**近似スキーム** (approximation scheme) であるという．さらに，近似スキームが (ε を定数と見たとき) 入力サイズに対する多項式時間アルゴリズムであるならば，**多項式時間近似スキーム** (polynomial time approximation scheme, PTAS) と呼び，また，計算時間が，入力サイズだけでなく，$1/\varepsilon$ に対しても多項式オーダーで抑えられる場合は，**全多項式時間近似スキーム** (fully polynomial time approximation scheme, FPTAS) と呼ぶ．NP 困難な問題に対して，多項式時間で動作する近似アルゴリズムの近似度に対する理論的解析が盛んに行われている[93]．

近似度に対する理論的解析は，欲張り法に基づくアルゴリズムに対して行われることが多いが，局所探索法の近似度についても，理論的な結果が知られているので，いくつか紹介しておく．例えば，巡回セールスマン問題については，$P \neq NP$ の仮定の下では，局所最適性の判定が多項式時間で可能な場合，近似度を定数では抑えられないことが知られている[165]．(クラス P と NP については 1.4 節参照．) なお，一般の巡回セールスマン問題については，$P \neq NP$ ならば，多項式時間アルゴリズムでは近似度 $2^{poly(n)}$ ($poly(n)$ は n の任意の多項式) を実現できないことが知られている[182]．ただし，単純局所探索法は多項式時間で終了する保証がないので，この結果をそのまま単純局所探索法に適用することはできない．

巡回セールスマン問題において問題例に制限を加えた場合は，単純局所探索法に対するもう少し肯定的な以下の結果が示されている[32]．距離行列 (d_{ij}) が任意の i, j, k に対して $d_{ij} \leq d_{ik} + d_{kj}$ (三角不等式と呼ばれる) をみたす場合は，近似度の下界は，2-opt 近傍で $(1/4)\sqrt{n}$，λ-opt 近傍で $(1/4)n^{1/(2\lambda)}$ ($\lambda (\geq 3)$ は任意) となり，上界は 2-opt 近傍で $4\sqrt{n}$ である．また，街の座標が k 次元空間 (k は定数) に与えられ，距離行列がそれら間のユークリッド距離で与えられる場合は，2-opt 近傍による近似度の上界は $O(\log n)$，下界は $k = 2$ で $\Omega(\log n / \log \log n)$ である．さらに，街の座標が k 次元空間にランダムに与えられる場合は，2-opt 近傍による近似度の期待値は定数で抑えられる．

しかし，局所探索法に基づかない方法では，三角不等式が成り立つ場合には，Christofides による近似度 1.5 のアルゴリズム[35]が，また，k 次元空間上のユークリッド距離の場合には，Arora による PTAS[11]が知られており，これらに比べると，上述の局所最適解の近似度は理論的には劣っている．

ところで，Arora の PTAS は，計算時間が $O(n((\log n)/\varepsilon)^{100/\varepsilon})$ であり[196]，理論的には (ε を定数とみると) ほぼ線形時間であるが実用的ではない．また，上記のいろいろな近似アルゴリズムにおいて，実際の近似度は，理論的上界と比べるとはるかによいことが多い．これを見るため，表 7.1 に，Johnson と

McGeochの計算実験[112]において実際に観測された，Christofidesのアルゴリズム(Christofides法)と単純局所探索法(LS法)による解の近似度の平均値を，理論的上界と並べて示す．なお，このデータは，2次元平面上にランダムに街を置き，距離行列をそれらの間のユークリッド距離で与えた$n = 1000$の問題例に対するものであり，また，単純局所探索法(LS法)の初期解は，ランダムに生成している．表より，いずれの解法も，得られる解の精度は，理論的な保証よりもずっとよい値である．また，理論的な近似比はChristofides法のほうが優れているが，実際には，局所探索法による解のほうが精度が高い．

表 7.1 巡回セールスマン問題に対する近似度の理論的上界と実験的観測値(平面上のユークリッドTSP)

アルゴリズム	近似度の理論的上界	実験による平均近似度
Christofides法	1.5	1.097
LS法 (2-opt近傍)	$O(\log n)$	1.079
LS法 (3-opt近傍)	$O(\log n)$	1.038

最大充足可能性問題(1.2.3項)に対しても同様の解析がある．一つの節に含まれるリテラル数の最小値がqである問題例においては，近傍に$N_{\text{1-flip}}$を用いた場合の局所最適解の近似度は$q/(q+1)$であり，また，これ以上の改善は不可能であることが知られている[89]．(HansenとJaumard[89]は各節の重みを1に限定して議論しているが，これを正の重みつきの場合に拡張することは容易である．また，近似度をこれ以上改善できないことについては，特定の問題例を与えるにとどまっているが，これを一般のqとサイズに拡張することも容易である.)

一方，この問題に対しては，各変数に1を割当てる確率を与えた後，それに従ってランダムな0-1割当を定めた場合の，目的関数の期待値に基づく近似度の解析が盛んである．その理由は，目的関数の期待値がわかると，その期待値以上の近似度を持つ解を確定的に計算できるからであって，その考え方を以下紹介する．$p = (p_1, \ldots, p_n)$を適当に定めた定数ベクトル(ただしすべてのjに対して$0 \leq p_j \leq 1$)とする．これを用いて，0-1割当vを，

$$v_j := \begin{cases} 1, & \text{確率 } p_j \\ 0, & \text{確率 } 1 - p_j \end{cases}$$

と定める.このようなランダムな割当 v に対する目的関数の期待値は,期待値の線形性より,

$$\mathrm{E}[f_{\mathrm{MAXSAT}}(v)] = \sum_{i=1}^{m} w_i \mathrm{E}[C_i(v)]$$

と書ける ($f_{\mathrm{MAXSAT}}(v)$ と $C_i(v)$ の定義は 1.2.3 項参照).ここで,$\mathrm{E}[X]$ は確率変数 X の期待値を表す.なお,$\mathrm{E}[C_i(v)]$ は,例えば $C_i = y_1 \vee \bar{y}_3 \vee y_4$ ならば,$\mathrm{E}[C_i(v)] = 1 - (1 - p_1) p_3 (1 - p_4)$ のように簡単に計算できる.さて,ここで v_1 の値を 0 または 1 と固定し,残りの割当をランダムに定めた場合の期待値 $\mathrm{E}[f_{\mathrm{MAXSAT}}(v) \mid v_1 = 0]$ と $\mathrm{E}[f_{\mathrm{MAXSAT}}(v) \mid v_1 = 1]$ を考える.これらの値の計算は上記と同様である.これら 2 つの期待値に対し,$\mathrm{E}[f_{\mathrm{MAXSAT}}(v) \mid v_1 = 0] \geq \mathrm{E}[f_{\mathrm{MAXSAT}}(v)]$ または $\mathrm{E}[f_{\mathrm{MAXSAT}}(v) \mid v_1 = 1] \geq \mathrm{E}[f_{\mathrm{MAXSAT}}(v)]$ の少なくとも一方が成り立つので,期待値の大きくなるほうに v_1 の値を固定する.次に,v_2 の割当を考える際には,v_1 を上のように固定した上で,さらに v_2 を 0 と 1 に固定した場合の期待値を考えることで,同様の操作を行う.$v_3, \ldots, v_n$ に対しても同様である.このように,次々と 0-1 割当を固定していくと,その途中の段階において,残りの割当をランダムに定めた場合の期待値が,最初の期待値 $\mathrm{E}[f_{\mathrm{MAXSAT}}(v)]$ よりも悪くなることはないので,最終的に得られる解の目的関数値 (確定値であることに注意) は $\mathrm{E}[f_{\mathrm{MAXSAT}}(v)]$ 以上である.

従って,p の与え方にいろいろな工夫を加えることで,$\mathrm{E}[f_{\mathrm{MAXSAT}}(v)]$ を大きくできるならば,その結果として高い近似度を得ることができる.なお,この方法を実際に用いる場合には,単に変数の添字の順番に従って v_j の値を決めていくのではなく,この順序にも工夫を加えることが多い.この方法による代表的な近似度として,Johnson による 0.5[109] (6.3.2 項の GRASP 法に用いた方法; より精密な解析を行うことにより,近似度は実際には 0.5 よりもよく,2/3 であることが Chen らにより示されている[34]),Yannakakis による 0.75[225],Goemans と Williamson による 0.75[80] および 0.7584[81] などが知られている.このうち,Goemans と Williamson の線形計画法 (LP) や半正定値計画法 (SDP) による緩和問題 (p を定めるために用いる) を利用した解法は,近似度に対する理論的保証を与える汎用的な手法として,近年着目されている (浅野による解説[13]参照).また,最近では,近似度 0.7846 のアルゴリズムも提案

されている[14]．以上は節の大きさのパラメータ q にとくに制限を与えない場合の結果であるが，q を導入すると，例えば Johnson のアルゴリズムによって近似度 $1 - 1/2^q$ が実現できる．これらに比べると，近傍 $N_{\text{1-flip}}$ による局所最適解の近似度 $q/(q+1)$ は劣るといえる．

表 7.2 最大充足可能性問題に対する近似度の理論的下界と実験的観測値

アルゴリズム	近似度の理論的下界	実験による平均近似度
Johnson 法 (確率的)	0.5	0.935
Johnson 法 (確定的)	2/3	0.997
LP 緩和法 (確率的)	0.75	0.95
LP 緩和法 (確定的)	0.75	0.998
LS 法 (1 反転近傍)	0.5	0.9927
LS 法 (2 反転近傍)	0.5	0.9970
LS 法 (3 反転近傍)	0.5	0.9982

しかし，実際の計算実験では，例えば 6.3.1 項の問題例に対して，理論的保証よりもかなりよい性能が観測できる．結果を表 7.2 に示す．なお，6.3.3 項は $m = 850$ の 17 問に対する結果であるが，以下の結果は $m = 800$ と 900 の場合を含めた 44 問に対する近似度の平均値である．表中，Johnson 法と LP 緩和法は，それぞれ，Johnson のアルゴリズム，および Goemans と Williamson の LP 緩和に基づくアルゴリズムに対する浅野の実験結果[13]である．このうち，LP 緩和法については，いくつかの変形版もあわせて試した中での最良の結果である．これらのうち，「(確率的)」と記したものは，各変数に 1 を与える確率に従ってランダムに 0-1 割当を定めるときの近似度の平均値 (理論的下界値はこの値に対する保証) であり，また，「(確定的)」と記したものは，上述の期待値以上の目的関数値を持つ解を確定的に求める方法による解の近似度である．なお，Johnson 法と LP 緩和法に対する実験結果は，浅野の文献にある図より読み取ったものなので，正確な値ではないことを断っておく．さらに，表中の LS 法は，近傍に 1，2 および 3 反転近傍を用いた単純局所探索法による局所最適解の平均近似度であって，筆者らの実験結果である．局所探索法の初期解はランダムに与えた．これらに対する近似度の理論的下界値は，$q \geq 1$ より，$q/(1+q) \geq 1/2$ として得た．

表より，すべての場合において，実際の近似度が理論的下界値に比べて格段

によいことがわかる．Johnson 法や LP 緩和法では，0-1 割当を p に従ってランダムに与えるだけでも理論値よりはずいぶんよい精度が得られること，および期待値に基づいて確定的に 0-1 割当を定める方法により，精度がさらに改善することがわかる．ここで，さらに，スタート回数を 1000 回としたランダム多スタート局所探索法 (MLS 法) による近似度を調べてみると，1 反転近傍で 0.9988，2 反転近傍で 0.99988 程度と，さらに大きく精度が改善される．なお，これら MLS 法の計算時間は，Sun Ultra 2 Model 2300 を用いて，1 問当り 1 反転近傍の場合で 3.9 秒，2 反転近傍の場合で 16.8 秒程度と，十分高速である．結局，最大充足可能性問題に対しても，理論的な近似度の保証と実際に得られる解の精度には大きなギャップがある．

7.4 関連の話題

以上の他にも理論的解析の試みはいろいろある．例えば，遺伝アルゴリズムについては，スキーマ理論など，遺伝アルゴリズムに独特な様々な解析がなされている[16,82]．また，遺伝アルゴリズムに類似の多点探索法で go with the winners 法と呼ばれるものを提案し，確率的解析によって，通常の局所探索法のように一つの点を次々と更新していく探索法よりも有利な状況が存在することを示した研究もある[8,45]．近傍グラフ (7.1 節参照) に対して適当な仮定を設け，局所探索法が局所最適解に到達するまでの計算時間を論じた研究もある[198]．しかし，メタ戦略がなぜうまくいくのかを説明できる包括的な理論は今のところ見つかっておらず，今後の発展が望まれている．

欄外ゼミナール

直交ラテン方陣

1 から n までの自然数をそれぞれ n 回ずつ用いて，$n \times n$ の正方形の n^2 個のます目に埋めたものを方陣と呼ぶ．ある方陣が

行条件 どの行にも同じ数字は 2 度以上現れない，

列条件 どの列にも同じ数字は 2 度以上現れない，

をみたすとき，ラテン方陣と呼ぶ．以下の二つは $n = 3$ のラテン方陣の例である．

$$
\begin{array}{|ccc|}\hline 1 & 2 & 3 \\ 2 & 3 & 1 \\ 3 & 1 & 2 \\ \hline\end{array}
\qquad
\begin{array}{|ccc|}\hline 1 & 2 & 3 \\ 3 & 1 & 2 \\ 2 & 3 & 1 \\ \hline\end{array}
$$

さて，これら二つの左と右の同じ位置にある数字を対にして並べてみると，

$$(1,1),\quad (2,2),\quad (3,3)$$
$$(2,3),\quad (3,1),\quad (1,2)$$
$$(3,2),\quad (1,3),\quad (2,1)$$

となって，n^2 個の順序対 (ただし，(i,j) と (j,i) は $i \neq j$ のとき異なるとみなす) がすべて 1 回ずつ現れている．この条件が成立するとき，2 枚のラテン方陣は互いに直交しているといい，両方を合わせて直交ラテン方陣という．

直交ラテン方陣は，n が奇数の場合は規則的なものが存在するが (上記はその一例)，$n=2$ の場合は存在しない．これらは容易に確かめられる．一方，$n=4$ の場合は存在するが，その一つを構成するにはやや根気と工夫がいる．18 世紀を代表する大数学者オイラー (Leonhard Euler, 1707–1783) は，

$$n = 4k+2, \quad k = 0, 1, 2, \ldots$$

に対しては直交ラテン方陣は存在しないと予想した．その後 1900 年頃に，$n=6$ の場合この予想が正しいことが G. Tarry により証明された．

さて，次に興味の対象となるのは $n=10$ であるが，著者らのグループでタブー探索法を用いて探索を行ったところ，2 つの直交ラテン方陣を見つけることができた．その一つを以下に示す．

1	2	3	4	5	6	7	8	9	10
2	3	1	10	6	4	5	9	7	8
3	7	2	1	10	5	4	6	8	9
4	8	6	9	7	3	2	10	1	5
5	10	9	6	1	7	8	4	3	2
6	9	8	7	2	10	3	5	4	1
7	1	5	2	4	8	9	3	10	6
8	6	7	3	9	2	10	1	5	4
9	4	10	5	8	1	6	7	2	3
10	5	4	8	3	9	1	2	6	7

1	2	3	4	5	6	7	8	9	10
8	6	7	2	4	10	3	1	5	9
2	9	1	10	8	4	6	5	3	7
9	7	2	3	1	5	10	4	6	8
10	5	4	1	9	3	2	7	8	6
7	10	5	8	3	9	4	6	1	2
6	4	9	5	2	1	8	10	7	3
4	8	10	9	6	7	1	3	2	5
5	3	6	7	10	8	9	2	4	1
3	1	8	6	7	2	5	9	10	4

これを一つ求めるのに要した計算時間は Sun Ultra 2 Model 2200 を用いて約 10 時間である．これは，オイラーの予想が正しくなかったことを示す反例である．

ただし，実は 1960 年に R.C. Bose, S.S. Shrikhande, E.T. Parkar の 3 人により，$n \geq 7$ のすべての n に対する直交ラテン方陣の構成法が示されており，オイラーの予想について上の結果が新たな発見を加えたわけではない．

しかし，少なくとも，上記の直交ラテン方陣は，Bose らの構成法によるものとは本質的に異なる新たな「種」であることがわかっている．いずれにせよ，200 年もの間未解決であった難問に対しても，計算機のパワーと，メタ戦略の高い探索能力は，大いに有効であることを示す例である．なお，この話題についてより詳しくは茨木の解説[102]を参照いただきたい．

A 付録

A.1 グラフと木

本書では，グラフや木に関する用語をしばしば利用するので，これらに対する定義をここでまとめて与えておく．有限個の**節点** (node, **頂点** vertex) からなる集合 V と節点対の有限集合 $E \subseteq V \times V$ が与えられたとき，$G = (V, E)$ を**グラフ** (graph) という．節点対 $e = (v_1, v_2)$ は**枝** (branch) あるいは**辺** (edge) などと呼ばれる．v_1 と v_2 は枝 $e = (v_1, v_2)$ の**端点** (end nodes) である．枝に方向を考えないとき**無向グラフ** (undirected graph)，方向を考え (v_1, v_2) と (v_2, v_1) を区別するとき**有向グラフ** (directed graph あるいは digraph) という．無向グラフでは，枝を $e = \{v_1, v_2\}$ のように節点の部分集合として表す場合もある．有向グラフの枝は，**アーク** (arc, 弧) とも呼ぶ．無向グラフは，節点を丸，枝を2つの節点を結ぶ線分で表すことができる (図 A.1 (a))．また，有向グラフの枝 (v_1, v_2) は，v_1 から v_2 へ矢印を付して示す (図 A.1 (b))．

グラフ $G = (V, E)$ の節点列 $v_1, \ldots, v_k$ が $(v_i, v_{i+1}) \in E$, $i = 1, \ldots, k-1$ をみたすとき，v_1 から v_k への**路** (path, パス) と呼ぶ．とくに $v_1, \ldots, v_k$ がすべて異なれば**単純路** (simple path) である．路の**長さ**を枝の本数 $k-1$ であると定める．路の始点 v_1 と v_k が等しいとき**閉路** (cycle, circuit)，さらに $v_1, \ldots, v_{k-1}$ がすべて異なるとき**単純閉路** (simple cycle) と呼ぶ．無向グラフ G (有向グラフの場合は枝の方向を無視して得られる無向グラフを考える) において，任意の2点間に路が存在するとき，G は**連結** (connected) であるという．また，有向グラフ G において，向きを考慮した上で任意の2点間にどちらの向きにも路が存在するとき，G は**強連結** (strongly connected) であるという．

(a) 無向グラフ

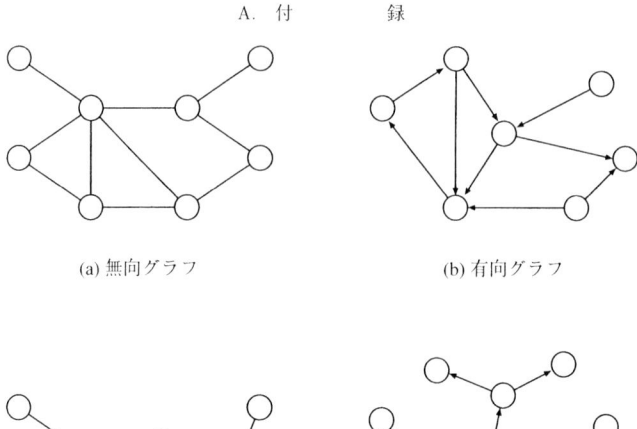

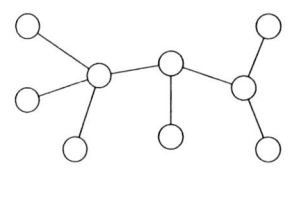

(b) 有向グラフ

(c) 無向木

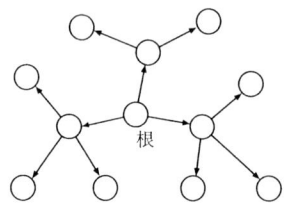

(d) 根付き木

図 A.1　グラフと木

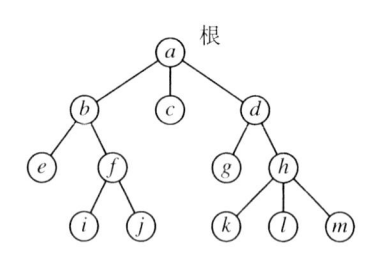

図 A.2　木 (根付き木) の例

　連結無向グラフ G が閉路を持たないとき，G は**無向木** (undirected tree) であるという (図 A.1 (c))．有向グラフに対しても有向木を同様に定義できるが，とくに**根** (root) と呼ばれる一つの節点があって，そこから他の任意の節点へ路が存在するとき**根付き木** (rooted tree)，あるいは単に木であるという (図 A.1 (d))．根付き木では，根を一番上に置き，枝の方向は上から下と定めておき，矢印を省略することが多い．図 A.2 はその一例である．木が (上から下へ) 枝 (u, v) を持つときは，u は v の**親** (parent)，v は u の**子** (child) であるという．子を

持たない節点は**葉** (leaf) と呼ばれる．一つの木において u から v へ (上から下へ) 向かう路が存在するときは，u は v の**先祖** (ancestor)，v は u の**子孫** (descendant) であるという．各節点は自分自身の先祖でありかつ子孫でもあるが，自分以外の先祖 (子孫) を**真の先祖** (**子孫**) と呼ぶ．木の節点 u において，u からどれかの葉までの最長路の長さを u の**高さ** (height)，根の高さをその**木の高さ** (tree height) という．また，根から u までの路 (ただ一つ存在する) の長さを u の**深さ** (depth) という．図 A.2 において，b は a の子，a は b の親，b は j の真の先祖，b の子孫は e, f, i, j および b 自身である．b の高さは 2，その深さは 1，また，木の高さは 3 である．根は a のみであるが，葉は c, e, g, i, j, k, l, m の 8 つである．

文　献

1) E.H.L. Aarts and J.H.M. Korst, *Simulated Annealing and Boltzmann Machines*, John Wiley & Sons, 1989.
2) E.H.L. Aarts and J.K. Lenstra, eds., *Local Search in Combinatorial Optimization*, John Wiley & Sons, 1997.
3) E.H.L. Aarts, J.H.M. Korst and P.J.M van Laarhoven, "Simulated annealing," in: E.H.L. Aarts and J.K. Lenstra, eds., *Local Search in Combinatorial Optimization*, John Wiley & Sons, pp.91–120, 1997.
4) E.H.L. Aarts, P.J.M. van Laarhoven, J.K. Lenstra and N.L.J. Ulder, "A computational study of local search algorithms for job shop scheduling," *ORSA J. Computing*, vol.6, pp.118–125, 1994.
5) C.C. Aggarwal, J.B. Orlin and R.P. Tai, "Optimized crossover for the independent set problem," *Operations Research*, vol.45, pp.226–234, 1997.
6) R.K. Ahuja, T.L. Magnanti and J.B. Orlin, *Network Flows: Theory, Algorithms, and Applications*, Prentice Hall, 1993.
7) R.K. Ahuja and J.B. Orlin, "Very large-scale neighborhood search," *Proc. 15th National Conference of the Australian Society for Operations Research Inc. ASOR Queensland Branch and ORSJ Hokkaido Chapter Joint Workshop on Operations Research from Theory to Real Life*, pp.33–48, 1999.
8) D. Aldous and U. Vazirani, " "Go with the winners" algorithms," *Proc. 35th Annual Symposium on Foundations of Computer Science*, pp.492–501, 1994.
9) I. Althöfer and K.-U. Koschnick, " "On the convergence of "threshold accepting"," *Applied Mathematics and Optimization*, vol.24, pp.183–195, 1991.
10) 甘利俊一編著, ニューラルネットの新展開 — 研究の最前線を探る, サイエンス社, 1993.
11) S. Arora, "Nearly linear time approximation schemes for Euclidean TSP and other geometric problems," *Proc. 38th Annual Symposium on Foundations of Computer Science*, pp.554–563, 1997.
12) 浅野孝夫, 情報の構造 (上・下), 日本評論社, 1994.
13) 浅野孝夫, "論理システム解析のための高性能近似アルゴリズム — 四角い問題を丸くして解く," 情報処理, vol.39, pp.683–688, 1998.
14) T. Asano and D.P. Williamson, "Simpler approximation algorithms for MAX SAT," Technical Report of IEICE, COMP99-14, pp.33–40, 1999.
15) S. Baase, *Computer Algorithms: Introduction to Design and Analysis*, Addison-Wesley, 1988; (岩野和生, 加藤直樹, 永持仁 (訳), アルゴリズム入門 — 設計と解析,

ピアソン・エデュケーション, 1998).
16) T. Bäck, D.B. Fogel and Z. Michalewicz, eds., *Handbook of Evolutionary Computation*, IOP Publishing and Oxford University Press, 1997.
17) E. Balas and A. Vazacopoulos, "Guided local search with shifting bottleneck for job shop scheduling," *Management Science*, vol.44, pp.262–275, 1998.
18) R. Battiti and G. Tecchiolli, "The reactive tabu search," *ORSA J. Computing*, vol.6, pp.126–140, 1994.
19) R. Battiti and G. Tecchiolli, "Local search with memory: benchmarking RTS," *OR Spektrum*, vol.17, pp.67–86, 1995.
20) J.E. Beasley, "Lagrangian heuristics for location problems," *European J. Operational Research*, vol.65, pp.383–399, 1993.
21) J.J. Bentley, "Fast algorithms for geometric traveling salesman problems," *ORSA J. Computing*, vol.4, pp.387–411, 1992.
22) H. Bersini and F.J. Varela, "Hints for adaptive problem solving gleaned from immune networks," *Proc. 1st International Workshop on Parallel Problem Solving from Nature*, pp.343–354, 1990.
23) F. Bock, "An Algorithm for Solving 'Traveling-Salesman' and Related Network Optimization Problems," manuscript associated with talk presented at the Fourteenth National Meeting of the Operations Research Society of America, St. Louis, Missouri, 1958; abstract in *Bulletin Fourteenth National Meeting of the Operations Research Society of America*, p.897, 1958.
24) K.D. Boese, A.B. Kahng and S. Muddu, "A new adaptive multi-start technique for combinatorial global optimizations," *Operations Research Letters*, vol.16, pp.101–113, 1994.
25) R.M. Brady, "Optimization strategies gleaned from biological evolution," *Nature*, vol.317, pp.804–806, 1985.
26) J. Brimberg, P. Hansen, N. Mladenović and É.D. Taillard, "Improvements and comparison of heuristics for solving the uncapacitated multisource weber problem," *Operations Research*, vol.48, pp.444–460, 2000.
27) J. Brimberg and N. Mladenović, "A variable neighborhood algorithm for solving the continuous location-allocation problem," *Studies in Locational Analysis*, vol.10, pp.1–12, 1996.
28) B. Cao and F. Glover, "Tabu search and ejection chains — application to a node weighted version of the cardinality-constrained TSP," *Management Science*, vol.43, pp.908–921, 1997.
29) A. Caprara, M. Fischetti and P. Toth, "A heuristic method for the set covering problem," *Operations Research*, vol.47, pp.730–743, 1999.
30) S. Ceria, P. Nobili and A. Sassano, "A Lagrangian-based heuristic for large-scale set covering problems," *Mathematical Programming*, vol.81, pp.215–228, 1998.
31) V. Černý, "Thermodynamical approach to the traveling salesman problem: an efficient simulation algorithm," *J. Optimization Theory and Applications*, vol.45, pp.41–51, 1985.

32) B. Chandra, H. Karloff and C.A. Tovey, "New results on the old k-opt algorithm for the traveling salesman problem," *SIAM J. Computing*, vol.28, pp.1998–2029, 1999.
33) I. Charon and O. Hudry, "The noising method: a new method for combinatorial optimization," *Operations Research Letters*, vol.14, pp.133–137, 1993.
34) J. Chen, D.K. Friesen and H. Zheng, "Tight bound on Johnson's algorithm for maximum satisfiability," *J. Computer and System Sciences*, vol.58, pp.622–640, 1999.
35) N. Christofides, *Worst-case analysis of a new heuristic for the traveling salesman problem*, Report 388, Graduate School of Industrial Administration, Carnegie Mellon University, Pittsburgh, PA, 1976.
36) B. Codenotti, G. Manzini, L. Margara and G. Resta, "Perturbation: an efficient technique for the solution of very large instances of the Euclidean TSP," *INFORMS J. Computing*, vol.8, pp.125–133, 1996.
37) H. Cohn and M. Fielding, "Simulated annealing: searching for an optimal temperature schedule," *SIAM J. Optimization*, vol.9, pp.779–802, 1999.
38) A. Colorni, M. Dorigo and V. Maniezzo, "Distributed optimization by ant colonies," *Proc. European Conference on Artificial Life*, pp.134–142, 1991.
39) T.H. Cormen, C.E. Leiserson and R.L. Rivest, eds., *Introduction to Algorithms*, MIT Press, 1990; (浅野哲夫, 岩野和生, 梅尾博司, 山下雅史, 和田幸一 (訳), アルゴリズムイントロダクション (1–3巻), 近代科学社, 1995).
40) S.P. Coy, B.L. Golden and E.A. Wasil, "A computational study of smoothing heuristics for the traveling salesman problem," *European J. Operational Research*, vol.124, pp.15–27, 1999.
41) H.A.J. Crauwels, C.N. Potts and L.N. van Wassenhove, "Local search heuristics for single-machine scheduling with batching to minimize the number of late jobs," *European J. Operational Research*, vol.90, pp.200–213, 1996.
42) G.A. Croes, "A method for solving traveling-salesman problems," *Operations Research*, vol.6, pp.791–812, 1958.
43) L. Davis, "Applying adaptive algorithms to epistatic domains," *Proc. 9th International Joint Conference on Artificial Intelligence*, pp.162–164, 1985.
44) L. Davis, *Handbook of Genetic Algorithms*, Van Nostrand Reinhold, 1991; (嘉数侑昇, 三上貞芳, 皆川雅章, 川上敬, 高取則彦, 鈴木恵二 (訳), 遺伝アルゴリズムハンドブック, 森北出版, 1994).
45) T. Dimitriou and R. Impagliazzo, "Towards an analysis of local optimization algorithms," *Proc. 28th Annual ACM Symposium on the Theory of Computing*, pp.304–313, 1996.
46) M. Dorigo, *Optimization, Learning, and Natural Algorithms*, PhD Thesis, Politecnico di Milano, 1992.
47) M. Dorigo and L.M. Gambardella, "Ant colony system: a cooperative learning approach to the traveling salesman problem," *IEEE Transactions on Evolutionary Computation*, vol.1, pp.53–66, 1997.

48) M. Dorigo, V. Maniezzo and A. Colorni, "Ant system: optimization by a colony of cooperating agents," *IEEE Transactions on Systems, Man, and Cybernetics — Part B*, vol.26, pp.29–41, 1996.
49) J. Dorn, M. Girsch, G. Skele and W. Slany, "Comparison of iterative improvement techniques for schedule optimization," *European J. Operational Research*, vol.94, pp.349–361, 1996.
50) G. Dueck, "New optimization heuristics: the great deluge algorithm and the record-to-record travel," *J. Computational Physics*, vol.104, pp.86–92, 1993.
51) G. Dueck and T. Scheuer, "Threshold accepting: a general purpose optimization algorithm appearing superior to simulated annealing," *J. Computational Physics*, vol.90, pp.161–175, 1990.
52) A.E. Eiben, E.H.L. Aarts and K.M. Van Hee, "Global convergence of genetic algorithms: a Markov chain analysis," in: H.-P. Schwefel and R. Männer, eds., *Parallel Problem Solving from Nature*, vol.496 of *Lecture Notes in Computer Science*, Springer-Verlag, pp.4–12, 1991.
53) U. Faigle and W. Kern, "Some convergence results for probabilistic tabu search," *ORSA J. Computing*, vol.4, pp.32–37, 1992.
54) T.A. Feo and J.L. González-Velarde, "The intermodal trailer assignment problem," *Transportation Science*, vol.29, pp.330–341, 1995.
55) T.A. Feo and M.G.C. Resende, "A probabilistic heuristic for a computationally difficult set covering problem," *Operations Research Letters*, vol.8, pp.67–71, 1989.
56) T.A. Feo and M.G.C. Resende, "Greedy randomized adaptive search procedures," *J. Global Optimization*, vol.6, pp.109–133, 1995.
57) T.A. Feo, M.G.C. Resende and S.H. Smith, "A greedy randomized adaptive search procedure for maximum independent set," *Operations Research*, vol.42, pp.860–878, 1994.
58) T.A. Feo, K. Venkatraman and J.F. Bard, "A GRASP for a difficult single machine scheduling problem," *Computers and Operations Research*, vol.18, pp.635–643, 1991.
59) M. Fischetti and P. Toth, "A polyhedral approach to the asymmetric traveling salesman problem," *Management Science*, vol.43, pp.1520–1536, 1997.
60) M.L. Fisher, "The Lagrangian relaxation method for solving integer programming problems," *Management Science*, vol.27, pp.1–18, 1981.
61) S. Forrest and A.S. Perelson, "Genetic algorithms and the immune system," *Proc. 1st International Workshop on Parallel Problem Solving from Nature*, pp.320–325, 1990.
62) M.L. Fredman, D.S. Johnson, L.A. McGeoch and G. Ostheimer, "Data structures for traveling salesmen," *J. Algorithms*, vol.18, pp.432–479, 1995.
63) B. Freisleben and P. Merz, "A genetic local search algorithm for solving symmetric and asymmetric traveling salesman problems," *Proc. IEEE International Conference on Evolutionary Computation*, pp.616–621, 1996.
64) L.M. Gambardella, É.D. Taillard and M. Dorigo, "Ant colonies for the quadratic

assignment problem," *J. Operations Research Society*, vol.50, pp.167–176, 1999.
65) M.R. Garey and D.S. Johnson, *Computers and Intractability: A Guide to the Theory of NP-Completeness*, Freeman, 1979.
66) S. Geman and D. Geman, "Stochastic relaxation, Gibbs distribution, and the Bayesian restoration of images," *IEEE Trans. Pattern Analysis and Machine Intelligence*, vol.6, pp.721–741, 1984.
67) M. Gendreau, A. Hertz and G. Laporte, "A tabu search heuristic for the vehicle routing problem," *Management Science*, vol.40, pp.1276–1290, 1994.
68) F. Glover, "Heuristics for integer programming using surrogate constraints," *Decision Sciences*, vol.8, pp.156–166, 1977.
69) F. Glover, "Future paths for integer programming and links to artificial intelligence," *Computers and Operations Research*, vol.13, pp.533–549, 1986.
70) F. Glover, "Tabu search — part I," *ORSA J. Computing*, vol.1, pp.190–206, 1989; part II, ditto, vol.2, pp.4–32, 1990.
71) F. Glover, "Genetic algorithms and scatter search: unsuspected potentials," *Statistics and Computing*, vol.4, pp.131–140, 1994.
72) F. Glover, "Scatter search and star-paths: beyond the genetic metaphor," *OR Spektrum*, vol.17, pp.125–137, 1995.
73) F. Glover, "Ejection chains, reference structures and alternating path methods for traveling salesman problems," *Discrete Applied Mathematics*, vol.65, pp.223–253, 1996.
74) F. Glover, "Tabu search and adaptive memory programming — advances, applications and challenges," in: R.S. Barr, R.V. Helgason and J.L. Kennington, eds., *Interfaces in Computer Science and Operations Research: Advances in Metaheuristics, Optimization, and Stochastic Modeling Technologies*, Kluwer Academic Publishers, 1997.
75) F. Glover and G.A. Kochenberger, "Critical events tabu search for multidimensional knapsack problem," in: I.H. Osman and J.P. Kelly, eds., *Meta-Heuristics: The Theory and Applications*, Kluwer Academic Publishers, pp.407–427, 1996.
76) F. Glover, G.A. Kochenberger and B. Alidaee, "Adaptive memory tabu search for binary quadratic problems," *Management Science*, vol.44, pp.336–345, 1998.
77) F. Glover and M. Laguna, "Tabu search," in: *Modern Heuristic Techniques for Combinatorial Problems*, Blackwell Scientific Publishing, pp.70–141, 1993.
78) F. Glover and M. Laguna, *Tabu Search*, Kluwer Academic Publishers, 1997.
79) F. Glover, É.D. Taillard and D. de Werra, "A user's guide to tabu search," *Annals of Operations Research*, vol.41, pp.3–28, 1993.
80) M.X. Goemans and D.P. Williamson, "New 3/4-approximation algorithms for the maximum satisfiability problem," *SIAM J. Discrete Mathematics*, vol.7, pp.656–666, 1994.
81) M.X. Goemans and D.P. Williamson, "Improved approximation algorithms for maximum cut and satisfiability problems using semidefinite programming," *J. Association for Computing Machinery*, vol.42, pp.1115–1145, 1995.

82) D.E. Goldberg, *Genetic Algorithms in Search, Optimization and Machine Learning*, Addison-Wesley, 1989.
83) B.L. Golden and W.R. Stewart, "Empirical analysis of heuristics," in: E.L. Lawler, J.K. Lenstra, A.H.G. Rinnooy Kan and D.B. Shmoys, eds., *The Traveling Salesman Problem: A Guided Tour of Combinatorial Optimization*, John Wiley & Sons, pp.207–249, 1985.
84) J. Gu, "Optimization by multispace search," Technical Report UCECE-TR-90-001, Department of Electrical and Computer Engineering, University of Calgary, 1990.
85) J. Gu, "Multispace search for satisfiability and NP-hard problems," *DIMACS Series on Discrete Mathematics and Theoretical Computer Science*, vol.35, pp.407–517, 1997.
86) J. Gu and X. Huang, "Efficient local search with search space smoothing: a case study of the traveling salesman problem (TSP)," *IEEE Transactions on Systems, Man, and Cybernetics*, vol.24, pp.728–735, 1994.
87) B. Hajek, "Cooling schedules for optimal annealing," *Mathematics of Operations Research*, vol.13, pp.311–329, 1988.
88) S. Hanafi and A. Freville, "An efficient tabu search approach for the 0-1 multidimensional knapsack problem," *European J. Operational Research*, vol.106, pp.659–675, 1998.
89) P. Hansen and B. Jaumard, "Algorithms for the maximum satisfiability problem," *Computing*, vol.44, pp.279–303, 1990.
90) P. Hansen and N. Mladenović, "An introduction to variable neighborhood search," in: S. Voß, S. Martello, I.H. Osman and C. Roucairol, eds., *Meta-Heuristics: Advances and Trends in Local Search Paradigms for Optimization*, Kluwer Academic Publishers, pp.433–458, 1999.
91) J. Hart and A. Shogan, "Semi-greedy heuristics: an empirical study," *Operations Research Letters*, vol.6, pp.107–114, 1987.
92) A. Hertz, É.D. Taillard and D. de Werra, "Tabu search," in: E.H.L. Aarts and J.K. Lenstra, eds., *Local Search in Combinatorial Optimization*, John Wiley & Sons, pp.121–136, 1997.
93) D.S. Hochbaum, ed., *Approximation Algorithms for NP-Hard Problems*, PWS Publishing Company, 1997.
94) J.H. Holland, *Adaptation in Natural and Artificial Systems: An Introductory Analysis with Applications to Biology, Control, and Artificial Intelligence*, The University of Michigan Press, 1975, and MIT Press, 1992; (嘉数侑昇 (監訳), 皆川雅章, 三上貞芳, 横井浩史, 高取則彦, 鈴木恵二, 川上敬 (訳), 遺伝アルゴリズムの理論: 自然・人工システムにおける適応, 森北出版, 1999).
95) J.N. Hooker and C. Fedjki, "Branch-and-cut solution of inference problems in propositional logic," *Annals of Mathematics and Artificial Intelligence*, vol.1, pp.123–139, 1990.
96) J.J. Hopfield and D.W. Tank, "Neural computation of decisions in optimization

problems," *Biological Cybernetics*, vol.52, pp.141–152, 1985.
97) J. Hurink, "An exponential neighborhood for a one-machine batching problem," *OR Spektrum*, vol.21, pp.461–476, 1999.
98) 茨木俊秀, 組合せ最適化: 分枝限定法を中心として, 産業図書, 1983.
99) 茨木俊秀, "組合せ最適化の手法 — 巡回セールスマン問題の例から —," 電学論 C, vol.114, pp.411–419, 1994.
100) 茨木俊秀, "組合せ最適化とスケジューリング問題: 新解法とその動向," 計測と制御, vol.34, pp.340–346, 1995.
101) T. Ibaraki, "Combination with other optimization methods," in: T. Bäck, D.B. Fogel and Z. Michalewicz, eds., *Handbook of Evolutionary Computation*, IOP Publishing and Oxford University Press, 1997.
102) 茨木俊秀, "コンピュータを武器に大数学者オイラーに挑戦する — 離散数学の話題から," BASIC 数学, 11月号, pp.27–33, 1997; 京都大学工学部情報学科数理工学コース (編集), 数理工学のすすめ, 現代数学社, pp.2–8, 2000.
103) 茨木俊秀, C によるアルゴリズムとデータ構造, 昭晃堂, 1999.
104) 茨木俊秀, 福島雅夫, 最適化の手法, 共立出版, 1993.
105) T. Ibaraki and Y. Nakamura, "A dynamic programming method for single machine scheduling," *European J. Operational Research*, vol.76, pp.72–82, 1994.
106) 池上敦子, 丹羽明, 大倉元宏, "我が国におけるナース・スケジューリング問題," オペレーションズ・リサーチ, vol.41, pp.436–442, 1996.
107) P. Jog, J.Y. Suh and D. van Gucht, "The effects of population size, heuristic crossover and local improvement on a genetic algorithm for the traveling salesman problem," *Proc. 3rd International Conference on Genetic Algorithms*, pp.110–115, 1989.
108) P. Jog, J.Y. Suh and D. van Gucht, "Parallel genetic algorithms applied to the traveling salesman problem," *SIAM J. Optimization*, vol.1, pp.515–529, 1991.
109) D.S. Johnson, "Approximation algorithms for combinatorial problems," *J. Computer and System Sciences*, vol.9, pp.256–278, 1974.
110) D.S. Johnson, "Local optimization and the traveling salesman problem," in: M.S. Paterson, ed., *Automata, Languages and Programming*, vol.443 of *Lecture Notes in Computer Science*, Springer-Verlag, pp.446–461, 1990.
111) D.S. Johnson, C.R. Aragon, L.A. McGeoch and C. Schevon, "Optimization by simulated annealing: an experimental evaluation; part I, graph partitioning," *Operations Research*, vol.37, pp.865–892, 1989; "part II, graph coloring and number partitioning," ditto, vol.39, pp.378–406, 1991.
112) D.S. Johnson and L.A. McGeoch, "The traveling salesman problem: a case study," in: E.H.L. Aarts and J.K. Lenstra, eds., *Local Search in Combinatorial Optimization*, John Wiley & Sons, pp.215–310, 1997.
113) D.S. Johnson, C.H. Papadimitriou and M. Yannakakis, "How easy is local search?," *J. Computer and System Sciences*, vol.37, pp.79–100, 1988.
114) T. Jones and S. Forrest, "Fitness distance correlation as a measure of problem difficulty for GAs," *Proc. 6th International Conference on Genetic Algorithms*,

pp.110–115, 1995.
115) B.W. Kernighan and S. Lin, "An efficient heuristic procedure for partitioning graphs," *Bell System Technical J.*, vol.49, pp.291–307, 1970.
116) P. Kilby, P. Prosser and P. Shaw, "Guided local search for the vehicle routing problem with time windows," in: S. Voß, S. Martello, I.H. Osman and C. Roucairol, eds., *Meta-Heuristics: Advances and Trends in Local Search Paradigms for Optimization*, Kluwer Academic Publishers, pp.473–486, 1999.
117) S. Kirkpatrick, C.D. Gelatt, Jr. and M.P. Vecchi, "Optimization by simulated annealing," *Science*, vol.220, pp.671–680, 1983.
118) 木瀬洋, "スケジューリング問題に対するシミュレーティドアニーリング法," オペレーションズ・リサーチ, vol.40, pp.268–273, 1995.
119) 北野宏明 (編), 遺伝的アルゴリズム, 産業図書, 1993; 第2巻, 同上, 1995; 第3巻, 同上, 1997.
120) S. Kobayashi, I. Ono and M. Yamamura, "An Efficient Genetic Algorithm for Job Shop Scheduling Problems," *Proc. 6th International Conference on Genetic Algorithms*, pp.506–511, 1995.
121) A. Kolen and E. Pesch, "Genetic local search in combinatorial optimization," *Discrete Applied Mathematics*, vol.48, pp.273–284, 1994.
122) 小杉幸夫, 神経回路システム, コロナ社, 1995.
123) 久保幹雄, "メタヒューリスティックス," in: 室田一雄編, 離散構造とアルゴリズムIV, 近代科学社, pp.171–230, 1995.
124) 久保幹雄, "1千万クイーンまでの道 (1)," *Computer Today*, no.69, pp.72–78, 1995; 同上 (2), no.70, pp.72–78, 1995; 同上 (3), no.71, pp.64–70, 1996.
125) 久保幹雄, "運搬経路問題," in: 久保幹雄, 田村明久, 松井知己編, 応用数理計画ハンドブック, 朝倉書店, 2002.
126) M. Laguna, T.A. Feo and H.C. Elrod, "A greedy randomized adaptive search procedure for the two-partition problem," *Operations Research*, vol.42, pp.677–687, 1994.
127) G. Laporte and I.H. Osman, eds., *Metaheuristics in Combinatorial Optimization*, vol.63 of *Annals of Operations Research*, Baltzer, 1996.
128) E.L. Lawler, J.K. Lenstra, A.H.G. Rinnooy Kan and D.B. Shmoys, eds., *The Traveling Salesman Problem: A Guided Tour of Combinatorial Optimization*, John Wiley & Sons, 1985.
129) Y. Li, P.M. Pardalos and M.G.C. Resende, "A greedy randomized adaptive search procedure for the quadratic assignment problem," *DIMACS Series on Discrete Mathematics and Theoretical Computer Science*, vol.16, pp.237–261, 1994.
130) C.K.Y. Lin, K.B. Haley and C. Sparks, "A comparative study of both standard and adaptive versions of threshold accepting and simulated annealing algorithms in three scheduling problems," *European J. Operational Research*, vol.83, pp.330–346, 1995.
131) S. Lin, "Computer solutions of the traveling salesman problem," *Bell System Technical J.*, vol.44, pp.2245–2269, 1965.

132) S. Lin and B.W. Kernighan, "An effective heuristic algorithm for the traveling salesman problem," *Operations Research*, vol.21, pp.498–516, 1973.
133) A. Løkketangen and F. Glover, "Solving zero-one mixed integer programming problems using tabu search," *European J. Operational Research*, vol.106, pp.624–658, 1998.
134) H.R. Lourenço, "Job-shop scheduling: computational study of local search and large-step optimization methods," *European J. Operational Research*, vol.83, pp.347–364, 1995.
135) H.R. Lourenço and D. Serra, "Adaptive approach heuristics for the generalized assignment problem," Technical Report: Department of Economics and Management, Univerisitat Pompeu Fabra, R. Trias Fargas 25-27, 08005 Barcelona, Spain, 1998 (available at http://www.econ.upf.es/ deehome/ what/ wpapers/ listwork.html).
136) M. Lundy and A. Mees, "Convergence of an annealing algorithm," *Mathematical Programming*, vol.34, pp.111–124, 1986.
137) K.-T. Mak and A.J. Morton, "A modified Lin-Kernighan traveling-salesman heuristic," *Operations Research Letters*, vol.13, pp.127–132, 1993.
138) B. Manderick, M. de Weger and P. Spiessens, "The genetic algorithm and the structure of the fitness landscape," *Proc. 4th International Conference on Genetic Algorithms*, pp.143–150, 1991.
139) S. Martello, D. Pisinger and P. Toth, "Dynamic programming and strong bounds for 0-1 knapsack problem," *Management Science*, vol.45, pp.414–424, 1999.
140) O.C. Martin and S.W. Otto, "Combining simulated annealing with local search heuristic," *Annals of Operations Research*, vol.63, pp.57–75, 1996.
141) O. Martin, S.W. Otto and E.W. Felten, "Large-step Markov chains for the traveling salesman problem," *Complex Systems*, vol.5, pp.299–326, 1991.
142) O. Martin, S.W. Otto and E.W. Felten, "Large-step Markov chains for the TSP incorporating local search heuristic," *Operations Research Letters*, vol.11, pp.219–224, 1992.
143) 松岡清利, ニューロコンピューティング — 基礎と応用, 朝倉書店, 1992.
144) Z. Michalewicz, *Genetic Algorithms + Data Structures = Evolution Programs*, Springer-Verlag, 1992.
145) Z. Michalewicz and D.B. Fogel, *How to Solve It: Modern Heuristics*, Springer-Verlag, 2000.
146) D.L. Miller and J.F. Pekny, "Exact solution of large asymmetric traveling salesman problems," *Science*, vol.251, pp.754–761, 1991.
147) 宮本裕一郎, 松井知己, "チャネル割当問題の解法," 情報処理学会論文誌: 数理モデル化と応用, vol.40, no.SIG2 (TOM1), pp.23–32, 1999.
148) N. Mladenović and P. Hansen, "Variable neighborhood search," *Computers and Operations Research*, vol.24, pp.1097–1100, 1997.
149) 森村英典, 高橋幸雄, マルコフ解析, 日科技連出版社, 1979.
150) P. Morris, "The breakout method for escaping from local minima," *Proc. 11th*

National Conference on Artificial Intelligence, pp.40–45, 1993.
151) R. Motwani and P. Raghavan, *Randomized Algorithms*, Cambridge University Press, 1995.
152) H. Mühlenbein, "Parallel genetic algorithms, population genetics and combinatorial optimization," *Proc. 3rd International Conference on Genetic Algorithms*, pp.416–421, 1989.
153) H. Mühlenbein, "Genetic algorithms," in: E.H.L. Aarts and J.K. Lenstra, eds., *Local Search in Combinatorial Optimization*, John Wiley & Sons, pp.137–171, 1997.
154) H. Mühlenbein, M. Gorges-Schleuter and O. Krämer, "Evolution algorithms in combinatorial optimization," *Parallel Computing*, vol.7, pp.65–85, 1988.
155) 西原清一, "制約充足問題の基礎と展望," 人工知能学会誌, vol.12, pp.351–358, 1997.
156) 西川禕一, 北村新三 (編著), ニューラルネットワークと計測制御, 朝倉書店, 1995.
157) K. Nonobe and T. Ibaraki, "A tabu search approach to the constraint satisfaction problem as a general problem solver," *European J. Operational Research*, vol.106, pp.599–623, 1998.
158) K. Nonobe and T. Ibaraki, "Formulation and tabu search algorithm for the resource constrained project scheduling problem," in: C.C. Ribeiro and P. Hansen, eds., Essays and Surveys in Metaheuristics, Kluwer Academic Publishers, pp.557–588, 2002.
159) K. Nonobe and T. Ibaraki, "An improved tabu search method for the weighted constraint satisfaction problem," Technical Report #99022, Department of Applied Mathematics and Physics, Graduate School of Informatics, Kyoto University, 1999; *INFOR*, vol.39, pp.131–151, 2001.
160) 岡田正浩, 田地宏一, 高橋豊, "巡回セールスマン問題に対する λ-opt の確率的多項式性," NAIST-IS-TR98002, 奈良先端科学技術大学院大学情報科学研究科, 1998.
161) I. Or, *Traveling Salesman-Type Combinatorial Problems and Their Relation to the Logistics of Regional Blood Banking*, PhD Thesis, Department of Industrial Engineering and Management Sciences, Northwestern University, Evanston, IL, 1976.
162) I.H. Osman and J.P. Kelly, "Meta-heuristics: an overview," in: I.H. Osman and J.P. Kelly, eds., *Meta-Heuristics: Theory and Applications*, Kluwer Academic Publishers, pp.1–21, 1996.
163) I.H. Osman and J.P. Kelly, eds., *Meta-Heuristics: Theory and Applications*, Kluwer Academic Publishers, 1996.
164) C.H. Papadimitriou, "On selecting a satisfying truth assignment (extended abstract)," *Proc. 32nd Annual Symposium on Foundations of Computer Science*, pp.163–169, 1991.
165) C.H. Papadimitriou and K. Steiglitz, "On the complexity of local search for the traveling salesman problem," *SIAM J. Computing*, vol.6, pp.76-83, 1977.
166) C.H. Papadimitriou and K. Steiglitz, *Combinatorial Optimization: Algorithms and Complexity*, Prentice-Hall, 1982; re-issued by Dover Publications, 1998.

167) E. Pesch and F. Glover, "TSP ejection chains," *Discrete Applied Mathematics*, vol.76, pp.165-181, 1997.
168) M. Pirlot, "General local search heuristics in combinatorial optimization: a tutorial," *Belgian J. Operations Research, Statistics and Computer Science*, vol.32, pp.7-67, 1992.
169) M. Pirlot, "General local search methods," *European J. Operational Research*, vol.92, pp.493–511, 1996.
170) C.N. Potts and L.N. van Wassenhove, "A decomposition algorithm for the single machine total tardiness problem," *Operations Research Letters*, vol.1, pp.177–181, 1982.
171) V.J. Rayward-Smith, I.H. Osman, C.R. Reeves and G.D. Smith, eds., *Modern Heuristic Search Methods*, John Wiley & Sons, 1996.
172) C.R. Reeves, ed., *Modern Heuristic Techniques for Combinatorial Problems*, Blackwell Scientific Publications, 1993; re-issued by McGraw-Hill, 1995; (横山隆一, 奈良宏一, 佐藤晴夫, 鈴木昭男, 荻本和彦, 陳洛南 (訳), モダンヒューリスティックス ―― 組合せ最適化の最先端手法, 日刊工業新聞社, 1997).
173) C.R. Reeves, "Genetic algorithms for the operations researcher," *INFORMS J. Computing*, vol.9, pp.231–250, 1997.
174) C.R. Reeves, "Landscapes, operators and heuristic search," *Annals of Operations Research*, vol.86, pp.473–490, 1999.
175) G. Reinelt, "TSPLIB ―― A traveling salesman problem library," *ORSA J. Computing*, vol.3, pp.376–384, 1991.
176) S. Reiter and D.B. Rice, "Discrete optimizing solution procedures for linear and nonlinear integer programming problems," *Management Science*, vol.12, pp.829–850, 1966.
177) S. Reiter and G. Sherman, "Discrete optimizing," *J. Society for Industrial and Applied Mathematics*, vol.13, pp.864–889, 1965.
178) M.G.C. Resende and T.A. Feo, "A GRASP for satisfiability," *DIMACS Series on Discrete Mathematics and Theoretical Computer Science*, vol.26, pp.499–520, 1996.
179) M.G.C. Resende, L.S. Pitsoulis and P.M. Pardalos, "Approximate solution of weighted MAX-SAT problems using GRASP," *DIMACS Series on Discrete Mathematics and Theoretical Computer Science*, vol.35, pp.393–405, 1997.
180) B.E. Rosen, 中野良平, "シミュレーテッドアニーリング ―― 基礎と最新技術," 人工知能学会誌, vol.9, pp.365–372, 1994.
181) G. Rudolph, "Convergence analysis of canonical genetic algorithms," *IEEE Trans. on Neural Networks*, vol.5, pp.96–101, 1994.
182) S. Sahni and T. Gonzalez, "P-complete approximation problems," *J. Association for Computing Machinery*, vol.23, pp.555–565.
183) 三宮信夫, 喜多一, 玉置久, 岩本貴司, 遺伝アルゴリズムと最適化, 朝倉書店, 1998.
184) G.H. Sasaki and B. Hajek, "The time complexity of maximum matching by simulated annealing," *J. Association for Computing Machinery*, vol.35, pp.387–403,

1988.
185) L.M. Schmitt, C.L. Nehaniv and R.H. Fujii, "Linear analysis of genetic algorithms," *Theoretical Computer Science*, vol.200, pp.101–134, 1998.
186) R. Sedgewick, *Algorithms*, Addison-Wesley, 1988; (野下浩平, 星守, 佐藤創, 田口東 (訳), アルゴリズム (1–3 巻), 近代科学社, 1990).
187) B. Selman and H.A. Kautz, "Domain-independent extensions to GSAT: solving large structured satisfiability problems," *Proc. 13th International Joint Conference on Artificial Intelligence*, pp.290–295, 1993.
188) B. Selman, H.A. Kautz and B. Cohen, "Noise strategies for improving local search," *Proc. 12th National Conference on Artificial Intelligence*, pp.337–343, 1994.
189) M. Sinclair, "Comparison of the performance of modern heuristics for combinatorial optimization on real data," *Computers and Operations Research*, vol.20, pp.687–695, 1993.
190) R.H. Storer, S.D. Wu and R. Vaccari, "New search spaces for sequencing problems with application to job shop scheduling," *Management Science*, vol.38, pp.1495–1509, 1992.
191) T. Stützle and H. Hoos, "The MAX-MIN ant system and local search for the traveling salesman problem," *Proc. IEEE International Conference on Evolutionary Computation*, pp.308–313, 1997.
192) T. Stützle and H. Hoos, "The MAX-MIN ant system and local search for combinatorial optimization problems," in: S. Voß, S. Martello, I.H. Osman and C. Roucairol, eds., *Meta-Heuristics: Advances and Trends in Local Search Paradigms for Optimization*, Kluwer Academic Publishers, pp.313–329, 1999.
193) T. Stützle and H. Hoos, "Analyzing the run-time behaviour of iterated local search for the TSP," *Proc. Third Metaheuristics International Conference*, pp.449–453, 1999.
194) J.Y. Suh and D. van Gucht, "Incorporating heuristic information into genetic search," *Proc. 2nd International Conference on Genetic Algorithms*, pp.100–107, 1987.
195) É.D. Taillard, P. Badeau, M. Gendreau, F. Guertin and J.-Y. Potvin, "A tabu search heuristic for the vehicle routing problem with soft time windows," *Transportation Science*, vol.31, pp.170–186, 1997.
196) 玉木久夫, "巡回セールスマン問題の近似アルゴリズム: 天才アローラによる 20 年ぶりの急進展," 情報処理, vol.39, pp.566–573, 1998.
197) 玉置久, 喜多一, 岩本貴司, 三宮信夫, "遺伝アルゴリズム — I — GA の基礎," システム制御情報学会誌, vol.39, pp.295–302, 1995; 玉置久, 喜多一, "II — GA による最適化計算 1," 同上, vol.39, pp.400–407, 1995; 玉置久, 喜多一, "III — GA による最適化計算 2," 同上, vol.39, pp.431–438, 1995; 岩本貴司, "IV — GA の理論," 同上, vol.39, pp.507–514, 1995; 玉置久, 喜多一, 岩本貴司, "V — GA の拡張," 同上, vol.40, pp.69–76, 1996; 玉置久, 喜多一, 岩本貴司, "VI — 進化型計算の動向," 同上, vol.40, pp.170–177, 1996.

198) C.A. Tovey, "Local improvement on discrete structures," in: E.H.L. Aarts and J.K. Lenstra, eds., *Local Search in Combinatorial Optimization*, John Wiley & Sons, pp.57–89, 1997.
199) E. Tsang and C. Voudouris, "Fast local search and guided local search and their application to British Telecom's workforce scheduling problem," *Operations Research Letters*, vol.20, pp.119-127, 1997.
200) 築山誠, "免疫システムによる組合せ問題の新解法," 計測と制御, vol.34, pp.373–375, 1995.
201) 上坂吉則, ニューロコンピューティングの数学的基礎, 近代科学社, 1993.
202) N.L.J. Ulder, E.H.L. Aarts, H.-J. Bandelt, P.J.M. van Laarhoven and E. Pesch, "Genetic local search algorithms for the traveling salesman problem," *Proc. 1st International Workshop on Parallel Problem Solving from Nature*, pp.109–116, 1990.
203) T. Uno and M. Yagiura, "Fast algorithms to enumerate all common intervals of two permutations," *Algorithmica*, vol.26, pp.290–309, 2000.
204) S. Voß, S. Martello, I.H. Osman and C. Roucairol, eds., *Meta-Heuristics: Advances and Trends in Local Search Paradigms for Optimization*, Kluwer Academic Publishers, 1999.
205) C. Voudouris and E. Tsang, "Guided local search," Technical Report CSM-247, Department of Computer Science, University of Essex, 1995.
206) C. Voudouris and E. Tsang, "Guided local search and its application to the traveling salesman problem," *European J. Operational Research*, vol.113, pp.469–499, 1999.
207) J.P. Walser, *Integer Optimization by Local Search: A Domain-Independent Approach*, vol.1637 of *Lecture Notes in Artificial Intelligence*, Springer-Verlag, 1999.
208) 柳浦睦憲, "数理計画ソフト初体験," オペレーションズ・リサーチ, vol.43, pp.94–99, 1998.
209) 柳浦睦憲, 茨木俊秀, "順序問題における遺伝的交叉法に対する一考察," 電学論 C, vol.114, pp.713–720, 1994.
210) M. Yagiura and T. Ibaraki, "Genetic and local search algorithms as robust and simple optimization tools," in: I.H. Osman and J.P. Kelly, eds., *Meta-Heuristics: Theory and Applications*, Kluwer Academic Publishers, pp.63–82, 1996.
211) M. Yagiura and T. Ibaraki, "Metaheuristics as robust and simple optimization tools," *Proc. IEEE International Conference on Evolutionary Computation*, pp.541–546, 1996.
212) M. Yagiura and T. Ibaraki, "The use of dynamic programming in genetic algorithms for permutation problems," *European J. Operational Research*, vol.92, pp.387–401, 1996.
213) 柳浦睦憲, 茨木俊秀, "メタ戦略のロバスト性について," 第8回 RAMP シンポジウム論文集, pp.109–124, 1996.
214) M. Yagiura and T. Ibaraki, "Analyses on the 2 and 3-flip neighborhoods for the MAX SAT," *J. Combinatorial Optimization*, vol.3, pp.95–114, 1999.

215) 柳浦睦憲,茨木俊秀,"組合せ最適化問題に対するメタ戦略について," 電子情報通信学会論文誌, vol.J83-D-I, pp.3–25, 2000 (英訳:M. Yagiura and T. Ibaraki, "On metaheuristic algorithms for combinatorial optimization problems," *Systems and Computers in Japan*, vol.32, issue 3, pp.33–55, 2001).
216) M. Yagiura and T. Ibaraki, "Efficient 2 and 3-flip neighborhood search algorithms for the MAX SAT: experimental evaluation," *J. Heuristics*, vol.7, pp.423–442, 2001.
217) M. Yagiura and T. Ibaraki, "Local search," in: P.M. Pardalos and M.G.C. Resende, eds., *Handbook of Applied Optimization*, Oxford University Press, pp.104–123, 2002.
218) M. Yagiura, T. Ibaraki and F. Glover, "An ejection chain approach for the generalized assignment problem," Technical Report #99013, Department of Applied Mathematics and Physics, Graduate School of Informatics, Kyoto University, 1999.
219) 柳浦睦憲,永持仁,茨木俊秀,"サブツアー交換交叉に対する2つのコメント," 人工知能学会誌, vol.10, pp.464–467, 1995.
220) M. Yagiura, T. Yamaguchi and T. Ibaraki, "A variable depth search algorithm for the generalized assignment problem," in: S. Voß, S. Martello, I.H. Osman and C. Roucairol, eds., *Meta-Heuristics: Advances and Trends in Local Search Paradigms for Optimization*, Kluwer Academic Publishers, pp.459–471, 1999.
221) M. Yagiura, T. Yamaguchi and T. Ibaraki, "A variable depth search algorithm with branching search for the generalized assignment problem," *Optimization Methods and Software*, vol.10, pp.419–441, 1998.
222) 山田武士,C.R. Reeves,"フローショップスケジューリング問題の地形解析と遺伝的局所探索法による解法," 情報処理学会論文誌, vol.39, pp.2112–2123, 1998.
223) 山本芳嗣,久保幹雄,巡回セールスマン問題への招待,朝倉書店, 1997.
224) 山村雅幸,小野貴久,小林重信,"形質の遺伝を重視した遺伝的アルゴリズムに基づく巡回セールスマン問題の解法," 人工知能学会誌, vol.7, pp.1049–1059, 1992.
225) M. Yannakakis, "On the approximation of maximum satisfiability," *J. Algorithms*, vol.17, pp.475–502, 1994.
226) M. Yannakakis, "Computational complexity," in: E.H.L. Aarts and J.K. Lenstra, eds., *Local Search in Combinatorial Optimization*, John Wiley & Sons, pp.19–55, 1997.
227) 横尾真,平山勝敏,"CSPの新しい展開: 分散/動的/不完全CSP," 人工知能学会誌, vol.12, pp.381–389, 1997.

索 引

（太字は定義のあるページを示す）

0-1 ナップサック問題　**7**, 27, 30, 35, 114
0-1 割当　6
1 機械スケジューリング問題　**3**, 43, 108, 178, 179
1 点交叉　82
1 反転近傍　**45**, 115, 139, 149
1 ラウンド時間　139
2 点交叉　82
2 反転近傍　149
2-opt 近傍　**44**, 52
　　――の枝刈り　143
3-opt 近傍　**44**, 52
　　――の枝刈り　146
4-opt 近傍　**44**, 77
1000 万クイーン　176
k 点交叉　82
K-d 木　145
k-point crossover　82
n クイーン問題　176
NP　16
O　12
P　16
ε-近似アルゴリズム　201
ε-approximation algorithm　201
λ 反転近傍　**45**, 124, 149
λ-change 近傍　52
λ-flip neighborhood　45
λ-opt 近傍　**44**, 52
λ-opt neighborhood　44
λ-optimal　52
Ω　12

ア　行

アーク　209
アニーリング法　20, 54, **97**, 178, 192
　　――の終了条件　99, 101
　　――の漸近収束性　192
アルゴリズム工学　172, 191
アント法　54, **85**

閾値　102
閾値関数　117
閾値受理法　54, **102**, 178
一様交叉　83
一般化割当問題　**8**, 46, 124, 130, 135, 155, 158, 167
遺伝アルゴリズム　20, 53, **79**
遺伝子　84
遺伝子型　84
遺伝子座　84
遺伝的局所探索法　54, **79**, 178
移動戦略　**42**, 58, 69, 137
移動戦略（タブー探索の）　109

運搬経路問題　22

枝（グラフの）　209
枝（巡回路の）　3
枝刈り　154
エネルギー関数　118
エリート戦略　82

エルゴード的 195

オイラー 207
大きいオー 12
大きいオメガ 12
遅れ和 5
オーダー記法 12
重みづけ法 92
親 81, 210
温度 97

カ 行

改悪解への移動 69, 98
改善解探索グラフ 158
改善グラフ 158
改善法 20
改善力 **54**, 123
解の組み合せ(による初期解) 61
解の評価関数 58
下界 28, 168
下界値テスト 28
確率的タブー探索法 111
カット 30
可変近傍探索法 54, **75**
可変深度近傍探索法 151
看護婦スケジューリング問題 23
緩和問題 166

木 209
——の高さ 211
幾何的 TSP 3
幾何冷却法 100
期待値に基づく近似度 203
擬多項式オーダー 13
帰着可能 18
規模 11
既約(マルコフ連鎖) 195
行商人問題 2
強連結 209
局所最適解 2, **41**, **51**
——からの脱出 59, 132

——どうしの距離 130
——の分布 124
局所最適解探索問題 199
局所探索の改善力 **54**, 123
局所探索法 19, **41**, **51**, **58**
——の計算の複雑さ 199
近似解の精度 201
近似解法 19, 35
——の理論 192
禁止規則(タブーリストの) 107
近似スキーム 201
近似度 201
　期待値に基づく—— 203
近傍 2, **41**, 51, 58, 63, 134
——の組み合せ 135
——の構成 134
——のサイズ 63
——の探索順序 137
近傍グラフ 72, **192**
近傍操作 41
近傍探索の枝刈り 143
近傍探索の計算手間 139
近傍探索の効率化 138
近傍探索法 41
近傍リスト 145

クイーン 176
組合せ最適化問題 1, 2
クラス NP 16
クラス P 16
クラス PLS 199
グラフ 209
グラフ彩色問題 **9**, 47, 161

景観 134
計算機性能 190
計算の複雑さ 14
——の理論 14
計算複雑度 11
計算量 11
けちけち法 36
決定性計算 17

決定問題　14
限定選択戦略　110
限定操作　28
厳密解法　26

子　81, 210
弧　209
交換近傍　43, 124
交叉　79, **81**
構成要素　62
構築法　20
候補リスト戦略　110
混合 0-1 計画問題　11
混合 IP 問題　11

サ　行

最悪計算量　13
最近近傍法　37
サイクリング　**69**, 105
最終完了時刻　5
彩色　9
彩色数　10
最初の NP 完全問題　19
最大遅れ　5
最大充足可能性問題　**6**, 107, 124, 130, 139, 149, 178, 185
最適解　1
最適化交叉　84
最適化問題　14
最適性の原理　30
最良移動戦略　42
三角不等式　202
参照点　113
暫定解　51
暫定値　28, **51**
散布探索法　81, **113**
サンプル数　179

時間量　11
時間枠制約　23
閾値　102

閾値関数　117
閾値受理法　54, **102**, 178
シグモイド関数　117
資源制約スケジューリング問題　171, 172
辞書式順序　48
指数オーダー　32
指数関数　14, 32
子孫　211
実行可能解　1
実行可能領域　1
実行不可能解　1
自動調整　164
シフト　156
シフト近傍　124
集合被覆問題　25, 169
修繕法　20
充足可能性問題　**6**, 19, 71, 163
終端　28
集団　79
集中化　**55**, 112
終了基準　58, 71
受理確率　98
巡回セールスマン問題　**2**, 37, 38, 43, 77, 87, 89, 91, 95, 108, 118, 143, 150, 152, 161, 202
巡回路　2
順序交叉　83
準備時間　4
順列　2
上界　28
上界値テスト　28
証拠　16
乗務員スケジューリング問題　24
初期温度　99
初期解　59, 60
初期解集合　112
処理時間　4
人員スケジューリング問題　24
進化型計算　53, **79**
真の子孫　211
真の先祖　211

水位 103
スターリングの公式 14
スレーブ機 173

整数計画問題 10
制約充足問題 170
制約条件 1
世代 85
節 6
節点 209
全 0-1 計画問題 11
全 IP 問題 11
漸近収束性 100, **192**
線形オーダー 12
線形計画法 204
線形計画問題 11
染色体 84
先祖 211
全多項式時間近似スキーム 201
戦略的振動 114

相互結合型ニューラルネットワーク 118
相対コスト 168
総滞留時間 5
挿入近傍 43
即時移動戦略 42
属性 107
曾呂利新左衛門 33

タ 行

大域最適解 2, **41**
大規模近傍探索法 158
大洪水法 54, 102, **103**, 178
対称 TSP 3
対称 (近傍が) 45
対称的な近傍操作 138
対数冷却 100, 198
代替緩和問題 30, 170
対立遺伝子 84
高さ 211
多項式 32

多項式オーダー **13**, 32
多項式時間アルゴリズム **13**, 21
多項式時間近似スキーム 201
多項式的に帰着可能 18
多スタート局所探索法 73
多スタート法 59
　　——の効率化 150
多断片法 **38**, 89
脱出法 92
タブー期間 107
　　——の自動調整 166
タブー探索法 20, 54, **105**, 178
タブーリスト 105, **106**
多様化 **55**, 112
短期メモリ 105
探索木 27, 151, 156
探索空間 **45**, 49, 71
探索空間平滑化法 94
単純遺伝アルゴリズム **79**, 178
単純局所探索法 **41**, **51**, 58, 137, 199
単純閉路 209
単純路 209
端点 209

チャネル割当問題 25
長期メモリ 105, **111**
頂点 209
直交ラテン方陣 206

定数オーダー 12
手軽なツール 178, **188**
適応的多スタート法 **61**, 89
適応度 84
適応度関数の景観 134
適応メモリ戦略 105, **111**
デポ 22

動作方程式 118
淘汰 79, **81**
動的計画法 27, 30
特別選択基準 110
突然変異 79, **81**, 84

貪欲法　35

ナ　行

ナップサック問題　7

二分探索法　15
入力サイズ　11
ニューラルネットワーク　117
ニューロン　117
ニューロンモデル　117

根　210
ねずみ算　32
根付き木　210

納期　4
納期ずれ　180
納期ずれ和　6

ハ　行

葉　211
排除連鎖法　152
配送計画問題　22
パス　209
パス再結合法　113
発見的手法　19
ハッシュ法　106
ハミング距離　44
パラメータの自動調整　164
半正定値計画法　204
反応タブー探索法　166
反復改善法　41
反復局所探索法　54, **75**, 178
汎用解法　24, **170**

非決定性計算　16
非対称TSP　3
評価関数　**45**, 58, 65, 160
評価関数摂動法　92
評価値計算の効率化　139

表現型　84
頻度メモリ　111

フェロモン　85
深さ　211
負の閉路　160
部分近傍　137
部分巡回路　38
部分問題　27
フロータイム　5
分散化分枝限定法　176
分散システム　173
分枝カット法　30
分枝木　**17**, 27
分枝限定法　27
分枝操作　28

平均計算量　13
平準化　161
並列計算機　173
並列・分散化　173
閉路　209
ペナルティ重みの自動調整　165
ペナルティ関数　45
ペナルティ関数法　**45**, 66
ペナルティ係数　48
辺　209
変数固定　169

マ　行

マスク　82
マスター機　173
マスター・スレーブ方式　173
街候補の枝刈り　148
マルコフ連鎖　193

無向木　210
無向グラフ　209

メイクスパン　**5**, 161
メタ解法　20, **53**

メタ戦略　20, **53**, 57, 73, 122
　——の一般的枠組　57
　——の設計指針　178, **188**
　——の比較　183, 186
　——の利用法　186
メタ戦略アルゴリズム　59
メタヒューリスティクス　20, **53**
免疫システム　85

模擬アニーリング法　97
目的関数　1
問題　11
問題例　11

ヤ 行

焼きなまし　97
山登り法　41

有向グラフ　209
誘導局所探索法　54, **90**
ユークリッド TSP　3

欲張り法　19, **35**, 51, 60

ラ 行

ラグランジュ緩和　30, 166
ラグランジュ乗数　167
ラテン方陣　206
ランダム化最近傍法　40
ランダム化欲張り法　**39**, 74
ランダム多スタート局所探索法　53, **74**, 178
ランダムな解(初期解として)　59
ランダムな変形(による初期解)　61

離散最適化問題　2
リストスケジューリング法　50
リテラル　6
粒度　175
領域量　11

ルート　22
ルーレット選択　82

冷却スケジュール　100
列挙法　14
劣勾配法　168
連結　209
連結リスト　142
連鎖局所探索法　75

路　209
ロバスト性　178

A

adaptive memory programming　105
adaptive multi-start method　61
allele　84
ancestor　211
annealing　97
ant colony system　**85**, 88
ant system　54, **85**, 88
approximate algorithm　19
approximation ratio　201
approximation scheme　201
arc　209
Arora の PTAS　202
aspiration criteria　110
aspiration plus strategy　110
asymmetric TSP　3
attribute　107
average-case complexity　13

B

best admissible move strategy　42
binary search　15
bounding operation　28
branch　209
branch and bound method　27
branch and cut method　30
branching operation　28

branching tree 17
breakout method 92

C

candidate list strategy 110
chained local optimization 75
channel assignment problem 25
child 81, 210
Christofides の近似解法 202
chromosome 84
circuit 209
clause 6
CLO 法 75
combinatorial optimization problem 2
complexity 11
complexity theory 14
connected 209
constraint satisfaction problem 170
constructive algorithm 20
cooling schedule 100
crossover 79
CSP 170
cycle 209
cycling **69**, 105

D

decision problem 14
depth 211
descendant 211
deterministic computation 17
digraph 209
directed graph 209
discrete optimization problem 2
distributed system 173
diversification 55
don't-look bit 143, **148**
double bridge 近傍 77
dynamic programming 27

E

edge 209
ejection chain 152
elitism 82
end nodes 209
enumeration method 14
ergodic 195
Euclidean TSP 3
Euler 207
evolutionary computation 53, **79**

F

feasible region 1
feasible solution 1
first admissible move strategy 42
fitness 84
fitness landscape 134
flow time 5
FPTAS 202
frequency based memory 111
fully polynomial time approximation scheme 201

G

GA 法 53, **79**, 178, 189
GAP 8
GCP 9
GDA 法 **102**, 178
gene 84
generalized assignment problem 8
generation 85
genetic algorithm 20, 53, **79**
genetic local search 54, **79**, 85
genotype 84
geometric cooling 100
geometric TSP 3
globally optimal solution 2, **41**
GLS 法 54, **79**, 178, 188

go with the winners 法　206
Goemans と Williamson の方法　204
granularity　175
graph　209
graph coloring problem　9
GRASP 法　54, **74**, 178, 189
great deluge algorithm　54, **102**
greedy method　19, **35**
greedy randomized adaptive search procedure　54, **74**
guided local search　54, **90**

H

Hajek の解析　197
height　211
heuristics　19
hill climbing method　41

I

ILS 法　54, **75**, 178, 188
immune system　85
improvement algorithm　20
improvement graph　158
incumbent solution　51
incumbent value　51
infeasible solution　1
insertion neighborhood　43
integer programming problem　10
intensification　55
inversion　52
IP 問題　10
irreducible　195
iterated local search　54, **75**
iterative improvement method　41

J

Johnson の欲張り法　**185**, 204

K

K-d 木　145
KNAPSACK　7
knapsack problem　7

L

Lagrangian relaxation　166
large-step Markov chain 法　75
lateness　5
leaf　211
Lin と Kernighan の方法　152
linear programming problem　11
list scheduling　50
literal　6
local search　19, **41**
local search problem　199
locally optimal solution　2, **41**
locus　84
logarithmic cooling　100
long term memory　105
lower bound　28
LP 緩和　28, 166, 205
LP 問題　**11**, 204
LS 法　41

M

makespan　5
master　173
MAX-MIN ant system　88
maximum lateness　5
maximum satisfiability　6
MAXSAT　6
memetic algorithm　79
meta-heuristics　122
metaheuristics　20, **53**, 122
MLS 法　53, **73**, 178, 188
move strategy　42
multi-start local search　73

multi-start method　59
multiple fragment method　38
mutation　79

N

nearest neighbor method　37
neighbor list　145
neighborhood　41
neighborhood graph　72, **192**
neighborhood operation　41
neighborhood search algorithm　41
neural network　117
node　209
noising method　92
nondeterministic computation　16
nondeterministic polynomial　16
NP　16
NP 完全　18
NP 困難　14, **18**
NP-complete　18
NP-hard　14, **18**

O

O　12
objective function　1
offspring　81
one-round time　139
optimal solution　1
optimized crossover　84
OR-Library　190
Or-opt 近傍　**43**, 52
Or-opt neighborhood　43
order crossover　83
order notation　12

P

P　16
P ≠ NP 予想　18
parallel computer　173

parent　81, 210
partial problem　27
path　209
path relinking　113
penalty function method　45
perturbation　92
phenotype　84
pheromone　85
PLS 完全　200
PLS 帰着可能　200
PLS-complete　200
PLS-reducible　200
polynomial　16
polynomial order　13
polynomial time algorithm　13
polynomial time approximation scheme　201
polynomial-time local search　199
polynomially reducible　18
POP　**55**, 63, 123
population　79
principle of optimality　30
probabilistic tabu search　111
problem　11
problem instance　11
proximate optimality principle　**55**, 123
pseudo-polynomial order　13
PTAS　201

R

rain speed　104
random multi-start local search　53, **74**
RCPSP　172
reactive tabu search　166
recency based memory　105
record-to-record travel 法　104
reduced cost　168
reducible　18
reference points　113
relative cost　168
repair method　20

residence measure 111
resource constrained project scheduling problem 172
root 210
rooted tree 210
roulette wheel selection 82

S

SA 法 54, **97**, 178, 188
SAT **6**, 19
satisfiability problem 6
SATLIB 190
scatter search 81, **113**
SDP 204
search space 45
search space smoothing method 94
search tree 27, 151
selection 79
set covering problem 25, 169
shift and subsequent swaps 136
short term memory 105
simple cycle 209
simple GA 80
simple local search **41**, 58
simple path 209
simulated annealing 20, 54, **97**
single machine scheduling problem 3
size 11
slave 173
SMP 3
space complexity 11
SSS 探針 136
SSS probe 136
stingy method 36
strategic oscillation 114
strongly connected 209
subgradient method 168
subtour 38
surrogate relaxation problem 170
swap neighborhood 43
symmetric 45

symmetric TSP 3

T

TA 法 **102**, 178
tabu list 105
tabu search 20, 54, **105**
tabu tenure 107
tardiness 5
temperature 97
terminate 28
threshold 102
threshold accepting 54, **102**
time complexity 11
total tardiness 5
tour 2
transition measure 111
traveling salesman problem 2
tree height 211
TS 法 54, **105**, 178, 189
TSP 2
TSPBIB 190
TSPLIB 190

U

undirected graph 209
undirected tree 210
uniform crossover 83
upper bound 28

V

variable depth search 151
variable neighborhood search 54, **75**
vehicle routing problem 22
vertex 209
very large-scale neighborhood search 158
VNS 法 54, **75**

W

WALKSAT法　163

water level　103
weighting method　92
worst-case complexity　13
WWWサイト　190

MEMO

著 者 略 歴

柳 浦 睦 憲（やぎうら・むつのり）

1968 年　島根県に生まれる
1993 年　京都大学大学院工学研究科修士課程修了
現　在　京都大学大学院情報学研究科数理工学専攻・講師
　　　　工学博士

茨 木 俊 秀（いばらき・としひで）

1940 年　兵庫県に生まれる
1965 年　京都大学大学院工学研究科修士課程修了
現　在　京都大学大学院情報学研究科数理工学専攻・教授
　　　　工学博士

経営科学のニューフロンティア 2
組合せ最適化──メタ戦略を中心として──　　定価はカバーに表示

2001 年 1 月 20 日　初版第 1 刷
2020 年 1 月 25 日　　　第 11 刷

　　　　　　　　　　著　者　柳　浦　睦　憲
　　　　　　　　　　　　　　茨　木　俊　秀
　　　　　　　　　　発行者　朝　倉　誠　造
　　　　　　　　　　発行所　株式会社 朝 倉 書 店

東京都新宿区新小川町6-29
郵便番号　162-8707
電　話　03(3260)0141
Ｆ Ａ Ｘ　03(3260)0180
http://www.asakura.co.jp

〈検印省略〉

ⓒ 2001〈無断複写・転載を禁ず〉　　　　　三美印刷・渡辺製本

ISBN 978-4-254-27512-4　C 3350　　　　Printed in Japan

JCOPY　〈出版者著作権管理機構 委託出版物〉

本書の無断複写は著作権法上での例外を除き禁じられています．複写される場合は，
そのつど事前に，出版者著作権管理機構（電話 03-5244-5088, FAX 03-5244-5089,
e-mail: info@jcopy.or.jp）の許諾を得てください．

好評の事典・辞典・ハンドブック

数学オリンピック事典	野口 廣 監修	B5判 864頁
コンピュータ代数ハンドブック	山本 慎ほか 訳	A5判 1040頁
和算の事典	山司勝則ほか 編	A5判 544頁
朝倉 数学ハンドブック［基礎編］	飯高 茂ほか 編	A5判 816頁
数学定数事典	一松 信 監訳	A5判 608頁
素数全書	和田秀男 監訳	A5判 640頁
数論＜未解決問題＞の事典	金光 滋 訳	A5判 448頁
数理統計学ハンドブック	豊田秀樹 監訳	A5判 784頁
統計データ科学事典	杉山高一ほか 編	B5判 788頁
統計分布ハンドブック（増補版）	蓑谷千凰彦 著	A5判 864頁
複雑系の事典	複雑系の事典編集委員会 編	A5判 448頁
医学統計学ハンドブック	宮原英夫ほか 編	A5判 720頁
応用数理計画ハンドブック	久保幹雄ほか 編	A5判 1376頁
医学統計学の事典	丹後俊郎ほか 編	A5判 472頁
現代物理数学ハンドブック	新井朝雄 著	A5判 736頁
図説ウェーブレット変換ハンドブック	新 誠一ほか 監訳	A5判 408頁
生産管理の事典	圓川隆夫ほか 編	B5判 752頁
サプライ・チェイン最適化ハンドブック	久保幹雄 著	B5判 520頁
計量経済学ハンドブック	蓑谷千凰彦ほか 編	A5判 1048頁
金融工学事典	木島正明ほか 編	A5判 1028頁
応用計量経済学ハンドブック	蓑谷千凰彦ほか 編	A5判 672頁

価格・概要等は小社ホームページをご覧ください．